测量与工程测量

主编：程新文

中国地质大学出版社

内容提要

《测量与工程测量》教材共分两部分编写。第一部分以测绘地形图为主线，主要包括测量的基本原理和方法，在编写中，加重了现代测量手段和方法的教学内容，如 GPS、全站仪、数字测图等。第二部分以工程测量为主线，主要内容有：工民建测量、道路工程测量、管线测量、地质勘探工程测量、地下工程测量、地籍测量等常见工程测量。

本书虽作为非测量专业的测量学教材，但也可供在交通、城建、国土管理、水电、地质、采矿等部门从事测绘工作的工程人员参考。

图书在版编目（CIP）数据

测量与工程测量/程新文主编．—武汉：中国地质大学出版社，2000.3（2019.5 重印）
ISBN 978-7-5625-1484-8

Ⅰ．测…
Ⅱ．程…
Ⅲ．①测量-基本知识 ②工程测量-基本知识
Ⅳ．P2 TB22

中国版本图书馆 CIP 数据核字（2007）第 023155 号

测量与工程测量 程新文 主编

责任编辑：方 菊 责任校对：胡义珍

出版发行：中国地质大学出版社（武汉市洪山区鲁磨路 388 号） 邮编：430074
电话：(027) 67883511 传真：67883580 **E-mail**：cbb @ cug. edu. cn
经 销：全国新华书店 **Http**：//www. cugp. cn

开本：787 毫米×1092 毫米 1/16 字数：350 千字 印张：13.5 插页：1
版次：2000 年 3 月第 1 版 印次：2019 年 5 月第 11 次印刷
印刷：武汉市教文印刷厂 印数：31501—32500 册

ISBN 978-7-5625-1484-8 定价：20.00 元

前　言

21 世纪将是高度信息化的世纪。随着“数字地球”概念的确立，计算机技术、空间技术、通讯技术和电子技术的发展，测绘科学技术进入了数字化、自动化和智能化的时代。

GPS 全球定位技术实现了全天候、无障碍、实时、快速动态地提供点位、时间、速度等时空信息，给测绘科学带来了一场前所未有的技术革命。

随着地面测量仪器的电子化和数字化，工程测量的精度、速度和自动化水平也不断提高；全站仪、测距仪和电子经纬仪借助于电子手簿，与便携式计算机联结成野外数字测图一体化的测图系统，大大地提高了测图的精度和速度。

基于以上，我们新编写了一本测量教材，以适应测绘事业的发展和 21 世纪对高校人才培养的要求。本教材在适度介绍传统测绘手段的同时，力图突出测绘科学的新发展；在适度介绍测量的基本理论和基本方法的同时，重点突出其在国民经济各项建设中的应用。

全书共分两部分。第一部分为测量的基本理论、基本方法和主要手段，第二部分则主要介绍测量在各项工程中的应用。

本书第一、五、六章由陈义生编写；第二、三、十二、十四章由陈性义编写；第四、七、八章由吴北平编写；第九、十章由袁春、程新文编写；第十一章由吴北平、陈性义编写；第十三章由孙银聪编写；第十五、十六章由侯敏编写；第十七章由程新文编写。全书由程新文统稿。黄景湖教授对个别章节作了认真修改，在此表示衷心感谢。

由于作者水平所限，书中错误在所难免，诚请读者批评指正。

编　者

目　　录

第一篇　测量的基本理论与方法

第一章　测量学概述

§1-1　测量学的任务

测量学是研究测定地面点的空间位置，将地球表面的形状和其他信息测绘成图，以及确定地球形状和大小的科学。

按照研究的对象和范围的不同，测量学分为不同学科。

普通测量学——研究地球表面较小区域内测绘工作的基本理论、方法和应用的学科。是测量学的基础。主要研究内容有：图根控制网的建立、地形图的测绘以及一般工程的施工测量。具体工作有距离测量、角度测量、定向测量、高程测量、观测数据的处理和绘图。

大地测量学——研究在广大地面上建立国家大地控制网，测定地球形状、大小和地球重力场的理论、技术与方法的学科。随着人造卫星等科学技术的发展，大地测量学又分为常规大地测量学和空间大地测量学。

摄影测量学——研究利用摄影或遥感手段获取被测物体的信息，以确定被测物体的形状、大小、位置和性质的学科。

工程测量学——研究工程建设在设计、施工和管理阶段所进行的多种测量工作的学科。主要内容有：工程控制网的建立、地形图测绘、施工放样、设备安装、竣工测量、变形观测和维修养护测量。

地图制图学——利用测量资料研究地图及其制作的理论、工艺和应用的学科。

本教材内容属于普通测量学，也包括部分工程测量学的内容。

§1-2　测量学的作用

人类的生存和发展活动都是在空间进行的，而测量学的核心功能就是为地理信息提供空间位置数据。资料表明，人们所关心的、经常接触的信息大约80%都与地理信息有关，所以测量学在国家的经济建设、国防建设、科学实验以及日常生活中都有着重要作用，并得到广泛的应用。

为了社会经济持续健康地发展，为了对各种资源和环境合理地进行开发、利用和保护，必须有计划地进行各种综合性的或专题性的调查和勘测，为统筹规划和宏观决策提供基础性资料，其中测绘工作提供的包括地形图在内的测绘成果，起着重要的、甚至主要的作用。

城市、交通、电讯、旅游、工矿、水利、农林、地质、航天、航空、海洋等各项工程建设，在其规划设计、施工竣工、运营管理三个阶段中都要进行测绘和测设工作。

在国防建设方面，战略部署、战役指挥、战术运用、国防工程等都需要相应的测绘保证。

在科学实验方面，空间技术、地壳变形、海水面升降、灾害预报和灾情评估等科研课题都离不开精确的测绘数据。

科技在迅猛发展，人类对空间定位信息的需要与日俱增，测量学的重要性更加突出，应用范围也日益扩大。因此，从事工程建设的技术人员，掌握测量学的基本知识和基本技能是完全必要的。

学习本课程之后，要求掌握普通测量学的基本知识和基础理论；能正确使用工程水准仪、工程经纬仪等仪器和工具；了解大比例尺地形图的成图原理和方法；在工程设计和施工中，要求具有应用地形图和有关测量资料的能力和进行一般工程施工测设的能力，以便能灵活应用所学的测量知识为专业工作服务。

§1-3 测量工作的基准面

物体的空间位置具有相对性，它总是要与一个参考系相对照、相比较才能确切地加以描述。测量工作是在地球表面上进行的，首先必须选取合理的基准面，然后才能以此建立相应的坐标系，用以科学地描述地面上点的确切位置。

地球上任何一点都同时受到两种力的作用，一是地心引力，二是地球自转引起的离心力，两者的合力称为重力。重力方向称为铅垂线方向。

一、水准面和铅垂线

处于自由静止状态的水面称为水准面。例如，静止的水塘面就是一个水准面。水准面必然处处与重力方向垂直，否则重力作用将使水流动，这水面就不是水准面。水面可高可低，因此在地球重力的作用范围内，通过任何高度的点都存在一个水准面。与水准面相切的平面称为水平面。水平面上的直线称为水平线。

观测水平角时，置平经纬仪之后，仪器的纵轴位于铅垂线方向，水平度盘所在平面就是水准面的切平面，所测的水平角实际上就是观测方向线在水准面上投影线之间的夹角。用水准测量方法观测所得两点间的高差，也就是通过这两点的水准面之间的垂直距离。以上这些说明，铅垂线和水准面是测量工作中野外观测的基准线和基准面。

二、大地水准面

对于同一观测对象（例如长度、高程），如果选用不同的水准面，所得到的观测结果是否相同呢？

由于地球是球体，通过两点的铅垂线并不平行，所以，在不同高度的水准面上测得的等长距离，投影在同一基准面上并不等长（较详细的讨论见§1-4）。至于高程，显然根据不同的水准面，观测所得的同一点的高程是不同的。为了使不同测量部门所获得的测量成果能互相比较、互相利用，有必要选择一个统一的、有代表性的水准面作为外业测量成果的共同基准面。

海洋面占地球总面积的71%，所以静止的海水面就是地球上最大的天然水准面。

自由静止的海水面扩展延伸而形成的闭合曲面称为大地水准面。它所包围的形体称为大地体。因为大地体的形状和大小非常接近自然地球的形状和大小，并且位置比较稳定，因此，在大范围的区域内，选取大地水准面作为外业测量成果的共同基准面。图 1－1 是地球自然表面和大地水准面的关系示意图。

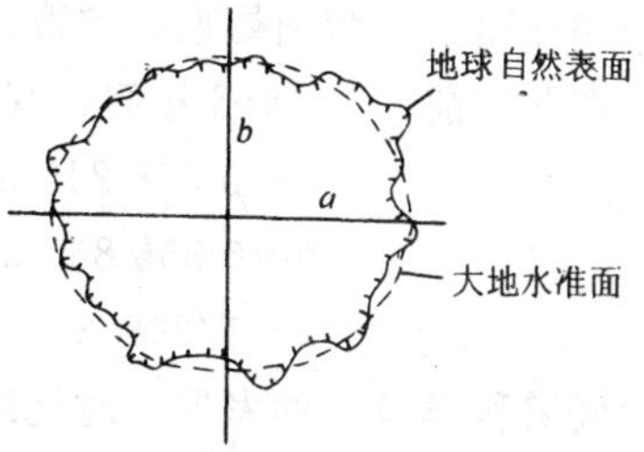

图 1－1　地球自然表面与大地水准面

三、旋转椭球面

为了确定点在地球上的精确位置，必须确知所依据的基准面的形状。研究表明，大地水准面是略有起伏的不规则曲面，无法用数学公式精确地表达出来，因而也就不确知其形状。其原因是，地表起伏以及地层内物质密度不均匀变化，引起重力方向的不规则变化，从而造成处处与重力方向正交的大地水准面的不规则。

例如，图 1－2 中，某处由于地形起伏和重金属矿体的存在，致使大地水准面与形状规则的旋转椭球面相比，形状稍微隆起，呈现不规则变化。

理论和实践都证明，大地体非常接近于一个两极略扁的旋转椭球（一个椭圆绕其短轴旋转而成的形体）。与一国或地区的局部大地水准面符合得最佳的旋转椭球称为参考椭球。与整个大地水准面符合得最佳的旋转椭球称为地球椭球。这个椭球面可用简单的数学公式将它表达出来，因而世界各国通常都采用旋转椭球代表地球的形状和大小，采用旋转椭球面作为地面点精确定位的基准面。其形状和大小可由长半径（赤道半径）a，短半径 b，及扁率 $\alpha=(a-b)/a$ 三元素中任意两个所确定（图 1－3）。世界各国在测绘工作中各自采用不同的参考椭球。我国现今采用 1975 年国际大地测量与地球物理联合会第 16 届大会推荐的数据（简称 IAG－75），即

$$a = 6\ 378\ 140\ \text{m}$$
$$b = 6\ 356\ 755\ \text{m}$$
$$\alpha = 1/298.257$$

（IAG：International Association of Geodesy & Geophysics）

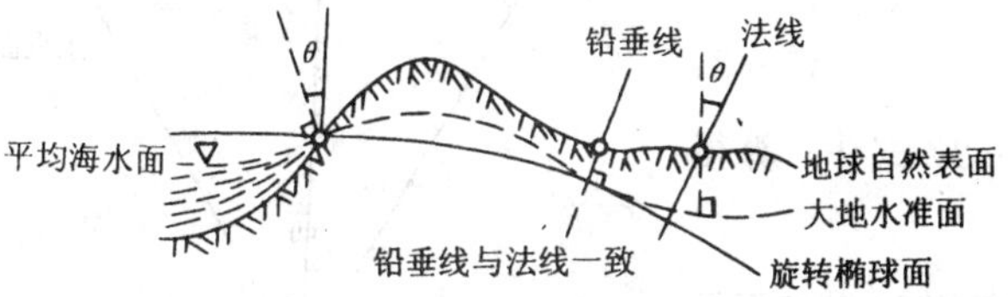

图 1－2　三个面的关系

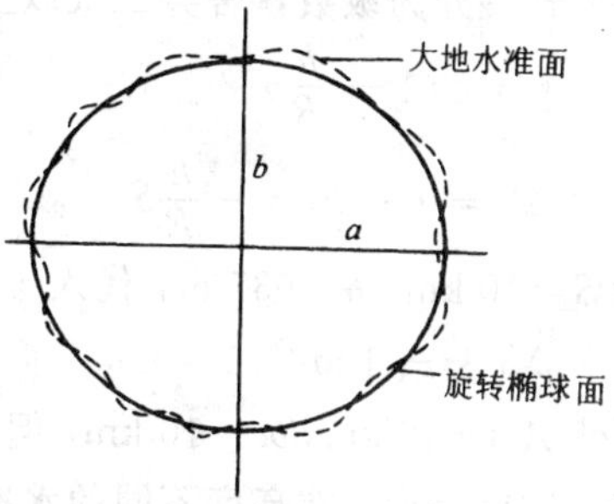

图 1－3　大地水准面与旋转椭球面

实际的大地测量工作就是在这个椭球面上建立坐标系，并把实地测得的各种数据归算到这个椭球面上做精确处理，求得地面点的精确位置。

在此以前，从 1953 年起，我国采用苏联克拉索夫斯基椭球元素，其值为

$$a=6\ 378\ 245\ \text{m}$$

$$b=6\ 356\ 863\ \text{m}$$

$$\alpha=1/298.3$$

随着科学技术的发展，对地球形状和大小的研究工作必将更加精细和全面，这个过程没有止境。

四、圆球面

当处理测绘资料或表述测绘问题的精度要求不高时，可把椭球面当作圆球面对待，其半径为 $R=(a+a+b)/3=6\ 371\ \text{km}$。这种处理问题的方法在某些生产、科研和教学中常常被采用。

五、水平面

采用水平面作为基准面处理测量数据问题，在§1－5、§1－6 中有较详细的讨论。

该选取哪种基准面，是大地水准面还是旋转椭球面？是曲面，还是平面？这取决于测量区域的大小和所需精度的高低，也取决于测量的性质和用途。

§1－4　高程对长度归算的影响

当讨论这个问题时，把水准面当作圆球面处理，这样做，可以保证计算精度。如图 1－4 所示，设 AO、BO、cO 为铅垂线，位于同一平面内；a、b 为 A、B 沿铅垂线在水准面Ⅱ上的投影；$S=AB=bc$，$s=ab$，$h=Aa=Bb$，$R=6\ 371\ \text{km}$。

由图 1－4 可知

$$\frac{s}{R}=\frac{S}{R+h}$$

由此可得

$$s=S\frac{R}{R+h}=S\left(\frac{1}{1+\dfrac{h}{R}}\right)$$

将上式展开为级数，舍弃二次以上的项，则有

$$s=S(1-\frac{h}{R}) \tag{1-1}$$

$$\Delta S=s-S=-\frac{h}{R}S \tag{1-2}$$

设 $S=10\ \text{km}$，$h=637\ \text{m}$，代入（1－2）式中，算得

$$\Delta S\approx-1\ \text{m}$$

虽然 $AB=10\ \text{km}$，$bc=10\ \text{km}$，但 $ab\neq bc$（$ab-bc=-1\ \text{m}$）。这就是说，在高度不同的水准面上，测得的等长距离，投影到同一水准面上后并不等长，这个差值（ΔS）就是高度对长度归算的影响。这个差值大约为：每

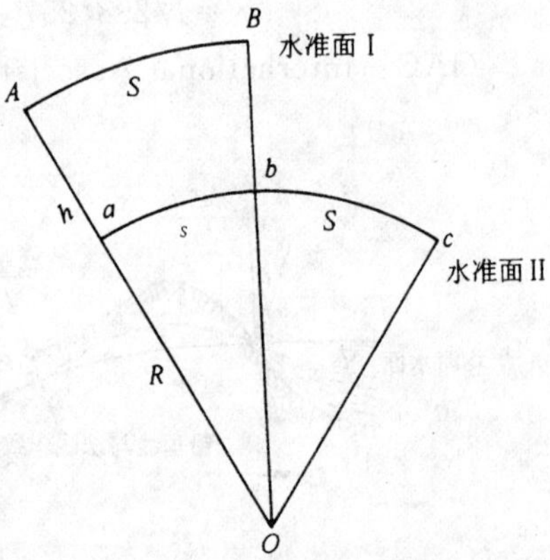

图 1－4　高程对长度归算的影响

降低 6.4 m，1 km 长度要减少 1 mm。

因此，当进行高精度测量时，必须要选取一个确定的共同基准面，计算出高度对长度归算的影响值，并对长度观测值进行相应的改正。在以 10 km 为半径的圆面积内进行普通测量，当地面高差不大时，可以不考虑高度对长度归算的影响。

§1－5 用水平面代替水准面的限度

水准面是一个曲面，曲面上的图形不破裂、不起皱是不能展为平面的。如果把地球表面的图形绘在地球仪上，则因地球半径有 6 371 km，即使把它缩小 100 万倍，直径大约还有 13 m，这样处理虽然不产生投影变形问题，但是对一般工程建设用图来说极为不便，难以接受。实际上，我们需要的是将地面上的图形按比例缩小描绘在平面上。因而，有必要对地图投影问题进行研究。

从理论上讲，将极小部分的水准面当作平面也是难免要变形的。由于测量和制图都含有不可避免的误差，如果将一块水准面当作平面看待，其产生的误差不超过测量和制图的误差，则这样做是允许的，而且是合理的。现在来讨论以水平面代替水准面对距离、角度和高程的影响，并给出水平面代替水准面的限制范围。

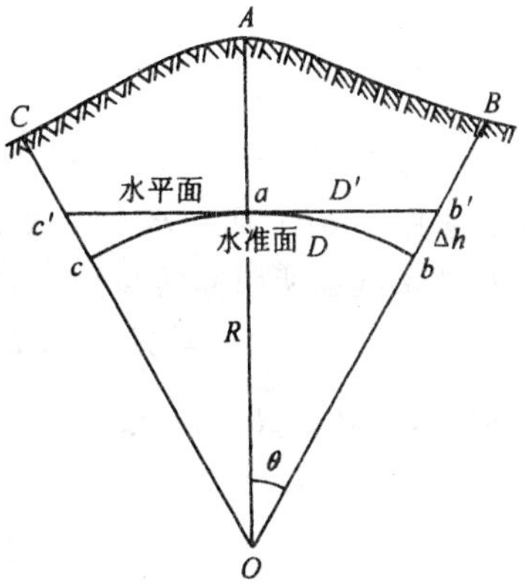

图 1－5 地球曲率对水平距离和高程的影响

一、对水平距离的影响

如图 1－5 所示。设地面点 A、B、C 在水准面上的投影为 a、b、c 点，如用与该区域中心点相切的水平面代替水准面，则地面点 A、B、C 在水平面上的投影为 a、b'、c' 点。现分析由于水准面的曲率对水平距离的影响。

在普通测量学中推导公式时，常常近似地把水准面当作半径为 R 的球面来处理，得到的公式较简单且能满足精度要求。

设 A、B 两点在水准面上的距离为 D，在水平面上的距离为 D'，两者之差为 ΔD，则用水平面代替水准面所引起的距离误差为

$$\Delta D = D' - D = R\tan\theta - R\theta = R(\tan\theta - \theta) \qquad (1-3)$$

根据三角函数的级数公式，知：$\tan\theta=\theta+\frac{1}{3}\theta^3+\frac{2}{15}\theta^5+\cdots$，且因 θ 角值一般很小，故可略去五次方以上的各项，只取其前两项代入式（1－3），从而得

$$\Delta D = R(\theta + \frac{1}{3}\theta^3 - \theta) = \frac{R}{3}\theta^3 \qquad (1-4)$$

又因 $\theta=\frac{D}{R}$，故有 $\Delta D=\frac{R}{3}\cdot(\frac{D}{R})^3=\frac{D^3}{3R^2}$，即

$$\frac{\Delta D}{D} = \frac{D^2}{3R^2} \qquad (1-5)$$

将地球平均半径 R＝6 371 km 以及不同的距离 D 代入（1－4）、（1－5）式，便得表 1－1 所示结

表 1－1 地球曲率对水平距离的影响

D (km)	ΔD (cm)	$\Delta D/D$
10	0.8	1∶1 200 000
20	7	1∶300 000
50	102	1∶49 000
100	821	1∶12 000

果。由表中可以看出，当 $D=10$ km 时，用水平面代替水准面所产生的距离误差为 0.8 cm，大约只是距离的 1/1 200 000，这样小的误差，就是现在最精密的距离丈量，其精度要求也是允许的。因此，可得出结论：在半径为 10 km 的圆面积范围内进行长度测量工作时，可以不考虑地球曲率的影响，而把水准面当作水平面处理。

二、对水平角的影响

水平角是两条水平线之间的夹角，而水平线是水准面的切线，所以水平角实质上是球面角。水准面上以三点为顶点，由水平角构成的三角形是个球面三角形。当水平面上的三角形的边长和球面三角形对应边相等时，每个水平角比对应的球面角要小，其差值可用公式 $\Delta\beta=P/(3R^2)$ 计算出。式中，P 为平面三角形的面积；R 为地球平均半径，$R=6\ 371$ km。

从式中可知，$\Delta\beta$ 与三角形面积成正比。设等边三角形的边长为 10 km，按上式计算得到每个水平角比对应的球面角小 0.″07。因此，在以 10 km 为半径的圆面积范围内，对于普通测量，用水平面代替水准面所产生的水平角度误差可以忽略不计。

三、对高程的影响

为了考虑用水平面代替水准面对高程的影响，我们仍以图 1－5 来说明：地面点 B 的高程应是铅垂距离 bB；而用水平面代替水准面后，B 点的高程则为 $b'B$，两者之差为 Δh，则用水平面代替水准面所引起的高程误差为

$$\Delta h = bB - b'B = Ob' - Ob = R\sec\theta - R = R(\sec\theta - 1) \qquad (1-6)$$

同样，已知 $\sec\theta=1+\frac{1}{2}\theta^2+\frac{5}{24}\theta^4+\cdots$，因 θ 角值很小，只取其前两项代入式(1－6)，而得

$$\Delta h = R(1+\frac{1}{2}\theta^2-1)=\frac{R(\frac{D}{R})^2}{2}=\frac{D^2}{2R} \qquad (1-7)$$

若用不同的距离代入式（1－7）中，便可得如表 1－2 所示的结果。

表 1－2　地球曲率对高程的影响

D (km)	0.2	0.5	1	2	3	4	5
Δh (cm)	0.31	2	8	31	71	125	196

从表中可以看出：用水平面代替水准面，引起的高程误差还是很大的，距离 200 m就有 0.31 cm 的误差，距离 1 km 就有 8 cm 的误差。因此，在高程控制测量时，即使距离很短，也应顾及地球曲率对高程的影响；在碎部测量时，可以忽略其影响。

§1－6　确定地面点位的坐标系

测量工作的核心任务是确定地面点的空间位置。一点的空间位置需要三个独立的参量来确定。通常的做法是，地面点的空间位置用坐标和高程表示。如图 1－6 所示，地面点 A 的坐标表示该点投影在基准面上的位置 P，地面点的高程表示该点到基准面的垂直距离 AP。

一、地面点的坐标

地面点的坐标，根据实际需要可以选用下列四种坐标系统中的一种来确定。

（一）地理坐标系

当研究和测量整个地球的形状、大小，或进行大面积的测量工作时，可采用地理坐标系。

地面点在基准面上的位置是用经度和纬度表示的，称为地理坐标。地理坐标又按坐标系所依据的基准面不同以及求坐标的方法不同，可分为大地坐标系和天文坐标系两种。

1. 大地地理坐标（简称大地坐标）系

大地坐标是表示地面点投影在旋转椭球（下面简称椭球）面上的位置，用大地经度 L、大地纬度 B 来表示。

如图 1-7，NS 即为椭球的自转轴，也称地轴。它与椭球表面有两个交点，N 为北极，S 为南极。

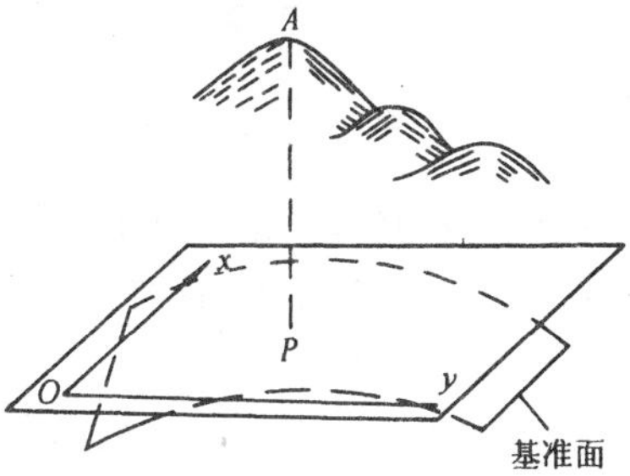

图 1-6 点的空间位置的表示

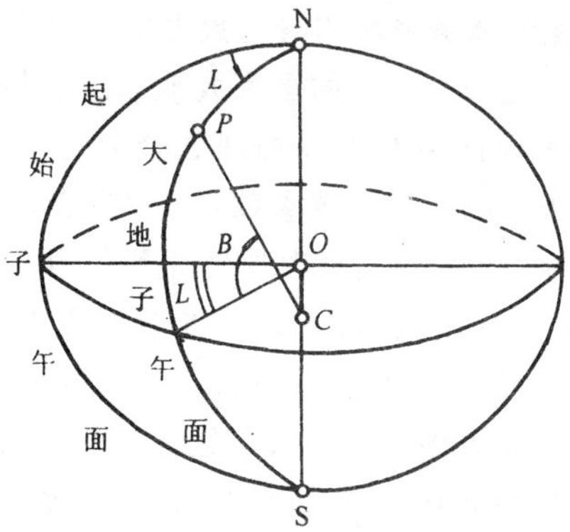

图 1-7 大地坐标系

过地轴的任一平面称为子午面，子午面与椭球面的交线为闭合圈，以南北极为界的半个闭合圈称为子午线，也称为经线。经国际天文学会决定，通过英国格林威治（Greenwich）天文台（因为伦敦浓雾和拥挤，迫使天文台自 1959 年起迁至 75 km 以外的赫斯特莫尼尤克斯，国际上已改为以平均天文台为准）的子午面称为首子午面（起始子午面），以它作为计算地面点经度的起始面。通过椭球中心并与地轴垂直的平面称为赤道面，赤道面与椭球表面的交线称为赤道，其他垂直于地轴的平面与椭球表面相交的线称为纬线。从图 1-7 中可见，P 点（P 点为地面点沿法线方向在椭球面上的投影）的位置可由其大地经度和大地纬度来确定。经度是首子午面和过 P 点的子午面所夹的两面角，可在赤道上量度，用 L 表示。从首子午线向东计，零度至 180°的区间统称东经，从首子午线向西计零度至 180°的区间称为西经。法线是垂直于椭球面的直线，纬度是过 P 点的法线和赤道面之间的夹角，在子午面上量度，用 B 表示。从赤道向北计，零度至 90°的区间称为北纬；从赤道向南计，零度至 90°的区间称为南纬。例如武昌某地的地理坐标为：东经 114°27′，北纬 30°31′。北京某地的地理坐标为：东经116°28′，北纬 39°54′。

一个经度和一条经线是唯一对应的，一个纬度和一条纬线是唯一对应的。

由于地球自转一周为 24 h，相当于经度 360°，所以经差 15°相当于时差 1 h。

2. 天文地理坐标（简称天文坐标）系

天文坐标表示地面点投影在大地水准面上的位置，用天文经度 λ 和天文纬度 φ 表示。见图 1-8。P 点的天文经度 λ，就是包含 P 点的子午面和首子午面所夹的两面角。P 点的天文纬度 φ，就是过 P 点的铅垂线（与大地水准面垂直的线）与赤道面的夹角。

地面上一点的天文坐标和大地坐标所以不同，是因为各自依据的基准面和基准线不同，前者依据的是大地水准面和铅垂线，后者是旋转椭球面和法线。由于旋转椭球面和大地水准面不一致，因此过同一点的铅垂线和法线也不一致，从而产生垂线偏差θ(见图1-2)。根据天文经纬度和垂线偏差可以推算出大地经纬度。

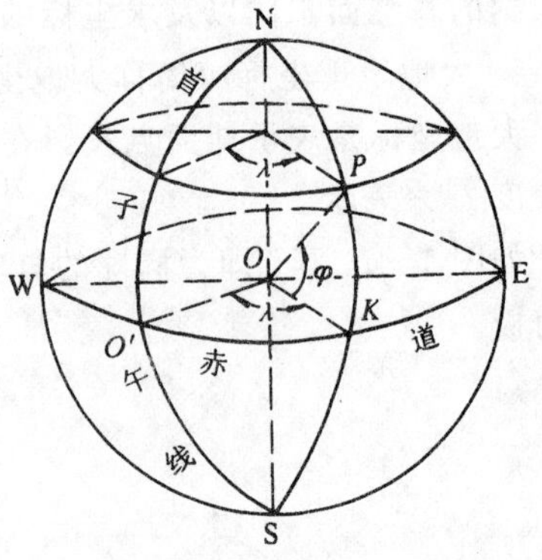

图1-8　天文坐标系

天文经纬度是用天文测量的方法直接测定的，而大地经纬度是根据一个起始的大地点（通常称为大地原点，这个点的大地经纬度与天文经纬度一致）的大地坐标，再按大地测量所测得的数据推算而得的。我国以位于陕西省泾阳县境内的国家大地原点为起算点，并采用了国际大地测量与地球物理联合会于1975年第16届大会上推荐的地球椭球参数，由此建立了新的统一坐标系，称为“1980年国家大地坐标系”。新坐标系统使旋转椭球面和我国大地水准面有了较好的吻合，在全国范围内，大地水准面与椭球面的差距约在20 m以内。建国后，我国曾采用“1954年北京坐标系”，作为临时过渡性的坐标系，并采用了克拉索夫斯基椭球参数。

在控制点中，测定天文经纬度的控制点密度稀少，约1万多平方公里区域内才分布一个点，而点的大地经纬度由推算而来，密度几乎不受限制。在地图上表示的经纬度都是大地经纬度。

天文坐标系和大地坐标系的研究属于大地测量学的领域。

（二）平面直角坐标系

当测量的范围较小时（一般在以10 km为半径的圆面积内），可以把该测区的水准面当作水平面对待，即以水平面作为该区的基准面，直接将地面点沿铅垂线投影到水平面上，用平面直角坐标（图1-9）来表示该点的投影位置。将坐标原点选在测区西南角，使测区全部落在第一象限内，并以该地的子午线为x轴，向北为正，y轴向东为正。象限按顺时针方向编号，这是与数学上的规定不同的。测量上取南北线为标准方向，主要是为了定向方便，而象限采取顺时针方向编号，其目的是便于将数学上的三角和解析几何的公式直接应用到测量计算，可不作任何改变。地面上某点A投影在水平面上的位置P可用该点到横轴、纵轴的垂直距离x和y来表示。

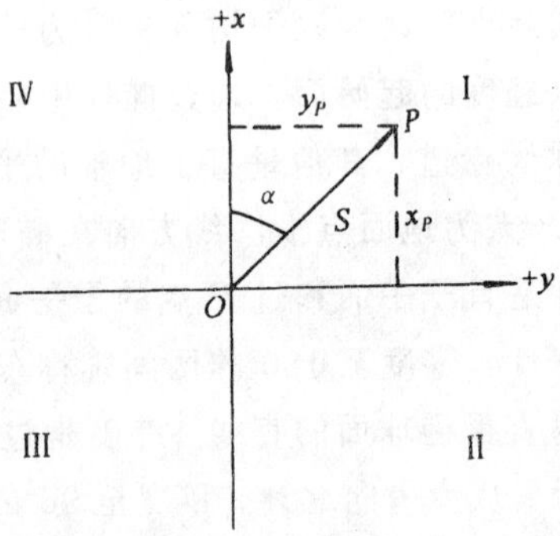

图1-9　平面直角坐标系

（三）高斯平面直角坐标系

大地坐标只能用来确定地面点在旋转椭球面上的位置，不能直接应用于测图。测量上的计算，在平面上进行最方便。

当测区较大，甚至包括整个地球时，若再把球面当平面，由此产生的各种变形将是不允许的。那么如何建立一个平面直角坐标系呢？用地图投影的理论和方法可以解决这个问题。地图投影方法很多，我国采用了高斯投影方法，用高斯平面直角坐标表示地面点投影在高斯平面上的位置（高斯投影内容，将在第八章中叙述）。

二、高程

坐标确定了空间某点投影在基准面上的位置。除此以外，尚需确定该点沿投影方向到基准面的垂直距离，即该点的高程。高程按起算的基准面不同而有绝对高程和相对高程之分。

(一) 绝对高程

地面某点沿铅垂线方向至大地水准面的垂直距离称为该点的绝对高程，简称高程，或称海拔。图1-10中H_A、H_B分别为A、B两点的绝对高程。我国的绝对高程是以青岛港所设立的验潮站，经长期观测和记录黄海水面的高低变化，取其平均海水面的高程为零，作为大地水准面的位置，并作为我国计算高程的基准面。我国在青岛市内一个山洞里建立了水准原点，其高程为72.289 m。全国各地的高程都是以它为基准测算出来的。这就是我国规定的"1956年黄海高程系"。

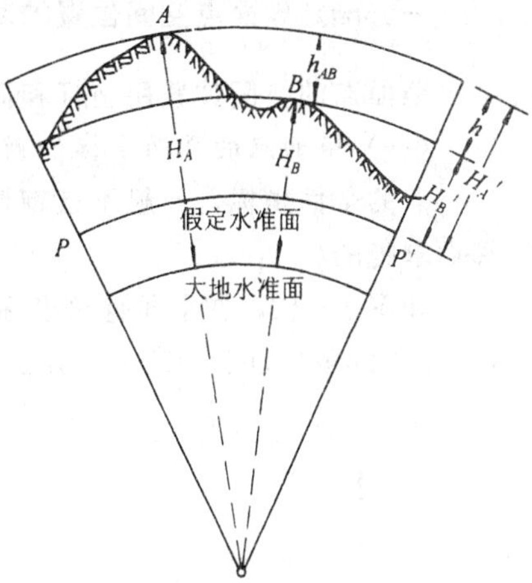

图1-10 高程表示

1975年我国登山队登上珠穆朗玛峰，测得其高程为8 848.13 m，2005年，我国采用GPS等先进技术对珠穆朗玛峰高度进行了复测，测得其高度为8 844.43 m。这就是指珠穆朗玛峰峰顶距黄海平均海水面的铅垂距离。

由于验潮资料不足等原因，我国自1987年启用"1985国家高程基准"。它是采用青岛验潮站1953年至1979年验潮资料计算确定的。依此确定的青岛国家水准原点高程为72.260 m。为了统一全国的高程系统，全国都应以新的原点高程为准。旧系统内点的高程与新系统内对应点的高程的关系为 $H_{新} = H_{旧} - 0.029\ \text{m}$ 。

(二) 相对高程

当有些地区使用绝对高程有困难时，可采用假定高程系统，我们可以采用一个适当的水准面作为基准面。在此地区内，所有的点到此水准面的垂直距离称为相对高程，或者叫假定高程。如图1-10中PP'为任一水准面，H'_A、H'_B即为A、B两点的相对高程。

(三) 高差

A、B两点高程之差称为高差，地面上点A到点B的高差定义（如图1-10所示）为

$$h_{AB} = H_B - H_A = H'_B - H'_A$$

由此可见，两点间的高差与起算的水准面无关。

高差是表示两点间相对高低的量，所以高差值带有正负号。例如，h_{AB}值为正，表示B点高于A点；h_{AB}为负，表示B点低于A点；反之亦然。

三、地心空间直角坐标系

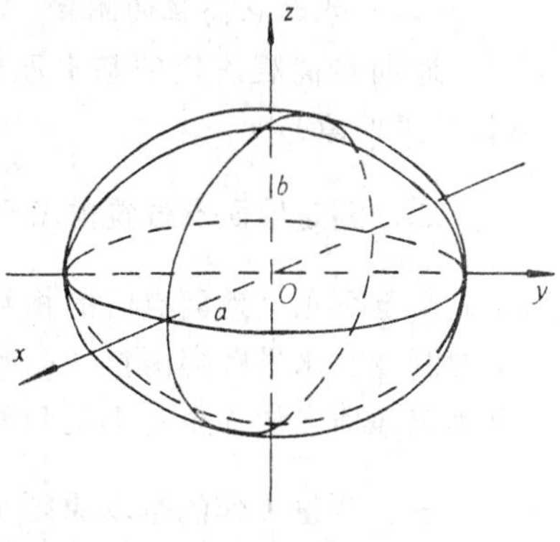

图1-11 地心空间直角坐标系

这个坐标系的原点选在参考椭球的中心，z轴指向地北极，x轴处于起始子午面内，y轴按逆时针方向配置（见图1-11）。地面某点的位置用三维坐标x、y、z来确定。空间直角坐标系与大地坐标系有确定的转换公

式，可以在大地测量学等教材中查到。

§1-7 测量工作的基本概念

一、测定地面点空间位置的基本原理

地面点的空间位置用坐标和高程来表示。

（一）地面点的平面坐标的测定

点的平面坐标，一般不是直接测定，而是通过测得水平角和水平距离，利用数学公式推算而求得的。

如图1-12，在平面直角坐标系中，若要测定原点 O 附近 P 点的位置，只需测得角度 α（称为方位角）以及距离 D，用三角公式即可算出点 P 的坐标：$x=D\cos\alpha$，$y=D\sin\alpha$。

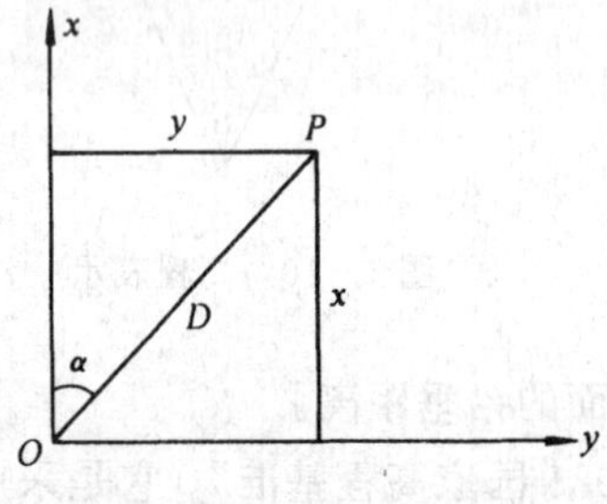

图1-12 测定一点的坐标

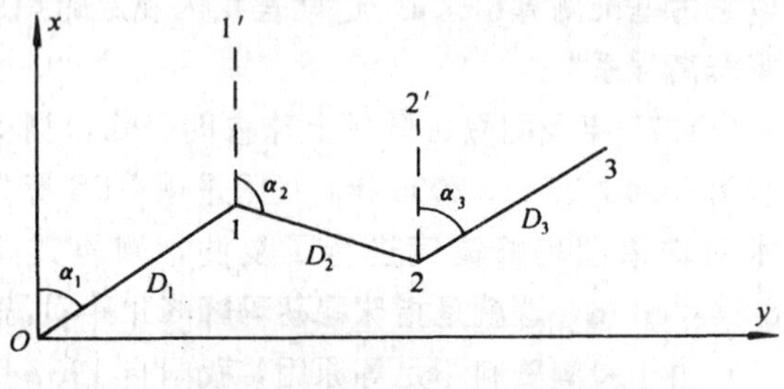

图1-13 测定多点的坐标

由于受到人的分辨力和仪器精密程度的限制，以及地球曲率和障碍物（例如一座山）对视线的阻挡，在一片大区域内的地面点上安置仪器，要观测该地区远近不同的所有对象是不可能的。解决的办法如图1-13，按照设置需要和地形特点，可将待定的、远近不同的1、2、3三点布设成折线（称为导线）形式。图中直线1—1′，2—2′平行于 Ox 轴。若能测得角度 α_1、α_2、α_3，并测得距离 D_1、D_2、D_3，则利用数学极坐标和直角坐标的互换公式，可以采用“逐点递推”的方式算出1、2、3点的坐标。其递推公式为：$x_i=x_{i-1}+\Delta x_i$，$y_i=y_{i-1}+\Delta y_i$，$\Delta x_i=D_i\cos\alpha_i$，$\Delta y_i=D_i\sin\alpha_i$，$i=1, 2, 3$（具体算例详见第六章）。由此可见，测定地面点平面位置的基本原理是：由坐标原点开始，逐点测得方位角和水平距离，逐点递推算出坐标。

（二）地面点高程的测定

地面点高程测定的基本原理是：从高程原点开始，逐点测得高差，逐点递推算出高程（详见第四章）。

二、测定地面点位置的三个基本观测要素

由上可见，地面点间的相互位置关系可以由水平距离、水平角度、高差来确定。所以水平角测量、水平距离测量、高差测量是外业测量工作的基本工作。水平角、水平距离、高差是确定地面点的三个基本观测要素。本书的第二、三、四章将介绍具体的测量方法。

三、测量工作的基本原则

观测结果中必然含有误差，由于在测量工作中不得不采用“逐点施测、逐点递推”的方

式，因而导致误差逐点传递、逐点累积，如果不加控制，势必达到不可允许的程度。为了控制误差累积和降低成本、提高效率，测绘工作遵循的基本原则是：在布局上“由整体到局部”，在精度上“由高级到低级”，在程序上“先控制，后碎部”。另外，“逐点递推”的方式还可能导致错误的传递，而错误是不可允许的。为此，在组织安排测量工作时的一个重要原则是：“上一步的工作未作检核，不得进行下一步的工作”。

四、测量工作的基本程序

如上所述，这个程序是“先控制，后碎部”。即先作控制测量，后作碎部测量。控制测量的做法是，在测区内，选择一系列骨干性的地点面，并连接成一定图形，比如说，导线形式（如图 1－13），随后，逐点加以测定。控制点与碎部点相比，精度高，密度低（单位面积内的测点数称密度），并作为后者的起始点，起到控制作用。

碎部测量是在控制点上安置仪器，测量周围的地物（例如房屋、道路、河流等）和地貌（地表的起伏态势称地貌），并测绘在图纸上，即成为地形图（地形图的样图，可以参见本书末样图）。

§1－8 测量学发展概况

自从人类从蒙昧走向文明，人们就逐步明白自身的生存与发展对时间变易和空间位置存在着依存关系，于是，测绘得以产生和发展，以便“观天道之兆基，察地理之长短”，“敬农时，兴物利”。中国历代朝廷把测绘当成国家要务，以便“王者不下堂而知四方”，“夫兵主者，必先审知其地图，不失地利”。荆轲刺秦王，“图穷匕首见”是一个典型的历史事件，它从一个侧面说明了测绘的重要性，而地图在春秋战国时就被看作是国宝。

据《史记》记载，远在四千年前，大禹治水便使用了规（即圆规）、矩（成直角的曲尺）、准（水准器）、绳四种测量工具，“左准绳，右规矩，载四时，以开九州，通九道。”夏朝铸造九鼎，每个代表一个州，每个鼎上绘有本州内的山川百物。西周时测绘已被广泛应用于生产、军事、城建等方面。例如西周召公负责测绘了首都洛邑的城建图；地图成了划分疆界、裁决土地纠纷的依据，所谓“地讼，以图正之”。建成于战国时期、迄今还在发挥巨大效益的都江堰、郑国渠、灵渠大型水利工程中，测绘工作都起了至关重要的作用，1974 年出土了用于修建灵渠的石制方位水准仪（它即可测方位、又可测水准），就是一个文物证据（实物现保存在广西兴安县）。自秦汉起测绘得到了更加广泛的应用。

中国古代测绘领域人才辈出、成就辉煌。在测时方面，春秋战国时的《四分历》定一年为 365.25 日，领先于罗马人 500 年；宋代杨忠辅编制的《统天历》定一年为 365.242 5 日，领先欧洲人 400 年。居于当时世界上领先水平并保存至今的地图有：1973 年长沙马王堆汉墓中出土的《地形图》和《驻军图》；南宋石刻地图《华夷图》和《禹迹图》（现保存于西安碑林）；清初时的《皇舆全览图》。在天文大地测量方面，唐代僧一行和南宫说在全国 24 个点上进行了世界上首次大规模的地理纬度测量工作，并算得子午线 1°的弧长为 132.31 km；元代郭守敬所做的纬度测量范围之广、精度之高前所未有；清初康熙年间，在全国测定了 630 个点的经纬度，规模之大为世界之最，并规定 200 里合经线 1°，这种用经线 1°的弧长定义长度单位的做法为世界首创。举世闻名的测绘仪器略举几件：在春秋战国时期已发明了指南针；公元前四世纪，我们的祖先就制造了世界上第一台测天仪——浑天仪；西汉张衡创造了世界上第一台地震仪——候风地动仪；宋代苏颂制成的水运仪象台，集测时、计时、报时于一体，是十一世纪世界上最杰出的天文仪器；元代郭守敬设计制造的简仪，300年后在欧洲才出现类似的仪器（明代仿宋元古制的简仪现保存在南京天文台）。在测绘理论方面独树一帜：战国时代的尸子对宇宙下了一个今天看来仍然正确的定义："四方上下曰宇，古往今来曰宙"；"浑天说"把宇宙与地球的关系比拟为鸡蛋与蛋黄的关系，所谓"浑天如鸡子，地如鸡子中黄"，这已包含有地球为球形的初步概念；同时代已出现地球在运动的思想，"地有四游"，"地动而人不觉"；问世于公元前的"周髀算经"记载了用"矩"测绘地面点位的原理："平矩以正绳，偃矩以望高，覆矩以测深，卧矩以知远，环矩以为圆，合矩以为方"；稍后问世的"九章算术"，"海岛算经"，又大大丰富和发展了测量技术；西晋裴秀的"制图六体"具有划时代的意义，从此使绘制地图有了坚实的理论基础；"制图六体"即制图的六条原则：分率（比例尺）、准望（方位）、道里（距离）、高下（以高取下）、方斜（以方取斜）、迂直（以弯取直）；另外，元代郭守敬据修建水利的实践在世界上第一个提出了海拔高程的概念；宋代沈括早欧洲人400年发现了磁偏角。

包括测绘科技在内的中国科技体系，春秋战国奠基，汉唐繁荣，到宋元达到鼎盛，在长达1 500多年里，总体水平在世界上处于领先地位，据统计，我国在世界上的发明创造总量中所占的份额，唐代时期约占70%，清朝也占28%，中国对世界文明的巨大贡献现在已是举世公认。

中华人民共和国成立后，历史翻开新篇，测绘事业有了很大的发展。建立和统一了全国坐标系统和高程系统；建立了遍及全国的大地控制网、国家水准网、基本重力网、卫星多普勒网和GPS网；完成了国家大地网和水准网的整体平差；完成了国家基本图的测绘工作；完成了珠穆朗玛峰和南极长城站地理位置和高程的测量；配合国民经济建设进行了大量的测绘工作，例如进行了南京长江大桥、宝山钢铁厂、北京正负电子对撞机、三峡水利工程等工程测量。出版发行了地图数千种，发行量超过数十亿册。在测绘仪器制造方面，从无到有，现在不仅能生产系列的光学仪器，还研制成功各种测程的光电测距仪、卫星激光测距仪、GPS、全站仪和解析测图仪等先进仪器。测绘人才方面，已培养出各种测绘技术人员数万名，大大提高了我国测绘科技水平。新的测绘技术发展很快，例如GPS全球定位系统、地理信息系统、遥测遥感技术等都得到越来越广泛、越来越深入的应用。

复习题

1. 测量学的基本任务是什么？
2. 测量工作中常采用哪几种基准面？各自的定义和作用是什么？
3. 测量学里可以选用哪几种坐标系？各自如何表示地面点的位置？
4. 水准面是不是水平面？在什么范围内可将水准面当作水平面处理？为什么？
5. 测定地面点位置的基本观测要素是什么？

第二章　方向与角度测量

§2-1　方向测量

确定两个点的相对位置关系，除要测量这两点间的相关距离外，还需测定这两点所构成的直线的方向。当然，该直线方向的方向值的测定必须要以某个选定的标准方向为参照。测定直线方向值的过程即是方向测量，亦称直线定向。

一、地面点标志

在测量工作开始之前，首先应在欲测定的点上设立标志，然后再进行观测。地面点标志一般分为临时性和永久性标志两类。

（一）临时性标志

对于精度要求不高，也不需要长期保存的点，视测量现场情况，可以用长约 20～30 cm，粗 3～6 cm 的木桩打入地中，桩顶钉一小钉作为该点位的标志。为了便于观测时照准，在临时性点上要设立标杆。图 2-1 设立的是花杆，长 2 m 或 3 m，其直径 3～4 cm，杆上涂以 20 cm 间隔的红白漆，以便在远处清晰可见。

（二）永久性标志

需长期保存或精度要求高的点，应用石桩或水泥桩埋设。桩顶应刻有十字作为点的标志。其上一般应设有木制或钢制觇标（见图 2-2）。

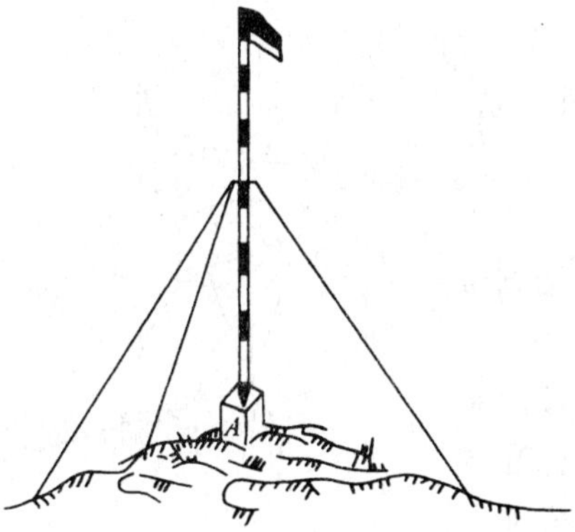

图 2-1　临时性标志

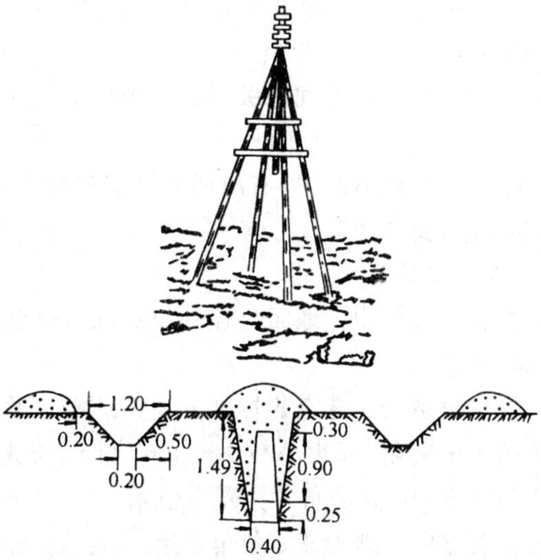

图 2-2　永久性标志

二、表示直线方向的方法

（一）标准方向

在测量过程中一般采用真北方向、磁北方向或坐标北向为标准方向（见图 2-3）。

1. 真北方向（正北方向）

真北方向即真子午线北向，又称正北方向，为过地球上一点指向地球地理北极的方向。由于北极星在天空中的位置变化极其微小，故而在测量时，通常以指向北极星的方向为真北方向。

2. 磁北方向（磁子午线方向）

磁北方向即磁子午线北向，为过地球上一点指向地球磁北极的方向。亦即磁针静止时，磁北针所指方向。

3. 坐标北向

坐标北向系指我国采用的高斯平面直角坐标系纵轴 x 轴的正向。在施工测量中，也可采用施工坐标系的 x 轴正向作为坐标北向。

4. 三北方向的关系

由于地球的磁北极与地理北极不一致，因此，在地球任意一点上的磁北方向与真北方向一般说来都不重合，两者所夹角度称磁偏角 Δ。相对真北方向而言，磁北方向在真北方向东边 Δ 为正，反之为负。

同时由于各种因素对地磁场的影响，所以各地的磁偏角也是不同的。其变化范围常常有几分至几度不等，即使在同一天内的同一个地方，也常常会有几分的变化。我国各地磁偏角除新疆、曾母暗沙等少数地区为东偏外，其他地区的磁偏角均为负值。在测量过程中，选用磁北方向作为标准方向就精度而言是不高的，只能当作粗略依据，故一般只在地质勘探工程及测区不大、精度要求不高的工程测量中采用。

高斯平面直角坐标系的坐标北向与真北方向的夹角为子午线收敛角。相对真北方向而言，坐标北向在真北方向东边时子午线收敛角 γ 为正，在西边时为负。

另外，通常将磁北方向与坐标北向的夹角称磁坐偏角，磁北方向在坐标北向东边时，磁坐偏角 G 为正，反之为负。

Δ、γ、G 三者之间的关系式（见图 2-3）为

$$G = \Delta - \gamma \qquad (2-1)$$

在同一幅地形图中，有时同时注有三北方向及其关系，以供实际需要选用。

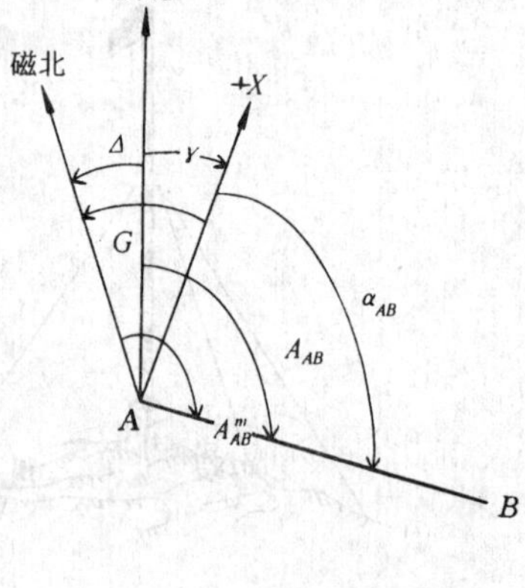

图 2-3　三北方向及方位角关系

（二）方位角

在测量过程中，地面上任一直线的方向我们是用方位角来表示的。

方位角系指自选定的标准方向的北端起顺时针转向某直线的水平夹角。其大小在 0°～360°之间。如选定的标准方向为磁北方向，则该角度为磁方位角，用 A^m 表示；标准方向为正北方向，则为真方位角，用 A 表示；标准方向为坐标北向，则为坐标方位角，用 α 表示。

由图 2－3 可知，A、A^m、α 三者之间的关系式为

$$\alpha = A - \gamma = A^m + \Delta - \gamma = A^m + G \tag{2-2}$$

如已知某地 Δ 为西偏 5°30′，γ 为东偏 2°，某直线 AB 的磁方位角 A_{AB}^m 为 135°，则该直线的真方位角 A_{AB} 及坐标方位角 α_{AB} 分别为

$$A_{AB} = A_{AB}^m + \Delta = 135° + (-5°30') = 129°30'$$

$$\alpha_{AB} = A_{AB} - \gamma = 129°30' - 2° = 127°30'$$

对同一直线而言，按直线方向的不同所计算的方位角就有正反方位角之分。如图 2－4 所示，有某直线段 AB，设 A 为起点，B 为终点，则直线方向是 $A \rightarrow B$，我们就把 α_{AB} 称为正方位角，α_{BA} 称为反方位角，两者相差 180°（图 2－4 中所示为坐标方位角）。由于方位角总是正值，因此正反方位角可用公式表示为

$$\alpha_{AB} = \alpha_{BA} \pm 180° \tag{2-3}$$

式中 α_{AB} 的值与 α_{BA} 的值有关，如果 $\alpha_{BA} \geqslant 180°$，式中取减号，否则取加号。以保证 α_{AB} 的值域在[0°，360°)内。

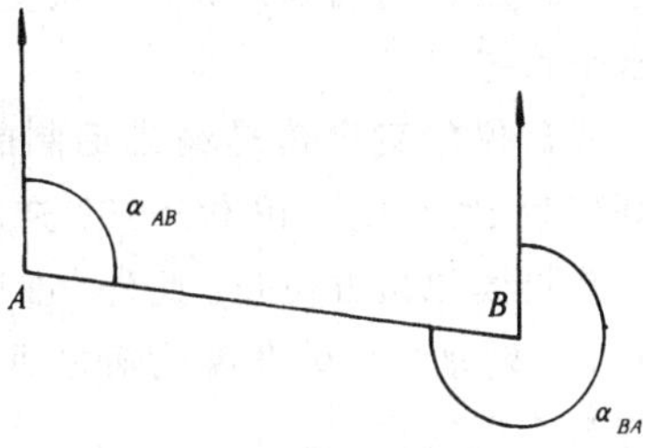

图 2－4　正反方位角

如图 2－5 所示，当所测相邻边的水平夹角在前进方向 ABC 的左边时，叫左转角，以 $\beta_{左}$ 表示。根据 α_{AB} 可以推算出 α_{BC}。

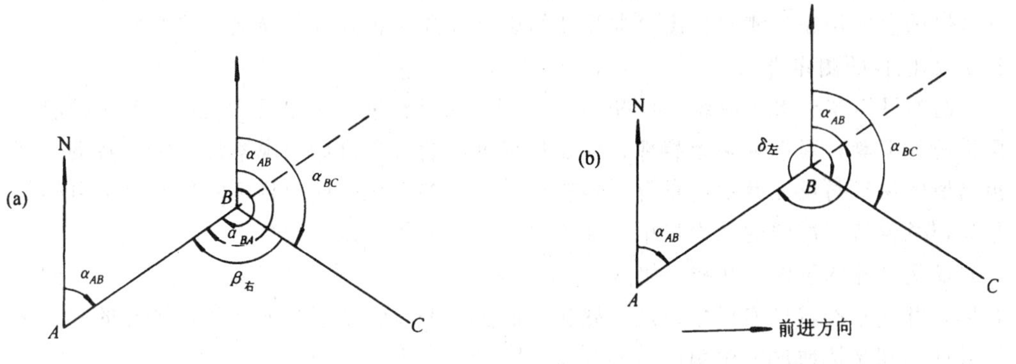

图 2－5　方位角推算

$$\alpha_{BC} = \alpha_{AB} + \beta_{左} - 180° \tag{2-4}$$

当所测相邻边的水平夹角在前进方向 ABC 的右边时，叫右转角，以 $\beta_{右}$ 表示。同样根据 α_{AB} 可以推算出 α_{BC}。

$$\alpha_{BC} = \alpha_{AB} - \beta_{右} + 180° \tag{2-5}$$

因此，可将其写成通用公式为

$$\alpha_{BC} = \alpha_{AB} \pm \beta_{\substack{左\\右}} \mp 180° \tag{2-6}$$

当然，在上述计算过程中，应保证计算得到的方位角为正值。

（三）用罗盘测磁方位角

1. 罗盘仪的构造

罗盘仪的种类很多，但其构造大同小异。我国常用的罗盘有八角罗盘和五四罗盘两种。下面介绍地质工作中常用的八角罗盘。

八角罗盘由磁针、度盘和照准设备等主要配件组成（见图 2-6）。磁针中心装有镶有玛瑙的凹圆形轴窝，以便支于度盘中心的钢顶针上，并可灵敏地自由转动。当磁针摆动静止时，其北端即指向磁北方向；在停止使用时，可利用制动器把磁针托起，使其贴紧在玻璃盖上固定之。

由于磁针受磁极引力的影响较大，在北半球的国家里，磁针北端会向下倾斜，不便于测量。所以，一般都在磁针南端绕以铜丝，以使磁针受力平衡，位于水平状态。

罗盘仪的刻度盘是铜或铝制的圆盘，一般最小分划值为 1°或 30′，按 0°→360°逆时针方向刻划，以便于直接读取磁方位角。此外，在度盘上还附有改正螺丝，若转动它，刻度盘就随之而转动，可以起到改正度盘读数的作用。

照准设备为装在 0°→180°方向上的一对折叠式觇板，与装在盒盖上的反光镜配合使用。

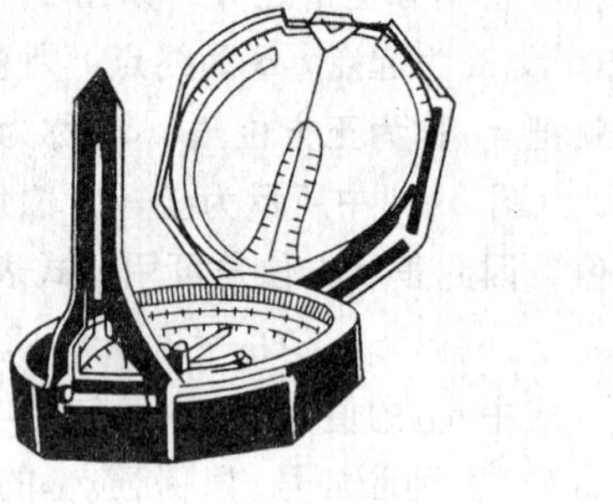

图 2-6　八角罗盘

此外，底盘上还装有圆水准器和倾斜指示器。水准器供安置度盘水平之用，罗盘盒的底面装有操纵测斜指示器的手柄，转动手柄可使管水准器与测斜指示器同时转动，供测倾斜角时使用。

罗盘仪的主要用途是测定精度要求不高的磁北方向、磁方位角和地面坡度角。

2. 磁方位角的测定方法

(1) 观测目标高于水平视线。如图 2-7 所示。从反光镜中可以看到目标，此时把觇板竖直，两手托住罗盘，紧靠观测者腹部，将度盘零度方向对准目标，观察反光镜，转动头部使长觇板的像的中线与反光镜中线重合，再转动身体，直至长觇板和目标的像同时被目标的中线所平分，并保持水准器的气泡居中，即可按磁针北端读取磁方位角。

(2) 观测目标低于水平视线。如图 2-8 所示。可把罗盘零刻度线靠向自己，180°刻度线对准目标，并使水准器气泡居中，从长觇板上的尖端经过镜子下方的透明椭圆孔的中线来照准。按磁针南端来读取磁方位角。

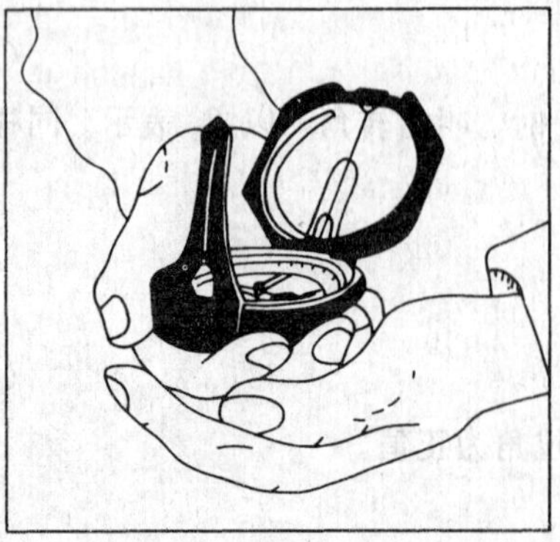

图 2-7　目标高于水平视线

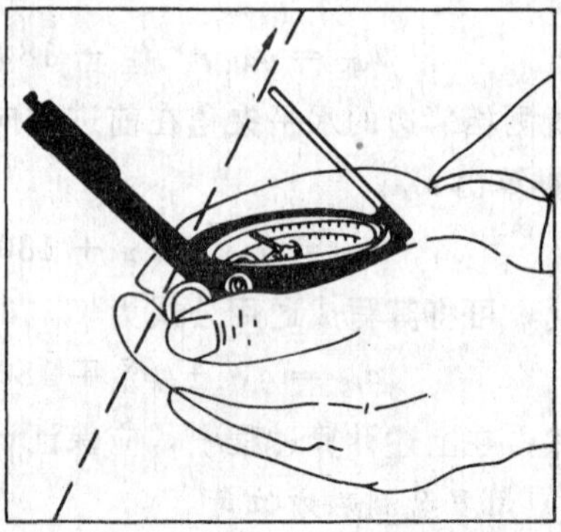

图 2-8　目标低于水平视线

另外，直接测定各直线的真方位角，属于天文测量的范畴，本书不作介绍。

§2-2 角度测量

一、角度的概念

在已知起始点坐标及起始边方位角的情况下，要确定其他待定地面点点位，需要测出到待定点的距离及其与起始边所夹水平角，从而计算出待定地面点的平面坐标。

(一) 水平角

水平角指的是空间两直线经垂直投影在水平面上的角度。如图 2-9 中地面上 OA 与 OB 两边的夹角为$\angle AOB$,测量上所指的水平角是此角在水平面 P 上的投影$\angle aob$。在几何概念上即为通过OA、OB 两垂直面所夹的二面角。此二面角可以在两垂直面交线 Oo 的任一点位上测量出来。

(二) 竖角

竖角是在同一垂直面内倾斜视线与水平线之间的夹角，亦称倾角。其角值范围为 0°～±90°。倾斜视线在水平线之上的竖角，称为仰角，其符号为正；倾斜视线在水平线之下的竖角，称为俯角，其符号为负。图 2-10 中仰角为 +8°41′24″；俯角为 −24°03′18″。

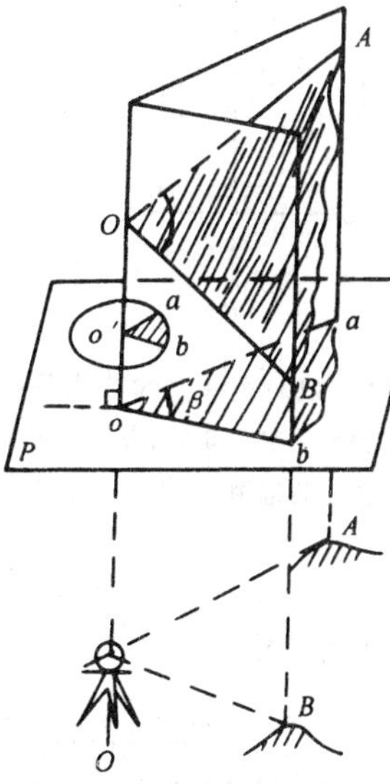

图 2-9 水平角概念

(三) 经纬仪测角原理

经纬仪是专门用于测角的仪器，其测角原理如下：

1. 水平角测角原理

经纬仪上安放有一专门用于测量水平角的顺时针刻划的水平度盘。如图 2-9 所示。如将水平度盘安放在 o' 位置，则 OA 在水平度盘上的投影可得一读数 a，OB 在水平度盘上的投影可得一读数 b。这样，就可求得水平角的大小，即：$\angle aob=\beta=b-a$。

由水平角的定义可知，在测量水平角时，经纬仪必须满足以下要求：

(1) 仪器水平度盘中心 o' 必须位于欲测角之顶点 O 点的铅垂线上；

(2) 水平度盘必须处于水平位置；

(3) 当经纬仪望远镜（照准目标用）上下移动时，视线应画出一个垂直面。亦即在同一垂直面内的方向线其投影在水平度盘上的读数不变。

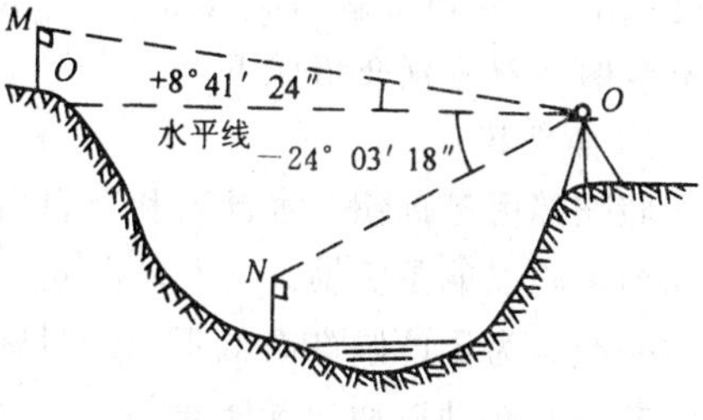

图 2-10 竖角概念

为在测角时满足上述要求，经纬仪的几条主要轴线必须满足一定的几何条件（图 2-11）：

(1) 水准管轴垂直于竖轴，即 $hh_1 \perp VV_1$。这样，当水准管气泡居中时，水准管轴 hh_1 保持水平，竖轴 VV_1 就垂直。由于水平度盘面 LL_1 在装配时已严格与竖轴垂直，这样就保证了水平度盘盘面水平，即 $hh_1 /\!/ LL_1$。

(2) 视准轴垂直于水平轴，即 $ZZ_1 \perp HH_1$。

(3) 水平轴垂直于竖轴。即 $HH_1 \perp VV_1$。如同时满足 (2)、(3) 两条件，则当望远镜绕水平轴旋转时，视线扫出的就是一个垂直面。

2. 竖角测角原理

见图 2-12。为了观测竖直角，经纬仪上安装有一个竖直度盘，其度盘中心在 A' 点的水平线上，当照准视线对准观测目标点 P 时，即可根据竖盘读数及视线水平时的读数求取所测竖直角。

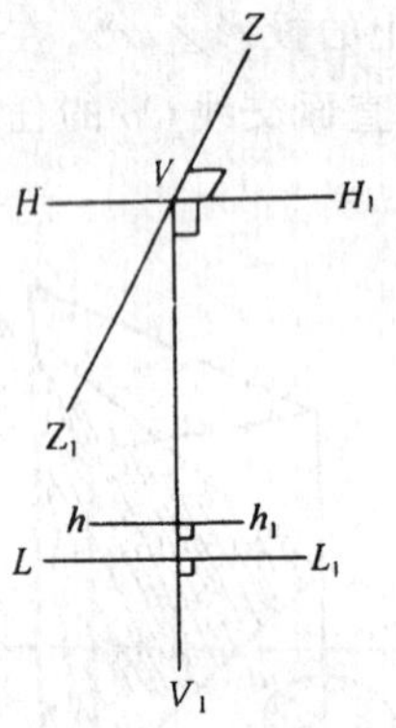

图 2-11　经纬仪的轴线关系

hh_1—水准管轴；VV_1—竖轴；LL_1—水平度盘面；

ZZ_1—视准轴；HH_1—水平轴

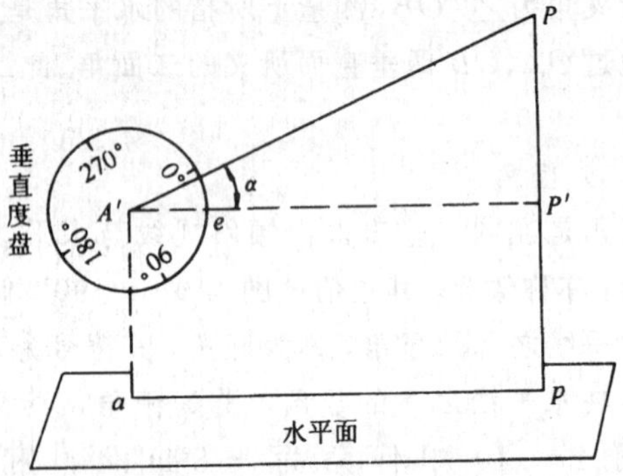

图 2-12　竖角测角原理

二、水平角的观测

(一) 分微尺光学经纬仪的组成部分

经纬仪是测量角度的主要仪器，它既可用于测量水平角和竖角，也可用来测定水平距离和高差。

经纬仪的类型很多，精度不一。普通测量中常用的是 J6 级普通光学经纬仪。其构造如图 2-13 所示。它可分解为照准部、水平度盘和基座三大部分。图 2-14 是这种经纬仪三大部件的示意图。现分别介绍如下：

1. 照准部

照准部由望远镜、水准器和竖盘所组成。照准部能绕仪器竖轴作水平方向转动，旋转轴的几何中心线就是竖轴。水平轴（也叫横轴）安置在照准部上的支架上。望远镜与水平轴固连在一起。为了能瞄准高低不同的目标，望远镜可绕着水平轴一起作上、下转动，同时竖盘也跟着一起转动以便记录竖角的大小。在水平轴与竖轴的转动部分各装有一对制动钮和微动螺旋，以控制其转动的固定及微动。

(1) 望远镜。望远镜的作用是用于瞄准目标并使其瞄准的目标清晰而准确。

图 2-15 是内对光望远镜的示意图，它由物镜、对光透镜、十字丝和目镜筒等部分组成。其中，物镜和对光透镜的作用是使所观测的目标成倒立实像于十字丝面上。目镜筒的作用是

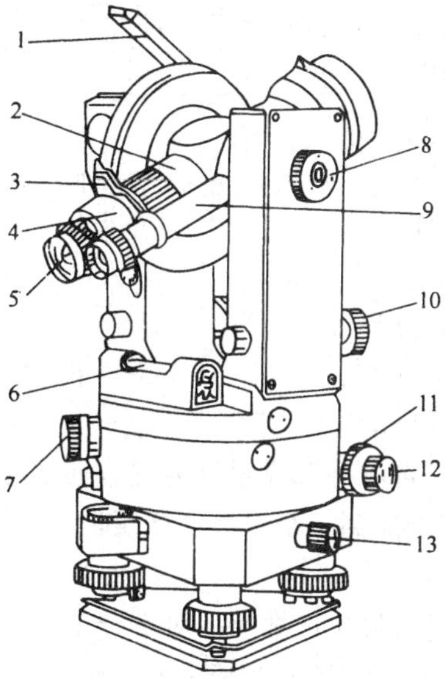

图 2－13　J6 经纬仪

1—指标水准器反光镜；2—望远镜对光螺旋；3—粗瞄准照门；4—分划板护罩；5—望远镜目镜；6—照准部水准管；7—度盘变换手轮；8—望远镜制动螺旋；9—读数显微镜；10—望远镜微动螺旋；11—水平微动螺旋；12—水平制动螺旋；13—中心锁紧螺旋

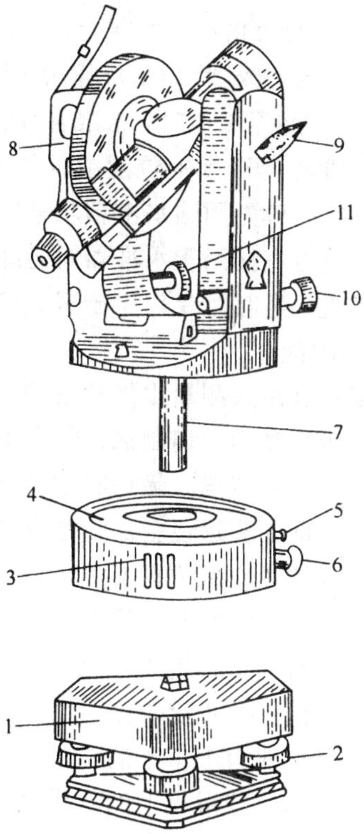

图 2－14　经纬仪结构

1—基座；2—脚螺旋；3—水平度盘离合按钮；4—水平度盘；5—水平制动螺旋；6—水平微动螺旋；7—竖轴；8—竖直度盘；9—望远镜制动螺旋；10—望远镜微动螺旋；11—指标水准管微动螺旋

使目标所成之像放大。十字丝则作为瞄准目标的标志，其上、下各有一根短横丝（叫做视距丝）可用来测量距离。在上者为上丝；在下者为下丝；中间那根十字丝横丝叫中丝。十字丝交点与物镜光心的连线，称为视准轴。

使用望远镜时，应首先将望远镜对向明亮的背景，如天空、白墙等，旋转目镜筒，使十字丝（图 2－15）清晰，然后利用镜筒上方的准门和准星对准欲观测的目标，再转动对光螺旋，使目标的像也很清晰，即使其成像在十字丝面上。否则，随着眼睛的上下移动，会产生十字丝和目标像的相对移动，这种现象称为视差。在观测时，视差对测量成果的精度影响很大，必须消除它。这就要求按上述步骤重新对光，直至目标像和十字丝无相对移动为止。当望远镜照准目标后，应固紧望远镜制动螺旋，再转动望远镜微动螺旋，使其作微小的上下转动，以精确照准目标。

(2) 水准器。水准器的作用是指示水平度盘是否水平。

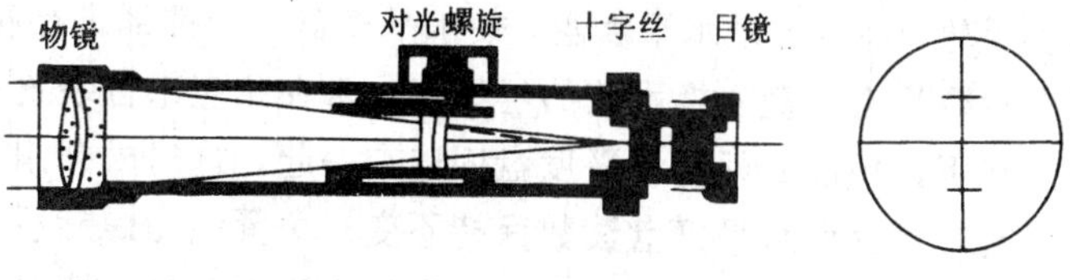

图 2－15　经纬仪望远镜照准

通常经纬仪上有两个水准器：一个为圆形称为圆水准器（也有许多型号的经纬仪未配置圆水准器，但对于经纬仪的使用并无影响）；另一个为管状称为管水准器。圆水准器供粗略整平用，管水准器是由内表面纵向为圆弧形的玻璃管制成（如图 2-16 所示），管内装有酒精和乙醚混合液，仅留一个气泡。通过圆弧刻划中点的切线，称为水准管轴。当气泡两端与刻划中点成对称（即气泡居中）时，水准管轴就处于水平位置。亦即表示水平度盘处于水平位置或仪器竖轴处于铅垂位置。使用仪器时，一般先用圆水准器粗略整平再用管水准器作精确整平，也可直接用管水准器对经纬仪进行精确整平。

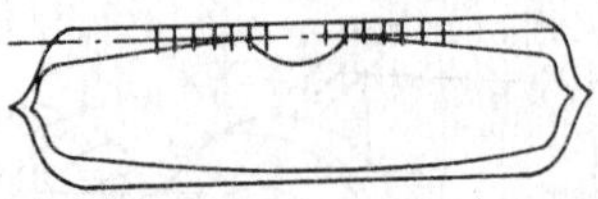

图 2-16　管水准器

（3）竖盘。竖盘是专门用于观测竖角的。后面将作详细介绍。

2. 水平度盘

水平度盘是用来测量水平角度的。

水平度盘由光学玻璃制成。在照准部上装有反光镜，可将外部光线反射进来而照亮度盘，再经过一系列光学装置，最后将水平度盘和竖盘的像都折射到一个读数显微镜里。观测者在瞄准目标后，即在望远镜旁的读数显微镜中读得观测数据。

水平度盘按顺时针方向自 0°至 360°每隔一度作一刻划并注记数字。对于分微尺经纬仪，度以下的读数则需要在分微尺上读出。图 2-17 上半部是从读数显微镜中看到的水平度盘的像，能看到度盘上 131°和 130°两条刻度线；另外注有小号数字的分划，即为分微尺。分微尺从分划 0 到分划 6 的长度与度盘上一格的长度相等。度盘上一格为 1°，分微尺从 0 到 6 有 60 小格，每一小格即为 1′。不满 1°的角值可利用分微尺直接读到分，估读到零点几分或秒。读数时要注意的是，分微尺上的 0 线是指示线，它所指的位置即应读数之处。例如，此处 0 线已过 130°，读数一定比 130°多，故水平度盘的读数应为：

度盘上读数	130°
分微尺上读数	48′
分微尺上估读	42″
完整的读数为	130°48′42″

从上面也可看出，J6 级经纬仪的秒值一定是 6″的整数倍。

竖盘的读数在同一读数显微镜中读取，图 2-17 竖盘读数应是 87°33′12″。

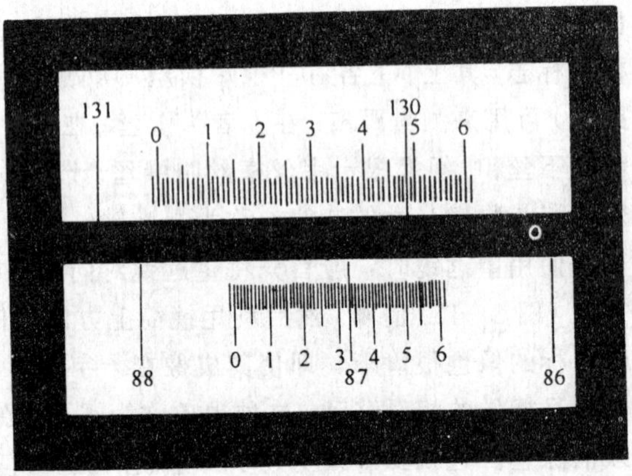

图 2-17　读数窗

在照准部上装有水平制动和微动螺旋（见图 2-13 中之 11、12）。水平度盘是固定的，并不跟随照准部转动，因此，当转动照准部照准目标时，水平度盘读数即起变化。目前，大多数经纬仪装有水平度盘变换手轮（图 2-13 中之 7），当需要变换度盘位置时，可在瞄准目标后，水平制动照准部，再转动变换手轮，即可转动水平度盘，使水平度盘与照准部进行相对转动，配置水平度盘初始读数。

少数没有度盘变换手轮的经纬仪，常在相应部位装置一个离合按钮，若将水平度盘离合按钮按下，照准部即与水平度盘固连在一起，这时松开制动螺旋，水平度盘就可跟着望远镜同时旋转，因而水平度盘读数保持不变；关紧制动螺旋后，转动微动螺旋，读数也不变。若将水平度盘离合按钮扳上，水平度盘随即固定不动，这时松开制动螺旋，转动照准部，水平度盘读数即起变化；关紧制动螺旋，转动微动螺旋，照准部相对水平度盘有微小转动，因而读数也有小的变化。

3. 基座（附三脚架）

基座（图 2 - 14 中之 1）是仪器的底座，其上设有三个脚螺旋，转动脚螺旋可使水平度盘处于水平位置。基座的下部和三脚架头的中心螺旋相连接，可将整个仪器固定在三脚架上。因此，在架设仪器时，首先要检查中心螺旋是否已把仪器拧上，以免摔坏仪器。

（二）经纬仪的对中整平

由水平角的定义可知，用经纬仪观测水平角时，必须保证使经纬仪水平度盘中心安置在欲测角之顶点上，这一过程即为对中；同时，也必须保证仪器的竖轴垂直，即使仪器的水平度盘处于水平位置，这一过程即为整平。

经纬仪常规的对中整平方法有两种，使用垂球线对中的垂球法和光学对中器对中的光学法。垂球法的对中和整平过程是分开进行的，而光学法与垂球法有很大不同，在其对中整平过程中，需要对中、整平两者同步进行。

无论是垂球法还是光学法，在测站上安置经纬仪时，都要首先打开伸缩的三脚架，调节至适当的高度，拧紧脚架螺旋。再把脚架放在测站点上，先目估脚架顶面大致水平，并使其中心大致对准测站点 O 的标志。然后再安装上经纬仪，拧上中心螺旋。

1. 垂球法

（1）对中。将中心螺旋别拧得太紧，使它可以在脚架顶面上有活动余地，挂上垂球，如垂球尖离木桩上小钉较远，则需平移三脚架，务必使垂球尖更接近小钉。接着踩紧三个脚架使其稳固，其后就在三脚架孔径范围内轻轻平移仪器直到垂球尖精确对准小钉为止。垂球的对中误差一般不应大于 2 mm，此时即可将中心螺旋拧紧（见图 2 - 18）。至此，对中工作已告完成。

（2）整平。打开水平度盘制动螺旋，转动照准部，使上面的管水准器与一对脚螺旋的连线相平行，此时两手按相反方向转动这对脚螺旋，使管水准器气泡居中［气泡的移动方向为右手食指所指的方向，见图 2 - 19 (a)］，然后将照准部转 90°，使管水准器与仪器中心和第三个脚螺旋的连线相平行，再转动第三个脚螺旋，使气泡居中［见图 2 - 19 (b)］。如此反复进行数次，直到水准管转到任何位置，气泡均居中为止。在实际操作中，允许气泡偏离中心不超过一小格。

2. 光学对中整平法

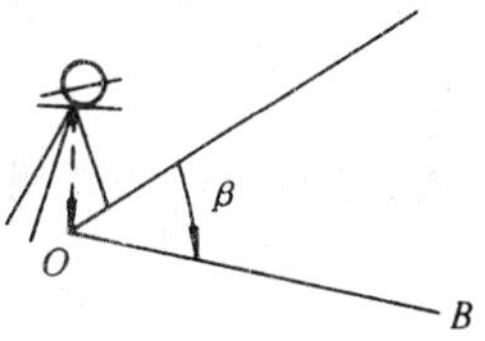

图 2 - 18　经纬仪对中

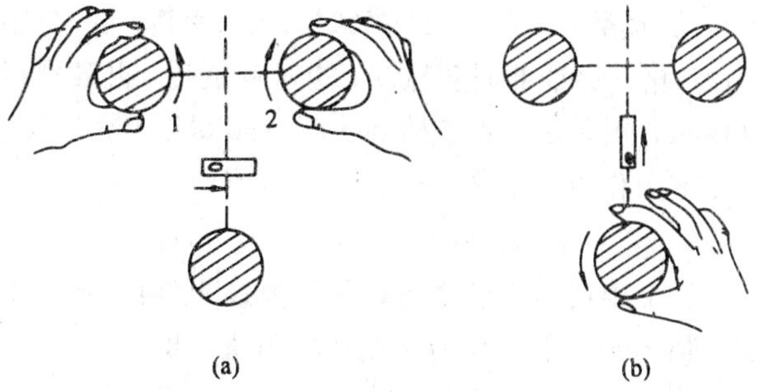

图 2 - 19　经纬仪整平

(1) 拧紧中心螺旋，对中器的目镜进行对光调节，用脚尖指着地面点标志，双手轻轻移动三脚架及仪器，同时在光学对中器中观察，直到在对中器目镜中看到目标木桩上小钉的像与对中器的小圆圈中心（或十字丝）大致重合。

(2) 放下仪器，踩紧三个脚架。调节三个脚螺旋使目标与对中器的小圆圈中心（或十字丝）重合。

(3) 伸缩三个脚架使圆水准气泡居中，此时观察目标是否偏离较大，如果偏离较大，则重复进行 (2)、(3) 两步。

(4) 用管水准器整平仪器，再观察目标是否完全对准。如尚有少许偏离，则略为松开中心螺旋，平移基座（切忌旋转）直至目标完全对中，再用管水准器微调整平仪器即可。

（三）水平角的观测方法

测水平角时必须严格用十字丝竖丝瞄准目标。观测过程中，为了消除仪器误差，一般要用盘左、盘右两个位置进行观测。所谓“盘左”即在观测时，竖盘位于望远镜的左边；若竖盘在望远镜的右边，即为“盘右”。盘左和盘右亦称正镜和倒镜。盘左、盘右各测角一次，合称一测回。水平角的观测方法，一般根据观测方向的多少和测量精度要求的不同而定，常用的有测回法、方向法、复测法（适用于井下测量）等。

1. 测回法

适用于观测两个方向之间的单角。

如欲测水平角为$\angle AOB$（如图 2-20 中的 β 角）。先在 A、B 点上竖立标杆，在 O 点安置经纬仪，用望远望分别瞄准 A、B 点的标杆（尽量瞄准底部）并读数，两读数之差即为欲测角。其具体操作步骤如下：

(1) 在测站 O 上安置经纬仪，对中整平后，于盘左位置，用望远镜精确瞄准第一个观测目标 A。用度盘变换手轮配置水平度盘，使其略大于 0°，将读数 $a_{左}$（$=0°00'12''$）记入观测手簿，如表 2-1。

(2) 松开照准部制动螺旋，顺时针旋转，精确瞄准第二个观测目标 B，将读数 $b_{左}$（$=81°25'36''$）记入手簿。

以上操作称为上半测回，测得角值为

$$\beta_{左}=b_{左}-a_{左} \tag{2-4}$$

(3) 倒转望远镜，让经纬仪处于盘右位置，松开照准部制动螺旋，逆时针旋转，精确瞄准第二个观测目标 B（注意观测顺序），将读数 $b_{右}$（$=261°26'00''$）记入手簿。

(4) 松开照准部制动螺旋，逆时针旋转，再瞄准第一个观测目标 A，固紧之，将读数 $a_{右}$（$=180°00'30''$）记入手簿。

以上操作称为下半测回，测得角值为

$$\beta_{右}=b_{右}-a_{右} \tag{2-5}$$

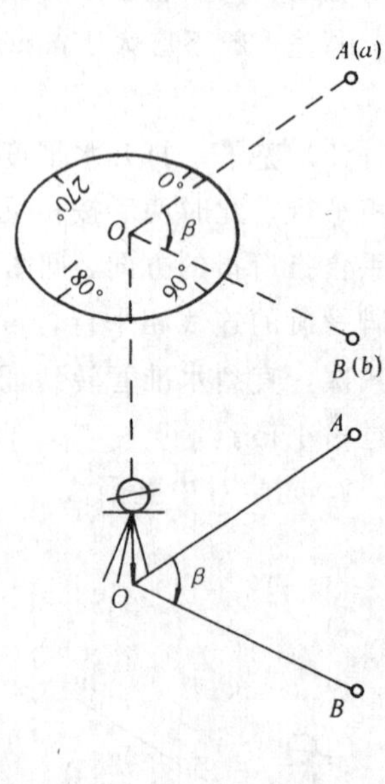

图 2-20 测回法观测

上、下半测回角值之差，如不超过 40″时，可取上、下半测回角值的平均值，作为一测回的角值。即

$$\beta=\frac{\beta_{左}+\beta_{右}}{2} \tag{2-6}$$

当测角精度要求较高时，为了减少由于水平度盘刻划不均匀对测角的影响，一般需要对

同一角度观测几个测回。当每一测回观测完毕，第二测回刚开始时，要将度盘起始方向按$\frac{180°}{n}$（n为测回数）改变一下位置。如需对某个角度测量4个测回，即$n=4$，则第一、二、三、四测回的起始方向的配置就应分别略大于0°、45°、90°、135°。

各测回观测方法与第一测回相同。最后需计算出各测回平均角值，记录于表2-1中。

表2-1为两个测回的测回法水平角观测手簿记录格式。

表2-1 水平角观测手簿（测回法）

日期 1998.12.12　　　　　　　　　　　　　　　　观测者 王 兴

天气 晴　　　　　仪器型号 DJ6-10326　　　　　　记录者 吴 双

测 站	目标	竖盘位置	水平度盘读数 (° ′ ″)	半测回角值 (° ′ ″)	一测回平均角值 (° ′ ″)	各测回平均角值 (° ′ ″)	备 注
O（第一测回）	A	左	0 00 12				
	B	左	81 25 36	81 25 24			
	A	右	180 00 30				
	B	右	261 26 00	81 25 30	81 25 27		
O（第二测回）	A	左	90 01 18				
	B	左	174 26 24	81 25 06			
	A	右	270 01 24				
	B	右	351 26 36	81 25 12	81 25 09	81 25 18	

附注：1. 测量过程中所有观测数据不允许用橡皮擦除或铅笔涂黑，只能用短横线划掉，如~~28~~，再于其上重记。秒值不允许修改，亦不允许连环涂改；

2. 观测数据的修改及重测，都应在备注栏中写明缘由；

3. 计算结果应采取“四舍六入”的原则，如为5，则视前一位是单数还是双数，单则进，双则舍，即“单进双不进”。如28.5则为28，33.5则为34。

2. 方向法

适用于观测两个以上的方向。当方向数多于三个时，需再次瞄准起始方向，就称为全圆方向法。其操作步骤如下：

（1）如图2-21，安置经纬仪于O点，盘左位置照准所选定的起始方向（又称为零方向）A。用度盘变换手轮使水平度盘的读数略大于0°，读取水平度盘读数0°02′12″记入表2-2的第4栏。

（2）顺时针方向转动照准部，依次瞄准目标B、C、D，分别读取读数37°44′15″，110°29′04″，150°14′51″，记入表2-2的第4栏。

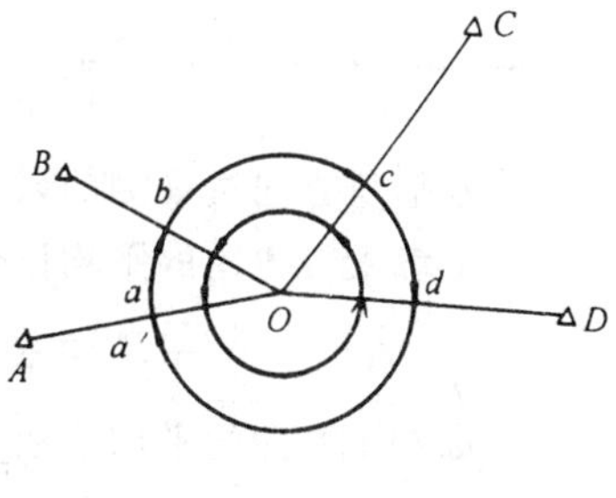

图2-21 方向法观测

（3）再次瞄准起始目标A，读取读数0°02′18″，称之为“归零”。将读数记入表2-2第4栏中。半测回中，起始方向的两个读数之差为“归零差”。

（4）倒转望远镜，盘右位置进行后半测回观测。逆时针方向转动照准部，依次瞄准A、B、C、D、A各方向，读数并记入表2-2的第5栏。

如果需要观测n个测回，则各个测回仍按$\frac{180°}{n}$变动水平度盘起始位置。

表 2-2 方向法观测值的计算步骤如下：

①填入两倍照准误差 $2c$ 值。

$$2c = 盘左读数 - (盘右读数 \pm 180°)$$

表 2-3 中，列出了方向法观测的技术要求。

表 2-2 方向法观测手簿

日期 1999.3.1　　　　　　　　　　　　　　　　　观测者 刘 先

天气 晴　　　　　　　仪器型号 DJ6-24521　　　　　记录者 吕 平

测站	测回数	目标	读数 盘左 (° ′ ″)	读数 盘右 (° ′ ″)	2c=左-(右±180°) (′ ″)	平均读数 $=\frac{1}{2}$(左+右±180°) (° ′ ″)	归零后的方向值 (° ′ ″)	各测回归零方向值的平均值 (° ′ ″)	附注
1	2	3	4	5	6	7	8	9	10
O	1					(0 02 10)			
		A	0 02 12	180 02 00	+12	0 02 06	0 00 00		
		B	37 44 18	217 44 06	+12	37 44 12	37 42 02		
		C	110 29 06	290 28 54	+12	110 29 00	110 26 50		
		D	150 14 54	330 14 48	+06	150 14 51	150 12 41		
		A	0 02 18	180 02 12	+06	0 02 15			
	2					(90 03 24)			
		A	90 03 30	270 03 24	+06	90 03 27	0 00 00	0 00 00	
		B	127 45 36	307 45 30	+06	127 45 33	37 42 09	37 42 05	
		C	200 30 24	20 30 18	+06	200 30 21	110 26 57	110 26 54	
		D	240 15 54	60 15 48	+06	240 15 51	150 12 27	150 12 34	
		A	90 03 24	270 03 18	+06	90 03 22			

表 2-3 水平角方向法观测技术要求

仪器	半测回归零差 (″)	各测回 2c 互差 (″)	同一方向值各测回互差 (″)
J2	12	13	12
J6	18	18	24

水平角方向法观测的误差不符合表 2-3 要求时，应在原来度盘位置上进行重测。

②填入各方向的平均读数于表 2-2 的第 7 栏。

$$平均读数 = \frac{1}{2}[盘左读数 + (盘右读数 \pm 180°)]$$

如 OA 方向的平均读数为

$$\frac{1}{2}[0°02'12'' + (180°02'00'' - 180°00'00'')] = 0°02'06''$$

由于归零，故起始方向 OA 有两个平均读数，再取其平均值，即得第一测回 OA 方向的平均值

$$\frac{0°02'06'' + 0°02'13''}{2} = 0°02'10''$$

填入表 2-2 中第 7 栏的括号内。

③计算归零后的方向值。将计算出的各方向的平均读数分别减去起始方向 OA 的平均读数，即得各方向的“归零方向值”，填入表 2-2 中的第 8 栏。

④计算各测回归零后方向值的平均值。取各测回同一方向归零后之方向值的平均值，作为该方向的最后结果，列入表 2-2 的第 9 栏中。

⑤计算各水平角值。按需要将相邻两方向值相减即可求得。

三、竖角的观测

（一）竖盘

专供观测竖角之用。

经纬仪的竖盘装置包括竖直度盘、指标水准管及其微动螺旋。竖盘固定在望远镜绕之旋转的水平轴一端，可随望远镜一起转动。竖盘的指标与指标水准管固连在一起。当指标水准管气泡居中时，表示指标处于正确位置。望远镜转动时，指标并不随之转动。竖盘的刻划有多种类型，但在望远镜视准轴水平时，其竖盘读数都是一固定值［或 0°或 90°、180°、270°等，见图 2-22(a)、(b)］。因此在测量竖角时，只要用望远镜瞄准目标，根据指标读取倾斜视线的竖盘读数，即可计算出竖角。

经纬仪竖盘的刻划注记形式各有不同。即当望远镜视线水平、指标水准管气泡居中时，其竖盘读数可以是 0°或 180°；也可以是 90°或 270°。我国目前使用的经纬仪主要为后一种形式。图 2-23 为此类经纬仪竖盘示意图，在盘左位置时，当望远镜水平时，其盘左位置的竖盘读数为 90°。

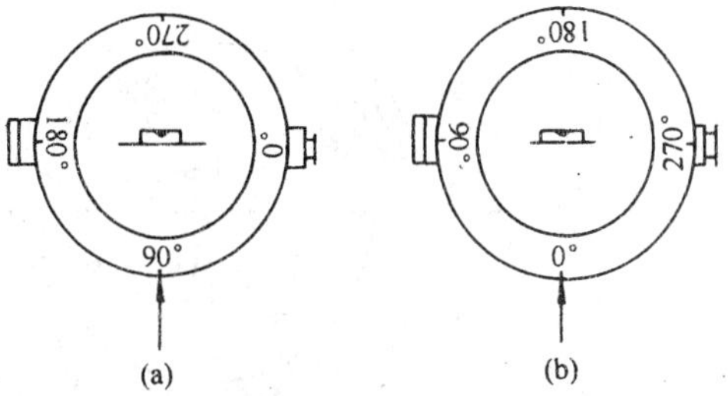

图 2-22　经纬仪竖盘

设在盘左位置观测某一目标，读得竖盘读数为 L，则由图 2-24 可知

$$\text{竖角}\quad \delta_{左} = 90° - L \tag{2-7}$$

倒转望远镜再瞄准同一目标，此时为盘右位置，读得竖盘读数为 R，则如图 2-25 可求得

$$\text{竖角}\quad \delta_{右} = R - 270° \tag{2-8}$$

（二）竖盘指标差

上述计算竖角的公式，必须在望远镜视线水平时，且竖盘指标位置正确，即竖盘读数为

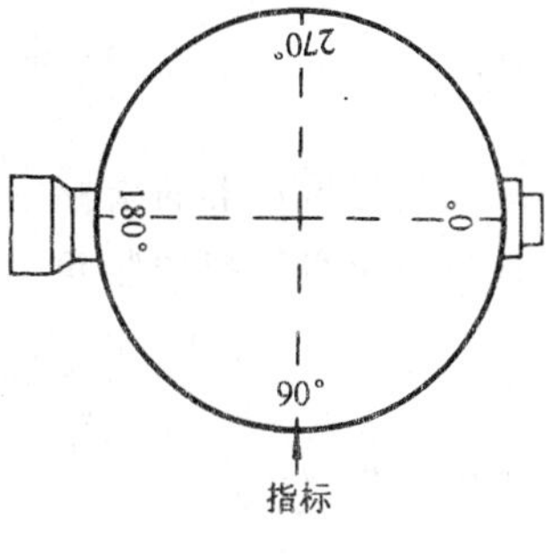

图 2-23　竖盘刻划

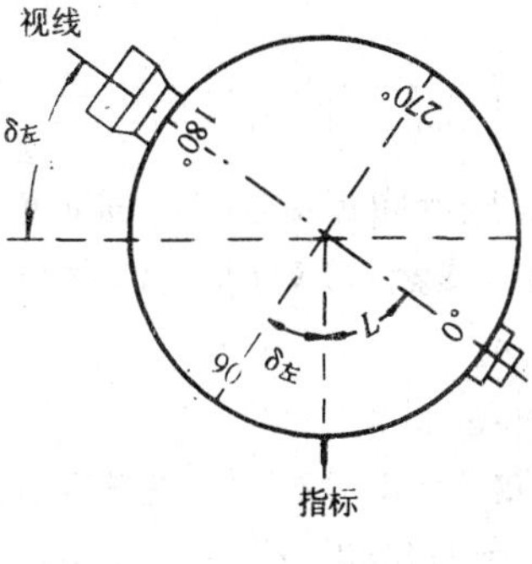

图 2-24　竖盘盘左观测

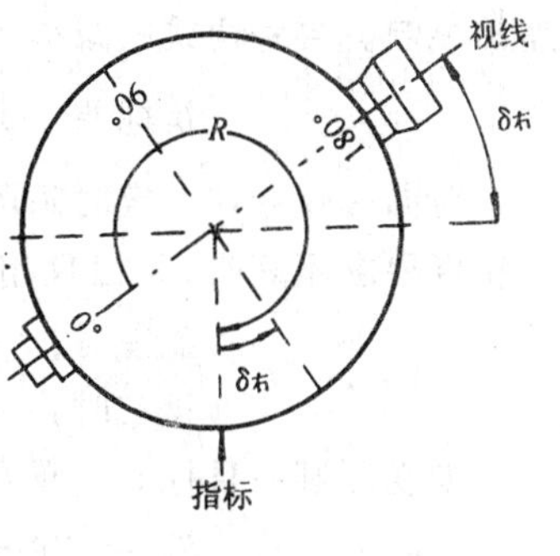

图 2-25　竖盘盘右观测

应有的整度数时，计算出的竖角才是正确的。但实际上，当视线水平、指标水准管气泡居中时，竖盘指标并不一定指在应有的整度数上（如图 2-23 中的 90°或 270°），而是与之相差一个角值，此角值即称为指标差，以 x 表示之（见图 2-26）。由于有指标差 x 的存在，会使盘左和盘右时的读数都小一个 x 值。这样，盘左、盘右位置观测同一目标时，指标差对竖盘读数的影响也会导致所得竖角值中含有 x 的误差（见图 2-27）。

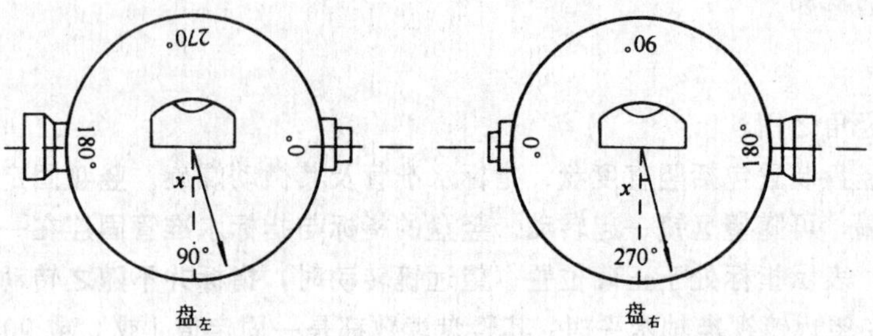

图 2-26　竖盘指标差

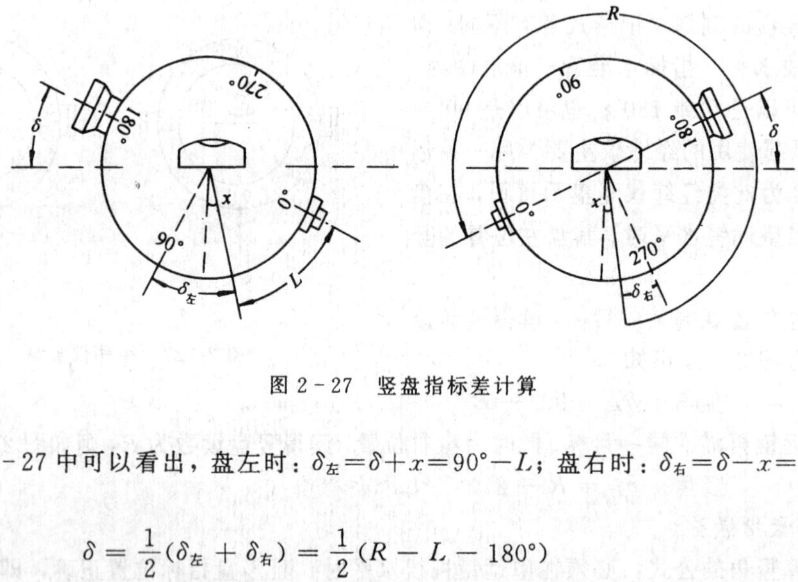

图 2-27　竖盘指标差计算

从图 2-27 中可以看出，盘左时：$\delta_{左}=\delta+x=90°-L$；盘右时：$\delta_{右}=\delta-x=R-270°$。正确竖角

$$\delta=\frac{1}{2}(\delta_{左}+\delta_{右})=\frac{1}{2}(R-L-180°) \tag{2-9}$$

由此可知，盘左、盘右各测一次竖角取其平均值，就可以消除竖盘指标差和其他仪器误差的影响。再将两式相减得

$$\text{指标差}\quad x=\frac{1}{2}(\delta_{左}-\delta_{右})=\frac{360°-(L+R)}{2} \tag{2-10}$$

对同一仪器在一定时间段内，竖盘指标差应是一固定值。因此在测得该仪器的指标差后，在精度要求不高时，可以只用盘左（或盘右）观测一次，并应用下式也可求得正确的竖角 δ 值。

$$\text{盘左时：}\quad \delta=\delta_{左}-x \tag{2-11}$$

$$\text{盘右时：}\quad \delta=\delta_{右}+x \tag{2-12}$$

如观测某一目标时，盘左读数 $L=81°12'18''$，盘右读数 $R=278°45'54''$，则

$$\delta_{左}=90°-L=+8°47'42''$$

$$\delta_{右}=R-270°=+8°45'54''$$

故竖角值及指标差分别为

$$\delta = \frac{1}{2}(\delta_{左} + \delta_{右}) = +8°46'48''$$

$$x = \frac{1}{2}(\delta_{左} - \delta_{右}) = +54''$$

也可以用公式（2-14）和（2-15）来计算竖角角值。

（三）竖盘指标自动补偿装置

观测竖角时，必须在竖盘指标水准管气泡居中的情况下，指标才处于正确位置。但每次读数前，都要使指标水准管气泡居中是比较麻烦的。所以，现在有些工厂就设计用自动补偿装置来代替竖盘水准管，这样，即使仪器稍有倾斜，也无须调节指标水准管气泡，就能读得正确的竖盘读数。

由图 2-28 可知，在指标 A 和竖盘之间悬吊一个透镜 O。当视线水平时，指标 A 处于铅垂位置，通过透镜 O 读出正确的读数 90°。当仪器稍有倾斜时（一般$\leqslant 10'$），指标 A 便移到 A' 的位置，但悬吊透镜 O 借助于重力的作用，由 O 移到 O' ［图 2-28(b)中的实线透镜］位置。此时，虽然指标 A' 不在 A 处，但指标 A' 通过透镜 O' 边缘的折射，仍能读出 90°的读数，从而达到竖盘指标自动补偿的目的。所以在观测竖角时必须将自动补偿旋钮置于"ON"的位置。但当不用时，需将它关上以免损坏。

（四）竖角的观测方法

观测竖角必须严格用十字丝横丝切准所瞄目标的某固定点（如图 2-29 中横丝切准目标的顶端）。

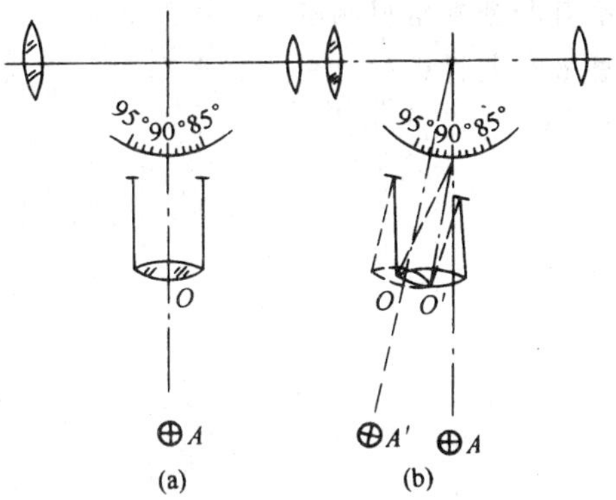

图 2-28　竖盘指标差补偿装置

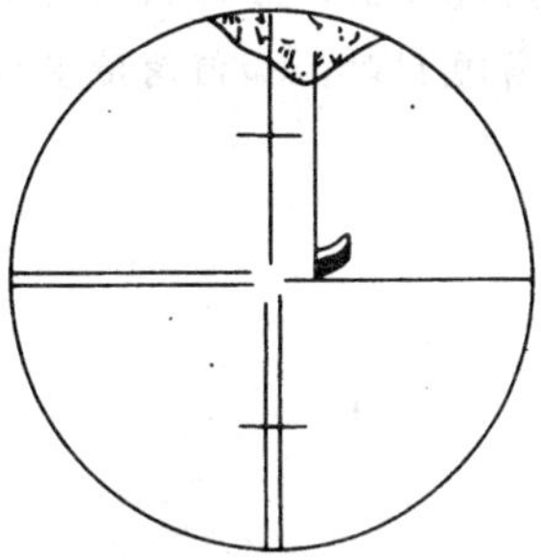
图 2-29　竖角观测

观测竖角的操作步骤如下：

（1）将仪器安置在测站上，对中、整平，以盘左位置瞄准目标，固定望远镜，再转动望远镜微动螺旋，使十字丝横丝精确地切准目标顶端；

（2）转动竖盘指标水准管微动螺旋，使指标水准管气泡居中（所用经纬仪如为自动补偿装置，则把启动补偿旋钮置于"ON"的位置），再查看中丝是否仍切准目标，确认切准后即读取竖盘读数，并记入手簿；

（3）倒转望远镜，以盘右位置，切准目标的同一点，与盘左时一样读数和记簿。

至此完成一测回的观测。一般需观测两个测回，其记录格式如表 2-4 所示。

表 2-4　竖角观测记录

日期　1997.10.12　　　　　　　　　　　　　　　　　　　　　　观测者　明祖涛

天气　多云　　　　　　　　仪器　DJ6-10236　　　　　　　　　记录者　周明祥

<table>
<tr><th>测站</th><th>目标</th><th>竖盘
位置</th><th>竖盘读数
(°　′　″)</th><th>半测回角值
(°　′　″)</th><th>两倍指标差
($\delta_{左}-\delta_{右}$)
(′　″)</th><th>一测回竖角
(°　′　″)</th><th>各测回竖角
平均值
(°　′　″)</th></tr>
<tr><td rowspan="4">O</td><td rowspan="2">A</td><td>左</td><td>81　12　18</td><td>+8　47　42</td><td rowspan="2">+1　48</td><td rowspan="2">+8　46　48</td><td rowspan="4">+8　46　50</td></tr>
<tr><td>右</td><td>278　45　54</td><td>+8　45　54</td></tr>
<tr><td rowspan="2">A</td><td>左</td><td>81　12　00</td><td>+8　48　00</td><td rowspan="2">+2　18</td><td rowspan="2">+8　46　51</td></tr>
<tr><td>右</td><td>278　45　42</td><td>+8　45　42</td></tr>
</table>

注：在同一测站上，两倍指标差的变化范围，允许在1′以内。

复 习 题

1. 测量工作常用的标准方向是什么？何谓真方位角、磁方位角、坐标方位角？何谓子午线收敛角、磁偏角？

2. 已知某直线 CD 的磁方位角为 150°30′，又知此地区的磁偏角 Δ 为西偏 3°30′，问直线 DC 的真方位角为多少？

3. 分微尺光学经纬仪由哪几部分组成？其作用各是什么？

4. 经纬仪有哪些主要轴线？各轴线间应满足什么条件？

5. 何谓水平角？何谓竖直角？何谓一测回？水平角和竖直角观测有哪些异同点？

6. 角度观测前，经纬仪为什么必须进行对中、整平？怎样进行对中、整平？

7. 竖角观测时，如何消除竖盘指标差的影响？

第三章　距离测量

距离测量系指丈量两点间的水平距离。与角度测量一样，距离测量也是最基本的测量工作之一。根据量距的精度要求和采用的方法、工具的不同，距离测量一般分为直接量距与间接量距。

直接量距常用的工具有钢尺、皮尺等。

钢尺［如图 3－1(a)］是钢制的带状尺，长度有 20 m、30 m 及 50 m 等几种。钢尺的基本

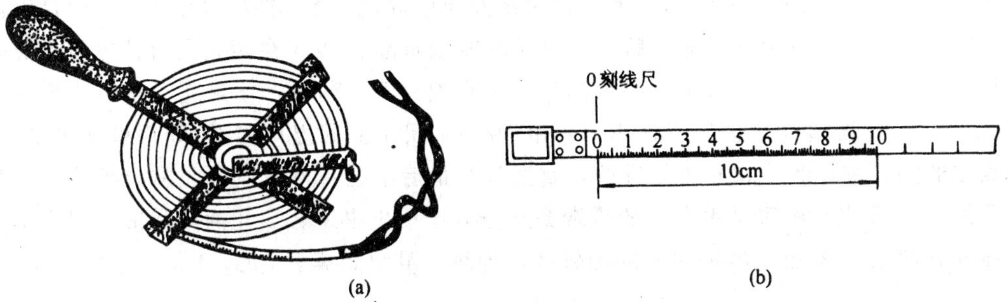

图 3－1　钢尺

分划为厘米，在每米、每分米处有数字注记。一般钢尺在起点零处一分米内，刻有毫米分划［见图 3－1(b)］。

皮尺是由麻线与金属丝织成的带状尺。皮尺受力后易被拉长，所以只能用于精度较低的测量工作。

其他量距的辅助工具还有花杆、测钎等。其中，测钎是用来标志所量尺段的起讫点和统计已量过的整尺段数的（图 3－2）。

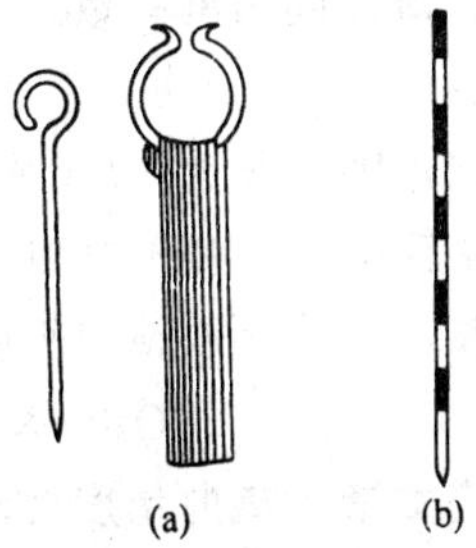

图 3－2　测钎

§3－1　直线定线

在距离测量过程中，当地面两点间的距离较长时，考虑到尺长相对较短，需将该直线距离分成若干段进行丈量。也就是在现场把若干根标杆定在该直线方向上，即直线定线。

直线定线方法的选择与实际工作要求有关，根据不同的精度要求，可采用标杆法及经纬仪法定线。方法如下：在精度要求不高时，可在欲量直线 AB 两点上竖立标杆（如图 3－3 所示），测量员甲站在 A 点标杆后约 1～2 m 处，用眼由 A 瞄向 B，使视线与标杆同侧边缘相切。测量员乙手持另一标杆，并在 AB 线的适当点上，听从甲的指挥，左右移动标杆，直到将标杆准确地立在 AB 直线方向上为止。这样由远及近，依次把 1、2、…等标杆定在 AB 直线上即可。

在定线精度要求较高的情况下，可采用经纬仪法定线，即在起点架设经纬仪，瞄准终点，

拧紧照准部水平制动螺旋，上下转动望远镜，指挥其他测量员在视线上打下木桩，再在木桩桩面上做出与望远镜竖丝重合的标记，即能达到精确定线的目的。

图 3-3　直线定线

§3-2　钢尺量距

一、地面水平时距离的丈量

欲测出如图 3-4 中 A、B 间的距离，应先在其两个端点上做出标记，清除直线上的障碍物。丈量时，一般由前、后尺手两人进行，后尺手持尺的零端位于 A 点，并在 A 点上插一测钎。前尺手持尺的末端并携带一串测钎，沿 AB 方向前进，行至一整尺段处停下。后尺手以手势指挥前尺手进行直线定向，随后后尺手以尺的零端对准 A 点。在两人同时拉紧钢尺，并保持钢尺水平后，前尺手在尺的末端整数刻划处竖直地插下一测钎，便量完了第一尺段，得到点 1。接着后尺手拔起 A 点上的测钎作记数用，并与前尺手共同提尺前进，同法量出第二尺段，拔起点 1 的测钎并记数。如此继续进行，直至量至最后不足一整尺段时，前尺手将尺上某一整数分划对准 B 点，由后尺手在尺的零端毫米分划上读出毫米数。此两数相减，则得不足一整尺段的长度 Δl。最后，根据拔起的测钎数，即可计算出距离的总长 D。

$$D = n \cdot l + \Delta l \qquad (3-1)$$

式中：l 为钢尺整尺长度；n 为所丈量整尺长的段数（即拔起的测钎数）；Δl 为不足一整尺的长度。

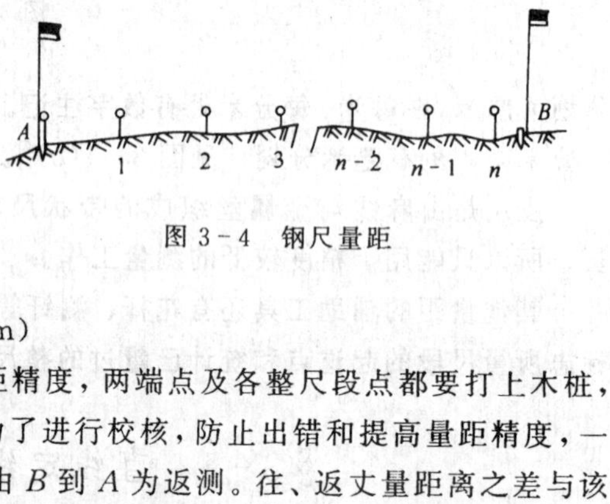

图 3-4　钢尺量距

如用整尺长为 30 m 的钢尺，丈量某直线后，在后尺手中有 4 根测钎，最后一段不足一整尺长，为 9.786 m。所量测的距离为

$$D = 4 \times 30 + 9.786 = 129.786\ (\mathrm{m})$$

当丈量距离的精度要求较高时，为了保证量距精度，两端点及各整尺段点都要打上木桩，甚至有时钢尺两端要挂上规定重量的重锤拉紧。为了进行校核，防止出错和提高量距精度，一般距离要进行往返测丈量，即由 A 到 B 为往测，由 B 到 A 为返测。往、返丈量距离之差与该距离的平均值之比，并化为分子为一的分数，称为丈量距离的相对误差。一般该误差不应超过 1/1 000～1/3 000。如相对误差在允许范围内，就可取其平均值作为距离丈量的最后结果。

此外，高精度的距离丈量测量还要在结果中加入各种改正数，如尺长改正等。尺长改正是将所使用的钢尺和经国家鉴定的标准尺进行多次比较，算出钢尺的实际长度 l_0。这时钢尺的名义长度 l 和实际长度 l_0 的差值，称为尺长改正数，以 Δl_0 表示。钢尺经检验后的实际长度为

$$l_0 = l + \Delta l_0$$

当钢尺比标准尺短时，丈量的长度大于实际长度，故需减去 Δl_0；反之，则应加上 Δl_0。其具体改正方法我们将在工程测量中介绍。

二、地面倾斜时距离的丈量

在倾斜地面上丈量距离时，如精度要求不高，可根据地面坡度情况采取下述丈量方法，将倾斜距离归算为水平距离。当精度要求较高时，采用钢尺量距的方法野外工作量太大，故目前一般都是采用将在随后介绍的光电测距仪测距。

1. 直接丈量斜距法

如图 3-5。当地面坡度均匀时，可直接沿斜坡丈量，再用地质罗盘或经纬仪测得坡面的倾斜角 δ，则按下式可求得水平距离 D

$$D=D'\cos\delta \tag{3-2}$$

式中：D' 为实际丈量的倾斜距离。

2. 逐段平距测量法

如图 3-6。把尺的一端放在地面上，另一端抬起，使尺面保持大致水平，并在尺子末端整分划处悬挂一垂球，同时进行直线定向，然后标定它在地面上相应的点位。就这样逐段依次进行平量，最后把各段平距相加，即得总长。

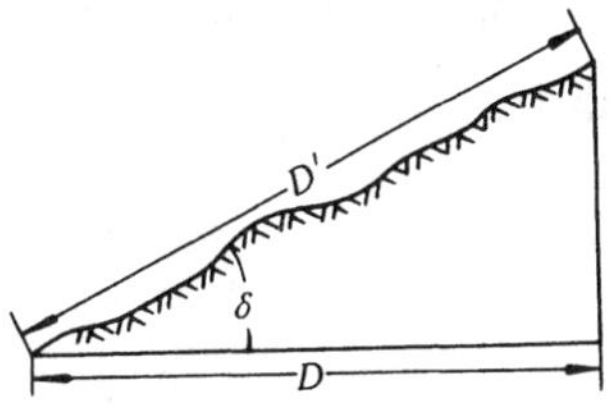

图 3-5 斜距丈量

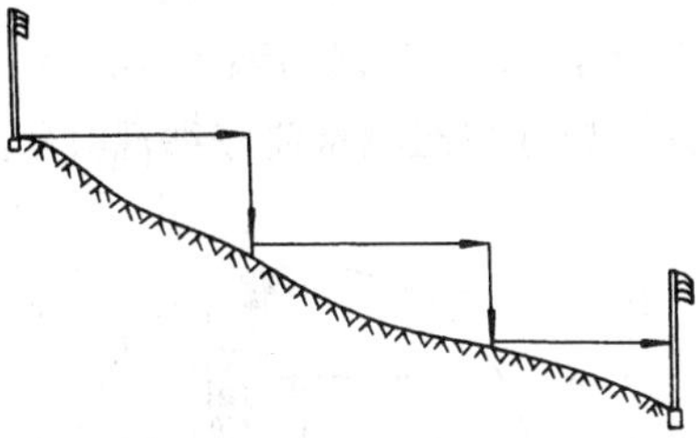
图 3-6 逐段平距丈量

§3-3 经纬仪视距法测距

经纬仪视距法测距是一种传统的水平距离和高差的间接测量方法，通常在精度要求不太高时使用。该方法操作方便，速度较快，尤其适用于地面高低起伏较大，直接量距困难地方的水平距离和高差的测量，故一直被广泛应用。

视距法测距所用的仪器和工具为经纬仪和视距尺。

视距尺是一种漆有黑白相间的、厘米分划值的尺子，每分米注有数字(见图 3-7)，分米注记数字上面一般标记有圆点，圆点的个数为整米数。视距尺一般长为 3 m，也有 4 m 和 5 m 的，目前使用较多的为 3 m 和 5 m 的塔尺。视距尺既有木质尺，也有铝合金尺和玻璃钢尺，在使用金属尺时应格外小心，以免碰到电线触电。

利用经纬仪望远镜中十字丝的上、下两根短横丝（称为视距丝），在视距尺上读得的上、下两数之差（称为尺间隔）以及其他一些数据，即可算出安置仪器点到立尺点之间的水平距离和高差。

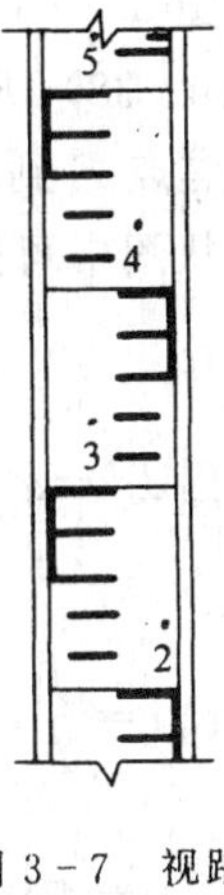

图 3-7 视距尺

一、视距法测距原理

图 3-8 表示装有固定 φ 角值的视距仪示意图，由几何学知

$$d = \frac{t}{2}\cot\frac{\varphi}{2} \quad (3-3)$$

同样有

$$d_1 = \frac{t_1}{2}\cot\frac{\varphi}{2} \quad (3-4)$$

由此可看出，d 值随 t 值而定，故这种方法称为定角视距。目前，大多数视距法测距均为定角视距。

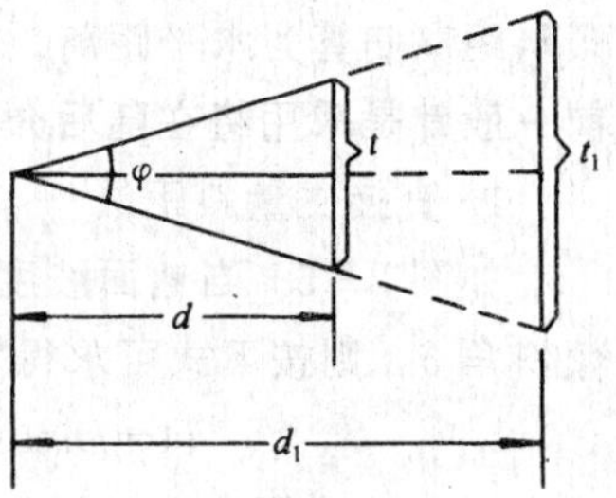

图 3-8 定角视距原理

二、视距计算公式

（一）视线水平时的视距公式

在 A 点安置经纬仪，在 B 点竖立视距尺［如图 3-9(b)所示］，当望远镜视线水平时，视线应与视距尺垂直。经对光后，视距尺上 M'、N' 两点成像在十字丝平面上的视距丝 m'、n' 处。此时视距尺上 $M'N'$ 的长度，可由上、下视距丝在尺上读数之差（即尺间隔 t'）求得［如图 3-9(a)］。图中，上丝读数为 1.826；下丝读数为 1.600；中丝读数为 1.713；则尺间隔 $t'=0.226$。值得注意的是，各种视距尺的数字标记方式可能会有所不同，应在视距测量前仔细观察所用视距尺，以免读数错误。

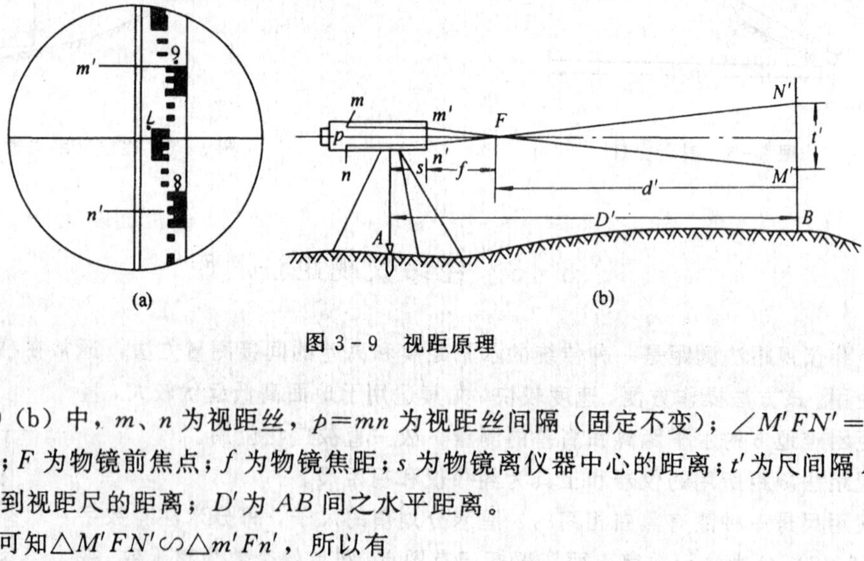

图 3-9 视距原理

图 3-9（b）中，m、n 为视距丝，$p=mn$ 为视距丝间隔（固定不变）；$\angle M'FN'=\varphi$ 为定角（34'.38）；F 为物镜前焦点；f 为物镜焦距；s 为物镜离仪器中心的距离；t' 为尺间隔 $M'N'$；d' 为焦点 F 到视距尺的距离；D' 为 AB 间之水平距离。

从图中可知 $\triangle M'FN' \backsim \triangle m'Fn'$，所以有

$$\frac{d'}{t'} = \frac{f}{p}, \quad 即 \ d' = \frac{f}{p}\cdot t'$$

因 $D'=d'+(f+s)$，有

$$D' = \frac{f}{p}\cdot t' + (f+s)$$

设 $c=\frac{f}{p}$，$Q=f+s$，则有

$$D' = c\cdot t' + Q \quad (3-5)$$

式中：c 为视距乘常数；Q 为视距加常数。为测量时方便起见，仪器制造时，一般已将 c 设计

为 100，Q 值很小，可忽略不计。

因此，计算水平距离的公式可简化为

$$D' = c \cdot t' \tag{3-6}$$

（二）视线倾斜时的视距公式

1. 水平距离公式

在实际测量工作中，有时地势起伏较大，须将望远镜倾斜后，视线才能看到在测点 B 上所立的视距尺。因而视线是倾斜的，而视距尺总是垂直立于地面，此时倾斜的视线不再与尺面相垂直。因而上述计算水平距离的公式就不适用。我们需要考虑视线不垂直尺面的改正和视线本身倾斜的改正。

如图 3-10 所示。我们可以设想把视距尺由直立的 MN 位置倾倒一个角度至 $M'N'$ 位置，使尺面 $M'N'$ 仍与视线相垂直。这个倾斜的角度为 δ。由三角形的相似知，此即为视线的倾角 δ。MN 为视线与尺子斜交时上、下视距丝所截尺间隔 t；$M'N'$ 为视线与尺子垂直时，上、下视距丝所截尺间隔 t'。φ 为定角，其值甚小，只有 34'.38。$\varphi/2$ 则更小，约为 17'，故可把 $\angle OM'M$ 和 $\angle ON'N$ 近似地当作直角。同时，由于 $\angle MOM' = \angle NON' = \delta$，因此，在直角 $\triangle MOM'$ 中，$M'O = MO \cdot \cos\delta$；在直角 $\triangle NON'$ 中，$ON' = ON \cdot \cos\delta$。

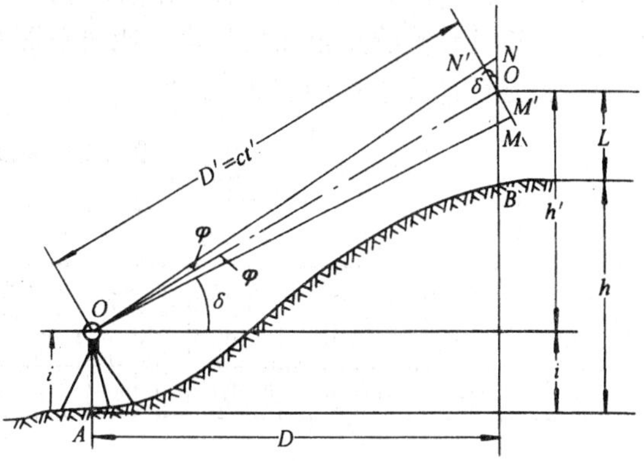

图 3-10　视距公式推导

有　$$(M'O + ON') = (MO + ON)\cos\delta$$

即　$$M'N' = MN \cdot \cos\delta$$

所以有　$$t' = t \cdot \cos\delta \tag{3-7}$$

代入视线水平时的视距公式（3-6），得

$$D' = c \cdot t \cdot \cos\delta \tag{3-8}$$

又因 $D = D'\cos\delta$，故

$$D = c \cdot t \cdot \cos^2\delta \tag{3-9}$$

此即为视线倾斜时计算水平距离的公式。

2. 高差公式

由图 3-10 可知，B 点对于 A 点的高差为 h_{AB}。设 i 为仪器高（自 A 点量至仪器水平轴中心的垂距），L 为目标高（十字丝中丝在视距尺上的读数），故 B 点相对于 A 点的高差为

$$h_{AB} = D \cdot \tan\delta + i - L \tag{3-10}$$

上式即为视线倾斜时求高差的公式，也即三角高程测量计算高差的公式。

此外，测量过程中，一般将 $h'_{AB} = (D \cdot \tan\delta)$ 称为初算高差。

如测站 A 点高程 H_A 为已知，需求测点 B 点高程 H_B，则有

$$H_B = H_A + h_{AB} = H_A + D \cdot \tan\delta + i - L \tag{3-11}$$

三、视距法测距的作业方法

（1）将经纬仪安置在测站上，对中、整平。

（2）量仪器高 i（量至经纬仪水平轴，精确到厘米）。

（3）将视距尺竖立于待测点上，用望远镜瞄准视距尺，分别读出上、下视距丝和中丝读数（此时要注意检查三丝读数是否正确），一般上丝读数加下丝读数除以 2 应等于中丝读数。如不等，两者较差不得超过 6 mm，然后，再读取竖盘读数（读数前必须使指标水准管气泡居中，或有竖盘自动补偿装置的必须置于“ON”的位置）。并将所有读得的数据记入视距测量手簿中（表 3-1）。

（4）根据上、下视距丝读数算出尺间隔 t，把竖盘读数换算为竖角 δ，再用电子计算器或便携式计算机计算测点至测站的水平距离及测点高程。

视距测量记录格式如表 3-1。

表 3-1 视距测量记录

日期 1999.7.12　　测站名称 *A*　　仪　器 CJH-1　　观测者 李军国

天气 晴　　测站高程 46.54 m　　仪器高 1.42 m　　记录者 钟少波

目标	中丝读数	上丝读数	下丝读数	尺间隔	竖盘读数	竖角	高差	水平距离	观测点高程	备注
B	2.000	2.500	1.500	1.000	83 11	+6 49	+11.20	98.6	57.54	
C	1.420	1.920	0.920	1.000	94 27	−4 27	−7.74	99.4	38.80	

（单位：m）

§3-4 电子测绘仪器及应用

一、电子经纬仪

在使用传统方法进行测量时，角度观测数据一般靠手记录，过程繁杂且容易出错。近年来，随着电子技术的飞速发展，电子测量技术在测绘生产中的应用日益广泛，目前能够实现测量数据记录的自动化，即能将观测方向的电信号转录于存储器，实现电子测角功能的电子经纬仪的使用已十分普遍。我国南方测绘仪器公司研制成功的 ET 系列电子经纬仪近年来也得到了广泛使用。

电子经纬仪电子测角仍采用度盘来进行，但并不根据测角度盘上的刻划线来读取方向值，而是从特制的光栅度盘上精确获取电信号，再将它转换成角度。

（一）电子经纬仪测角原理

电子经纬仪的度盘是光栅度盘，它是在光学玻璃圆盘上沿圆周按其径向均匀地刻划出许多线条而形成的。其部分形状如图 3-11 所示。若将两块密度相同的光栅叠合，并使其刻线互交至一个很小的角度，此时便会显现出一系列明暗相间的莫尔条纹（图 3-12）。

我们知道，当相邻两光栅之间的交角愈小时，则莫尔条纹愈粗，也即显现出明、暗条纹之间的间隔愈大；在垂直于光栅所构成平面的方向上，条纹的亮度按正弦曲线作周期性变化；当光栅在水平方向，即垂直于刻线方向移动时，莫尔条纹则顺着刻线方向作上下移动。光栅在水平方向每相对移动一条刻线，莫尔条纹就从一明条纹移至相邻的另一明条纹的位置上，其移动量恰好形成一个周期。若以 x 表示光栅作水平相对移动时的距离；φ 为两重叠光栅之间的交角，则条纹上、下移动的间距 y 可用下式表示之

$$y = x \cdot \cot\varphi \tag{3-12}$$

根据光栅的上述特点及其关系式可知，只要相邻两光栅之间的交角较小，这种很小的光栅移动量便会产生很大的条纹移动量。

因此，在光栅度盘上安放一个与它相叠合并形成莫尔条纹的指示光栅，其上置有光电管，度盘的下方则设有发光管，将它们之间的位置相互固定（见图 3－13）。则当光栅度盘随经纬仪照准部转动时，发光管便会发出信号，通过莫尔条纹后到达光电管上。其间的关系是度盘每转动一条光栅，莫尔条纹便移动一周期，此时通过条纹的光信号强度也作周期性变化，最终从光电管输出的电流也随之变化了一周期。

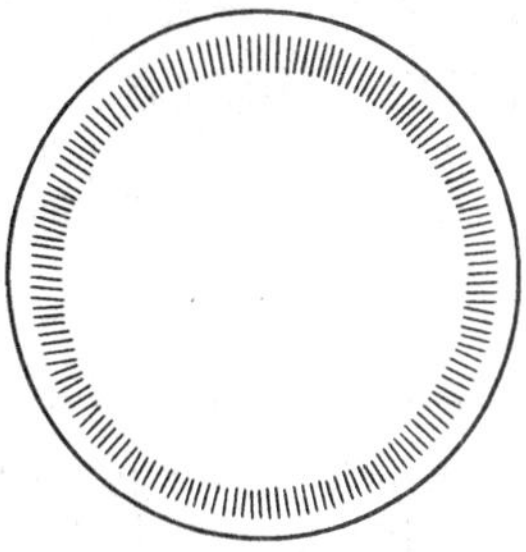

图 3－11　光栅度盘

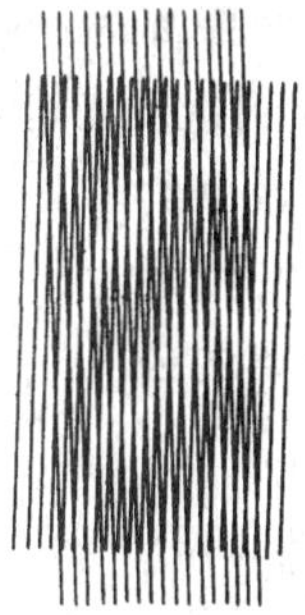

图 3－12　莫尔条纹

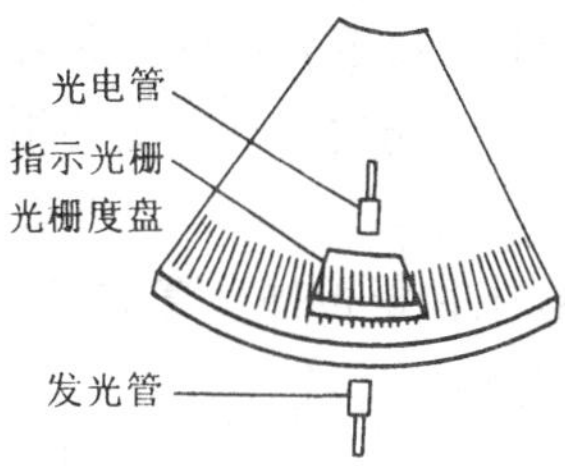

图 3－13　光栅度盘测角原理

在测角时，先将望远镜照准零方向，此时使电子经纬仪中的计数装置处于 0°状态。当度盘随照准部转动到下一目标时，通过光电管光信号的周期数即为两方向之间的光栅数，且其值可以用输出电流的周期来表示。因为相邻光栅之间的交角为已知，只需经过电子经纬仪内部装置进行专门的数据处理，即可读取两方向之间的交角。

如果需要进一步提高角度分辨率，则只要在电流波形的每一周期内均匀地内插 n 个脉冲，并通过计数器对脉冲计数，就相当于光栅刻线数递增了 n 倍，这样角度分辨率也就随之提高了 n 倍。

（二）电子经纬仪的使用

电子经纬仪除有一望远镜外，另有两个液晶显示屏和操作键盘，方便盘左、盘右观测时的显示读数及键盘操作（见图 3－14），一个外挂电池，一个电源和一个与计算机通讯的 R232 标准接口。

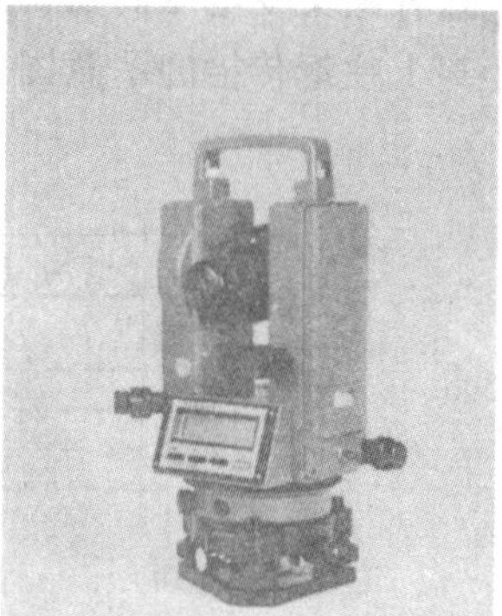

图 3－14　电子经纬仪

电子经纬仪的角度测量的观测方式一般有常规测角和高精度测角两种。常规测角方式即是按人们所习惯的、测量规范所规定的操作步骤进行；高精度测角方式则是按仪器生产厂家所固化在电子经纬仪内部的观测程序进行。而此观测程序则是随着仪器生产厂家的不同而异的。

电子经纬仪常规测角步骤与光学经纬仪大致相同，只是在观测时，应注意以下事项：

（1）在测站上安置电子经纬仪，对中、整平后，应进行电子经纬仪水平度盘、竖直度盘初始化，设置角度制式、最小读数、轴系补偿等仪器参数；

（2）电子经纬仪的度盘配置时，将所要配置的角度直接输入电子经纬仪即可；

（3）精确照准观测目标后，可以从仪器液晶显示屏上读取水平和竖直方向角值，记入观测手簿；也可将其存入电子经纬仪内部或存储卡上，待全部观测完成后取出；还可以在观测时与便携式计算机连接，直接将观测结果输入计算机进行同步处理。

二、光电测距仪

利用光电测距仪进行距离测量，具有精度高、速度快、测程长、操作简便等特点，且具有较高的自动化程度。因此，近年来光电测距仪已逐步成为测绘生产的一种常规仪器。

1. 光电测距的原理

图 3-15 所示，当测定 A、B 两点间的距离时，把仪器设置在 A 点，另在 B 点安置反射镜架，仪器发出的光束经过待测距离 D 到达反光镜，再经全反射后又回到仪器。

由于光波在真空中传播的速度 c 是常数（约为 299 792.5 km/s），如果又知道了光在待测距离 D 上往返传播所需的时间 t，则计算距离的公式应为

$$D=\frac{1}{2}c\cdot t \qquad (3-13)$$

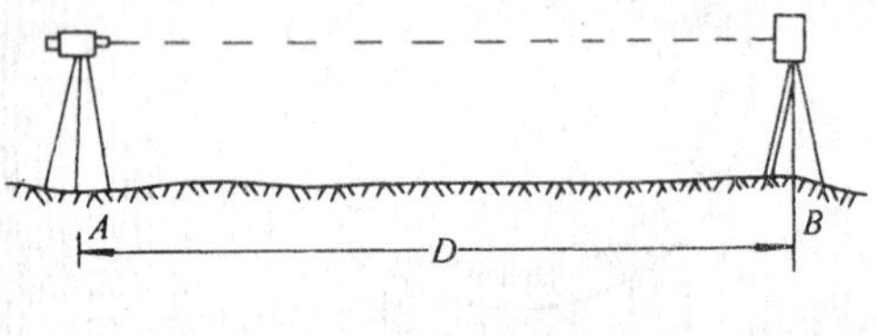

图 3-15　光电测距原理

从上式可知，测定距离 D 的精度，取决于在两点间传播时间 t 的精度。假如要保证 ± 1 cm 的测距精度，则时间要求准确到 $(2\times10^{-10}/3)$ s。这样的精度实际上是无法达到的。因此，在测量精度要求较高的仪器上，都采用了相位法的测距原理。这样可把距离和时间的关系改化为距离和相位的关系。这种间接测定光波传播时间的方法，是通过测量连续调制光波在待测距离上往返后产生的相位移动量，来间接地测定调制波的传播时间，从而求得被测距离。

如前所述，用尺长为 l 的钢尺丈量 AB 线段的计算公式为：$D=n\cdot l+\Delta l$。如同距离丈量一样，相位法测距就好像用调制光波作尺子来测量距离，其测距结果自动显示。

光电测距仪上的发光二极管加上交变电压后，它发出的光强就随所加的交变电压而变化。这种随交变电压而变化光强的光称为调制光。图 3-16 为从 A 点所发出的调制光在待测距离上往返传播的示意图。

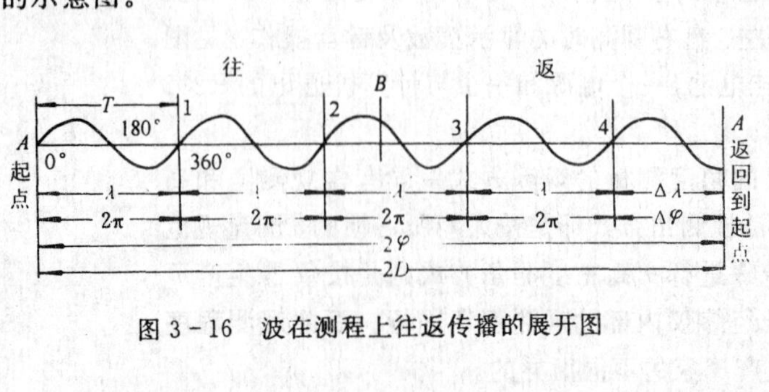

图 3-16　波在测程上往返传播的展开图

由图中可见，A—1 之间的光强变化为一个周期，所用的时间以 T 表示。在一个周期内，传播的距离称为一个波长，以 λ 表示。一个周期或一个波长的相位变化为 2π。每秒钟内光强

变化的周期数为频率，以 f 表示，故频率 f 与周期 T 互为倒数，即

$$T=\frac{1}{f};\quad f=\frac{1}{T} \tag{3-14}$$

假定波的传播速度为 c，则其值等于波长 λ 与频率 f 的乘积，有

$$c=\lambda\cdot f=\frac{\lambda}{T};\quad \lambda=c\cdot T=\frac{c}{f} \tag{3-15}$$

又因 $\Delta\lambda=\lambda\cdot\Delta N,\quad \Delta\varphi=2\pi\cdot\Delta N$

于是，AB 两点间的距离 D 可用下式表示

$$D=\frac{1}{2}(N\cdot\lambda+\Delta\lambda)=\frac{\lambda}{2}(N+\Delta N) \tag{3-16}$$

式中：N 为整周期数；ΔN 为不足整周期的小数；$\Delta\lambda$ 为不足整波长的尾数；$\Delta\varphi$ 为不足整相位的尾数。

若以相位表示相应的距离，则

$$\varphi=\frac{1}{2}(N\cdot 2\pi+\Delta\varphi)=\pi(N+\Delta N) \tag{3-17}$$

若将式（3-16）与钢尺丈量的式（3-1）相比，我们就可把调制光的半波长 $\lambda/2$ 作为光“测尺”。由式（3-17）可知，只要知道光“测尺”的长度、整尺数和不足整“测尺”的零数，即可求出距离 D。

“测尺”长度可由光的调制频率，即加至发光二极管上的交流电压的频率来确定。根据式（3-15），若调制频率定为 15 MHz，则有

$$\lambda=\frac{c}{f}=\frac{3\times10^8\text{m/s}}{15\times10^6\text{ s}}=20\text{ m}$$

由此可知，当加到发光二极管上的高频电压的频率为 15 MHz 时，调制光的波长为 20 m，仪器的“测尺”即为 10 m。

利用仪器上的测相装置，可以测出不足整“测尺”的零数。一般所采用的测相装置的测相精度为 1/1 000，当采用 10 m“测尺”时，测距精度可达±1 cm。但对于超过 10 m 的整数距离还不能确定。为此，光电测距仪设有精测、粗测两把尺子，用粗“测尺”来确定大数，如选定粗尺为 1 km，根据规定的 1/1 000 的测相精度，就能保证米位的精度了。可用下式计算粗测频率：

$$f_{粗}=\frac{c}{\lambda}=3\times10^8/(2\times10^3)=150\text{ (kHz)}$$

当加到砷化镓发光二极管上的粗测频率为 150 kHz 时，粗“测尺”长为 1 km。因此，利用仪器上的测相装置就能测出不足 1 km 的距离值。这样把精、粗“测尺”结合起来，米位以上的距离由粗测显示，米位及米位以下的距离由精测显示，从而得到精确的距离值。如：

精测频率测距读数　5.785

粗测频率测距读数　385

仪器显示的距离为：385.785（m）

对于光电测距仪而言，一般以一次测量的中误差来表示其测距精度，即

$$m=\pm(A+B\times10^{-6}D) \tag{3-18}$$

式中：A 为固定误差；B 为与距离成正比例的误差系数，也将 $B\times10^{-6}D$ 称为比例误差。计算时，距离 D 以公里计，中误差单位为毫米。

一般厂家在给出光电测距仪的标称精度时，经常简写成 $A+B\times10^{-6}$ 的形式，详见表3-2。

2. 光电测距的观测方法

光电测距仪一般需要架设在经纬仪或电子经纬仪上，并附有与之相应的目标觇牌及反射棱镜（图 3-17 至图 3-19），普通光电测距仪一般有两种形式。一种是将测距仪固定在经纬仪照准部的 U 形支架上，测距头不随经纬仪照准部转动，测距仪自身带有瞄准系统。测距时，在经纬仪瞄准目标觇牌中心后，还应使测距仪的瞄准系统照准棱镜中心方能进行距离测量。此类测距仪如南方测绘仪器公司生产的 ND3000（图 3-17）系列测距仪等，其配套反射棱镜见图 3-19。另一种是将测距头固定在经纬仪望远镜镜筒上，随望远镜转动，测距仪自身不带有瞄准系统，测距仪光轴始终与望远镜视准轴平行（对于此类仪器，测量前应注意平行性的检校）。当望远镜照准目标觇牌中心时，测距仪光轴将自动照准棱镜中心。此类测距仪如瑞士 Leica DI2000 测距仪（图 3-18）等，其配套棱镜见图 3-20。

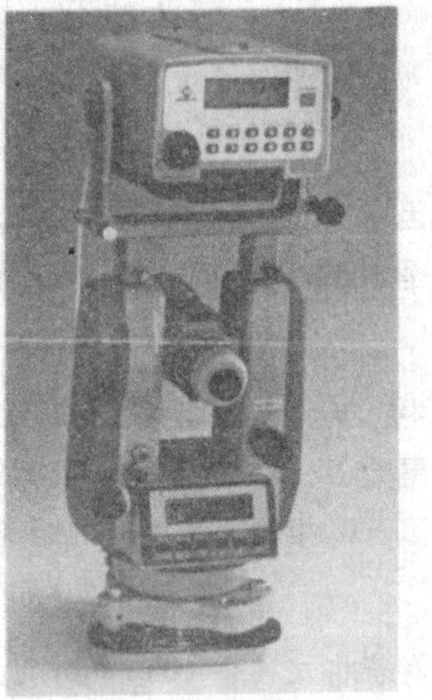

图 3-17　ND3000 测距仪

由于棱镜的质地、制作形式和工艺等原因以及对不同频率光波反射特性的不同，光电测距时，应考虑棱镜加常数。

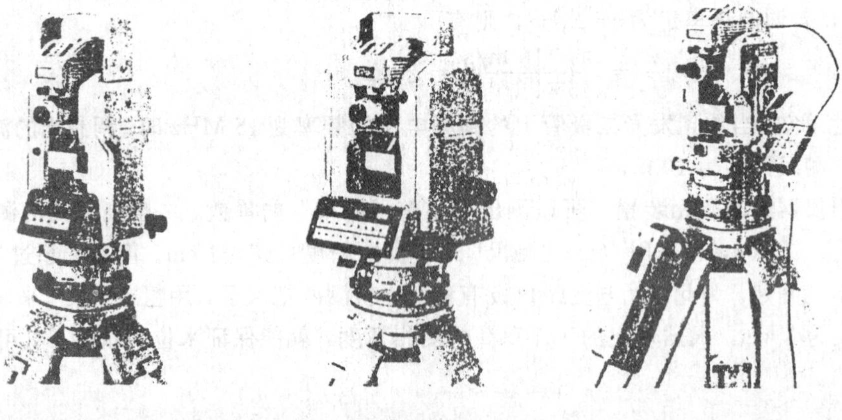

(a)　(b)　(c)

图 3-18　DI2000 测距仪

各种不同类型的测距仪，其具体的观测步骤各不一样，但其基本的观测过程都是相同的。如 Leica DI2000 测距仪测距过程如下：

（1）在测站上架设其配套经纬仪，对中、整平，将测距头卡在望远镜镜筒上的连接座上，量取仪器高，接通电源，并将镜站上架设的反射棱镜瞄准测站；

（2）打开测距仪电源开关，选择测量单位（英制、米制等），测量模式（快速、跟踪、重复、常规）；

（3）用温度计、气压计及湿度计测量环境温度、湿度及大气气压，地形图上查取测站高斯纵坐标 x 及高程，计算比例改正因子 ppm（$1ppm=10^{-6}$）；

（4）在测距仪中输入加常数 mm 和比例改正因子 ppm［在测距精度要求不高时，第（3）、（4）步骤可以省略］；

(5) 将经纬仪望远镜瞄准觇牌中心[见图 3-20(a)]，测量斜距（如测距发生困难，可检查反射光线强度），再从经纬仪中读取竖角，改正指标差后输入测距仪，即可得到水平距离和初算高差。

三、全站仪

全站仪（又称全站型电子速测仪）是一种多功能的测量仪器。它除可进行常规的水平角测量、竖角测量及各种距离测量外，还可完成坐标测量及工程施工测量等任务，并且可以通过存储器及存储卡预置测站数据、放样数据，自动记录一定数量的测量数据，如通过与计算机双向通讯还可实现测量自动化。

(a)　　(b)

图 3-19　ND3000 棱镜系列

(a) 单棱镜组；(b) 叁棱镜组

目前，全站仪已广泛应用于测绘生产行业，特别是随着我国的 ETD 系列电子经纬仪在南方测绘仪器公司研制成功，标志着我国的电子测绘仪器研制已达到了世界先进水平。这对于改善我国测绘生产条件，提高测绘生产的效率起到了极大的推动作用。

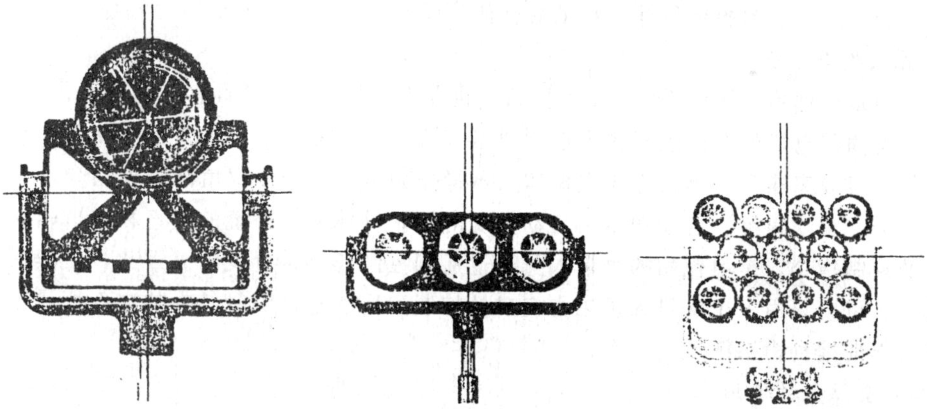

(a)　　(b)　　(c)

图 3-20　DI2000 棱镜系列

(一) 全站仪简介

近几年来，全站仪发展较快，因此目前种类较多，测绘生产中常见的全站仪大致可归于以下几类：

1. 普通型全站仪

普通型全站仪的基本配置为：一个望远镜，其光轴同时也是测距时的红外光光轴（二者同轴），照准部有两个带液晶显示屏的操作键盘，外挂有一个电池，并有一个电源和一个与计算机通讯的 R232 接口（如图 3-21 为日本尼康 DTM-300 全站仪）。上述基本配置也是其他各种类型全站仪的基本配置。

2. 智慧型全站仪

智慧型全站仪又称电脑型全站仪，除具有普通型全站仪的基本功能外，还可以根据生产需要，采用厂家所指定的语言，依测量施工现场的具体情况，自行编制测量程序。这样，在测量作业过程中，就可结合自编程序进行操作，以提高作业效率。这类全站仪有德国蔡司 REC ELTA 13C/14C 类全站仪等。

图 3-21 全站仪

3. 激光全站仪

激光全站仪可发射出一红色的激光束，以给予定线测量人员一个明确的指引。此类激光全站仪有日本尼康 DTM-700 系列全站仪等。有的激光全站仪在近距离测量时（一般在 150 m 以内），可以不使用棱镜而直接照准（如水泥、岩石、钢材等）目标点发射激光，通过接收目标点的漫反射光线进行距离测量。如德国蔡司 REC ELTA RL/RL-S 类、瑞曲捷创力 IMS468DR 全站仪等。有的激光全站仪同时也是智慧型的，如上述日本尼康 DTM-700 系列全站仪。

4. 三维自动跟踪系统

三维自动跟踪系统除具有全站仪的基本配置外，另外还有测站与目标间的无线电数据传输装置、棱镜组、计算机及电源等。在观测过程中，其照准部一旦锁定观测目标后，即可在三维方向上自动跟踪目标物的运动，按需要随时测定目标物的空间三维坐标值。这种系统可广泛用于陆、海、空的固定目标、移动目标的测量。

5. 无人测站系统

无人测站亦称单人测量系统。无人测站如机器人一样，是一种具有高度自动化的全站仪。它是由具有伺服电机的全站仪、遥测控制通讯装置、反射棱镜、电池及存储器等构成。在测站上，仪器架设完毕后，测站上无须保留仪器操作人员，其全站仪就能根据指令，在伺服电机的驱动下，自动跟踪、自动搜索并自动实现对镜站目标反射棱镜的竖直和水平瞄准，而这些测量的控制指令，是由镜站的测量人员通过遥测控制通讯装置发出。因此，在其系统软件的辅助下，可以只由一个测量人员独力完成从控制到取得全部测量结果的全部测量工作。此类仪器有瑞曲捷创力 GDM4000 等。

（二）全站仪的使用

全站仪是集电子经纬仪、光电测距仪功能为一体的多功能仪器，除能进行常规的角度、距离测量外，还能进行坐标测量。另外，一些常用的施工测量所需要的程序，如后方交会、导线型坐标测量、目标偏心测量、悬高测量、对边测量等也被固化于全站仪中，全站仪在施工测量中的应用，我们将在后续章节中讲述。

1. 全站仪参数项设置

使用全站仪进行测量工作，首先应在测站上对全站仪进行初始化，并根据实际测量要求对全站仪进行参数项设置。如日本索佳 SET2C 全站仪的主要参数项如下：

（1）所用测站点、定向点、放样点等坐标数据是由键盘输入还是由存储卡上读取；

（2）测量结果等记录信息是否输入存储卡；

（3）是否进行倾角改正；

（4）所测坐标值采用何种坐标格式；

（5）选择何种垂直角格式；

（6）进行 RS－232 通讯波特率等参数设置；

（7）垂直和水平度盘指标设置；

（8）是否进行大气折光和地球曲率改正；

（9）选择距离、角度、温度和气压的单位制式。

随着全站仪生产厂家的不同，参数项的选取及设置方式也会有所不同，在这里就不一一赘述。

2. 全站仪角度、距离及坐标测量

全站仪角度测量与电子经纬仪角度测量方法相同，有常规测角和高精度测角两种方式，可根据需要选择。

全站仪距离测量与普通光电测距仪距离测量过程大致相同，但全站仪在功能上有了很大的改善。测距时，只要选择斜距测量、平距测量、高差测量甚至坐标测量中的任一种测量模式完成一次测量，全站仪就能自动换算出另外其他几种测量成果。如测出某段斜距后，其对应的水平距离和初算高差一般同时在全站仪上显示。无须像光电测距仪那样，只能测出斜距，再在经纬仪中读出竖角，最后将所读出竖角输入测距仪后才能进行转换而得到水平距离。

能直接进行未知点的三维坐标测量，也是全站仪的基本功能之一。

全站仪进行三维坐标测量的主要过程如下：

（1）输入测站点和定向点坐标。

①在测站点上，架设全站仪，对中、整平仪器；

②初始化全站仪，进行参数项设置，并输入仪器高；

③进入坐标数据输入模式，分别输入测站点坐标和定向点坐标；

④返回全站仪的基本模式。

测站点和定向点的坐标也可以事先在全站仪中设置，还可以预先输入在存储卡上，测量时在卡上调用。

（2）设置方位角。

①将全站仪精确照准定向点；

②使全站仪将测站点至定向点的坐标方位角作为定向点方向角值安置在仪器中。

（3）测量未知点坐标。

①将全站仪精确照准未知点上安置的棱镜，进行坐标测量；

②输入未知点点号和镜站目标高，即可得到未知点的坐标及高程值。

当然，对于不同厂家所生产的不同型号的全站仪，其坐标测量的具体过程各不相同，应依据各自的产品操作说明书进行。

四、常见测距仪、全站仪简介

目前国内外研制生产的电子测绘仪器种类繁多，我国常见的电子经纬仪、测距仪、全站仪详见表 3－2。

表 3-2 目前常见的电子经纬仪、测距仪、全站仪性能指标一览表

仪器类型	仪器型号	国别及厂家	测距精度	测角精度	最大测程
电子经纬仪	ET-02	中国南方测绘仪器公司		2″	
电子经纬仪	ET-05	中国南方测绘仪器公司		6″	
电子经纬仪	DJD5	中国北京光学仪器厂		5″	
电子经纬仪	ETM-010B	德国蔡司		2″	
测距仪	ND3000	中国南方测绘仪器公司	5 mm+3 ppm		3.5 km
测距仪	ND3000S	中国南方测绘仪器公司	3 mm+2 ppm		3.0 km
测距仪	DI2000	瑞士徕卡	1 mm+1 ppm		5.5 km
全站仪	ETD-2S	中国南方测绘仪器公司	3 mm+2 ppm	2″	3.0 km
全站仪	DTM-A5DLG	日本尼康	2 mm+2 ppm	2″	3.3 km
全站仪	PTS-V2	日本宾得	2 mm+2 ppm	2″	3.0 km
全站仪	GTS-710	日本 TOPCON	2 mm+2 ppm	2″	4.4 km
全站仪	TC1101	瑞士徕卡	2 mm+2 ppm	1.5″	3.0 km
全站仪	TCA1101	瑞士徕卡	2 mm+2 ppm	1.5″	3.0 km
全站仪	GDM540	瑞士捷创力	3 mm+3 ppm	1″	3.0 km

注：1 ppm=10^{-6}。

复 习 题

1. 钢尺量距时，影响量距的精度主要有哪些？如何提高钢尺量距精度？
2. 经纬仪视距法测距时，必须获取哪些数据，才能计算出水平距离和高程？
3. 光电测距仪为什么需要“粗测”和“精测”两把“测尺”？
4. 光电测距仪的测距精度是如何表示的？试说明式中各符号的意义。
5. 目前主要有哪几种类型的全站仪？试述全站仪直接测定待定点坐标的作业过程。

第四章　高程测量

§4-1　高程测量概述

确定地面点的空间位置，必须测定地面点的高程。高程测量是根据一点的已知高程测定与另一点之间的高差，然后按高差的定义公式，求出未知点的高程。高程测量按使用的仪器和测量方法分为水准测量、三角高程测量、GPS 测高、气压计测高法等。水准测量采用水准仪和水准尺依据水平视线测定地面两点间的高差；三角高程测量采用经纬仪与测距仪测定两点间的竖直角和距离，按三角学原理，计算两点间的高差。GPS 测高则是直接测定地面点的地心三维坐标，通过坐标转换为地面高程。气压计测高法，是根据高程面每上升 11 m，气压约下降 1 mm 来测定地面高程。下面主要介绍水准测量和三角高程测量的原理及方法。

§4-2　水准测量原理

一、水准测量的基本原理

水准测量是精确测定地面点高程的最常用的方法，它一般适用于平坦地区。水准测量的原理是利用水准仪提供的水平视线，从竖立在地面两点上的水准尺上分别读取水平视线的读数，以测定两点间的高差，从而由已知点的高程推算未知点的高程。

由高差定义式 $h_{AB}=H_B-H_A$ 知，若已知 A 点的高程 H_A，求 B 点的高程 H_B，必须先要测定 A、B 两点的高差。如图 4-1 所示。在 A、B 两点上分别竖立水准尺（尺子零点朝下），并在 A、B 两点中间位置安置水准仪，读出水准仪望远镜的水平视线在 A 点水准尺上的读数 a 和在 B 点水准尺上的读数 b。设水准测量是从 A 点向 B 点方向进行，则称 A 点为后视点，A 尺读数为后视读数，B 点为前视点，B 尺读数为前视读数，则 A、B 两点间的高差

$$h_{AB} = \text{后视读数} - \text{前视读数} = a - b \tag{4-1}$$

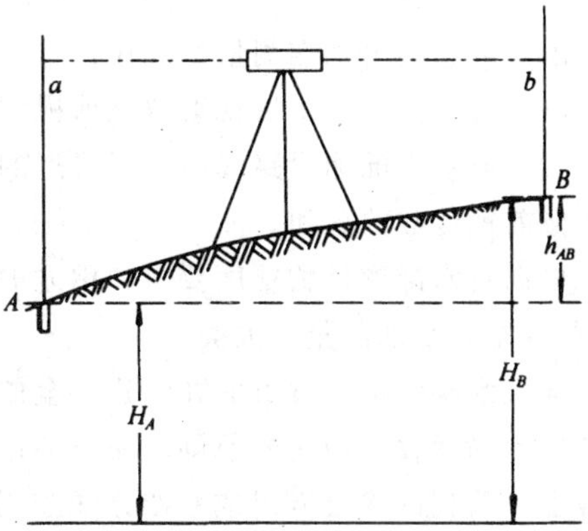

图 4-1　水准测量原理

当前视点 B 高于后视点 A 时，读数 $a>b$，所得高差为正；若前视点 B 低于后视点 A 时，则高差为负。高差 h_{AB} 的下标 AB 表示由 A 点至 B 点的高差，而 h_{BA} 的下标 BA 表示由 B 点至 A 点的高差，两者应该是绝对值相等而符号相

反。即

$$h_{BA} = -h_{AB} = -(a-b) \tag{4-2}$$

有了 h_{AB} 就可以根据已知高程 H_A 计算出 B 点的高程，即

$$H_B = H_A + h_{AB} \tag{4-3}$$

如果地面上 A、B 两点相距较远或地面地形起伏较大，安置一次仪器不能够测得其高差时，就要在 A、B 两点间分若干个临时的立尺点，依次安置仪器连续测定相邻各点间的高差，则 A、B 两点间的高差就等于各个分段高差的代数和。每个临时立尺点称为转点，A、B 两点和各个转点组成了一条连续水准测量路线。如图 4-2 所示的 A、B 水准测量路线，其高差为各分段高差的总和。

$$h_1 = a_1 - b_1$$

$$h_2 = a_2 - b_2$$

…………

$$h_n = a_n - b_n$$

对上列各式左右分别求和，得 A、B 两点间的高差

$$h_{AB} = h_1 + h_2 + \cdots + h_n = \sum_{i=1}^{n} a_i - \sum_{i=1}^{n} b_i \tag{4-4}$$

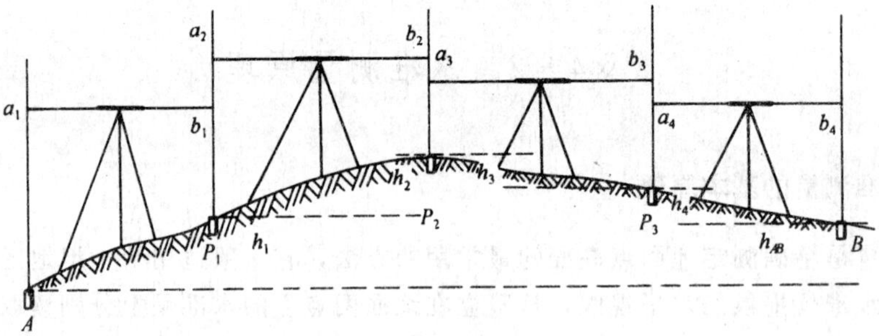

图 4-2　连续水准路线

由此可总结出水准测量的规律：

(1) 每站高差等于后视读数减前视读数；

(2) 连续水准测量路线起点至终点的高差等于各站高差的总和，也等于各站后视读数的总和减前视读数的总和。

根据对水准测量的精度要求和用途的不同，可分为国家水准测量、工程水准测量和图根（测图控制）水准测量三大类。

国家水准测量：其目的在于建立全国统一的高程控制网，以满足国家建设的需要。按照从整体到局部逐级控制的原则，在全国范围内布设了由高到低四个等级的高程控制网，每一等级由一系列的水准点组成水准路线控制网。

工程水准测量：其目的在于满足局部地区的工程建设的需要。根据精度要求，工程水准一般分二、三、四等工程水准测量，有时也作一等精密水准测量。

图根水准测量：其目的在于为测图控制点测定高程，水准测量的精度低于国家四等水准，故又称等外水准测量。

§4-3 水准仪和水准尺

水准仪和水准尺是实施水准测量的主要仪器。水准仪按等级分为精密型和普通型水准仪；常用字母和数字的组合来表示仪器的类型及等级。例如精密型水准仪，用$DS_{0.5}$、DS_1、N_3表示，普通型水准仪用DS_3、DS_{10}等表示。“D”和“S”分别为“大地测量”和“水准测量”的汉语拼音第一个字母，“0.5”、“1”、“3”代表仪器可能达到的标称精密度，即指每公里水准测量高差中数偶然中误差，以毫米计。N_3是国外精密型水准仪。按安平（整平）方式的不同，水准仪又可分为微倾水准仪和自动安平水准仪。本节仅介绍用于四等和等外水准测量的普通水准仪和水准尺。

一、DS_3型（S_3）水准仪

图4-3是国产的S_3型微倾水准仪。它由望远镜、水准器和基座三个主要部分组成。

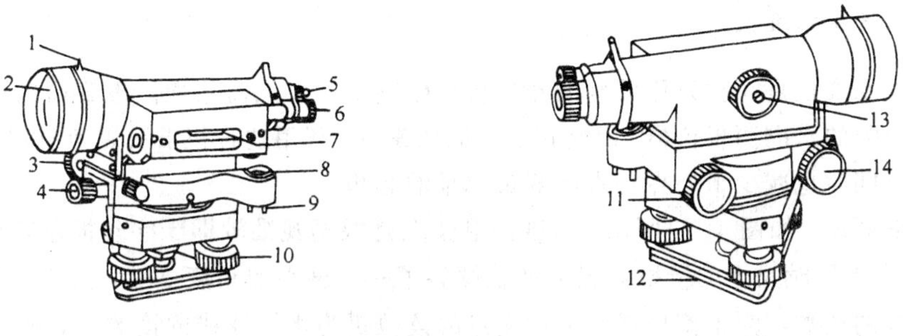

(a) (b)

图4-3 DS_3水准仪

1—准星；2—物镜；3—微动螺旋；4—制动螺旋；5—目镜；6—符合水准器放大镜；7—水准管；8—圆水准器；9—圆水准器校正螺旋；10—脚螺旋；11—微倾螺旋；12—三角形底板；13—对光螺旋；14—微动螺旋

1. 望远镜

它的作用是为了照准水准尺并能在水准尺上读取读数。

2. 水准器

它的作用是保证视线是水平视线，水准仪上设有管水准器和圆水准器。圆水准器供粗略整平用，调节基座的三个脚螺旋可使圆水准器气泡居中。管水准器供精确整平之用。管水准器与望远镜固连在一起，望远镜的视准轴和水准管轴平行，当水准管气泡居中时，视准轴水平，则视线处于水平位置。

为使管水准器的气泡严格居中，大多数水准仪采用符合水准器，它由管水准器和一组棱镜组成。棱镜组的作用是将管水准器气泡两端的影像反射，通过光路转换呈现在望远镜左侧的符合水准器观察窗中。当仪器粗略整平后，再转动目镜端下面的微倾螺旋，此时在观察窗中，可以看见管水准器气泡两端的两个半边气泡影像，一个向上，另一个向下作相对运动，慢慢转动微倾螺旋，使两个半边气泡符合，即形成一圆弧，则气泡居中。否则，气泡不居中。如图4-4所示。图中小圆的箭头方向表示微倾螺旋转动的方向。

3. 基座

用于将仪器与三脚架固连在一起，基座脚螺旋用于初步整平仪器。

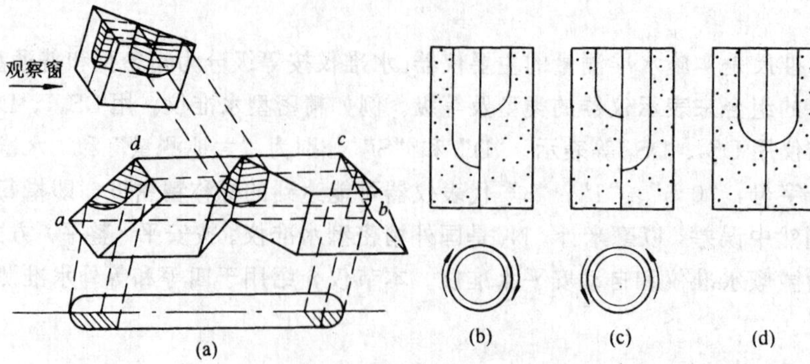

图 4－4　符合水准器

二、自动安平水准仪

自动安平水准仪是一种只用圆水准器进行粗略整平，而无需用微倾螺旋精确整平就能读取水平视线读数的水准测量仪器，因此它没有微倾螺旋。利用这种仪器可以节省观测时间，提高作业速度，同时也减少了外界对水准测量成果的影响。

自动安平原理：如图 4－5 所示。水准测量读数是根据视准轴即十字丝横丝来读数的，现设 a_0 为视准轴水平时尺上的读数，当视准轴倾斜了一个微小的角度 α 后，尺上读数为 a，它不是水平视线的读数，为了使根据十字丝交点的读数仍为水平视线的读数 a_0，则必须在望远镜的光路上设置一个补偿装置，使水平视线偏转一个 β 角折射到十字丝交点，这时根据十字丝交点读数仍是 a_0。从图中看出

$$f \cdot \alpha = \beta \cdot s$$

也就是说，若满足上式条件，即能达到水平视线自动补偿的目的。这就是自动安平的原理。

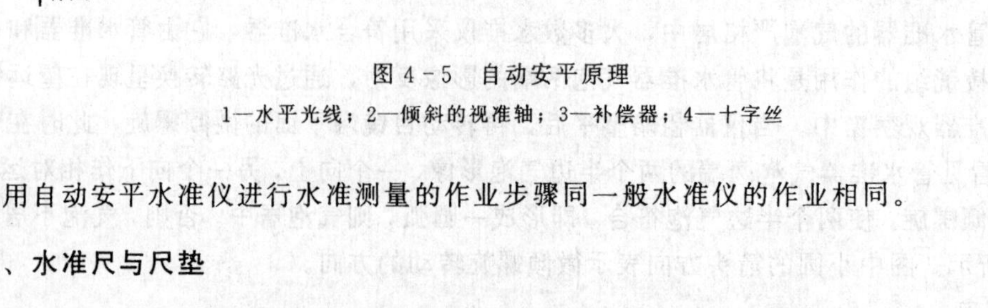

图 4－5　自动安平原理

1—水平光线；2—倾斜的视准轴；3—补偿器；4—十字丝

应用自动安平水准仪进行水准测量的作业步骤同一般水准仪的作业相同。

三、水准尺与尺垫

普通水准尺是用伸缩性小且不易变形的优质木材或玻璃钢制成，长度从 2 m 到 5 m 不

等，按其不同构造可分为直尺、折叠尺和塔尺。尺面分划有单面和双面两种。如图 4－6 所示。图 4－6(a)为 5 m 塔尺，图 4－6(b)为 3 m 单面尺，图 4－6(c)为双面尺。

单面尺一般每厘米刻一格，黑白相间，底部由零开始，在分米和整米处注记有数字。

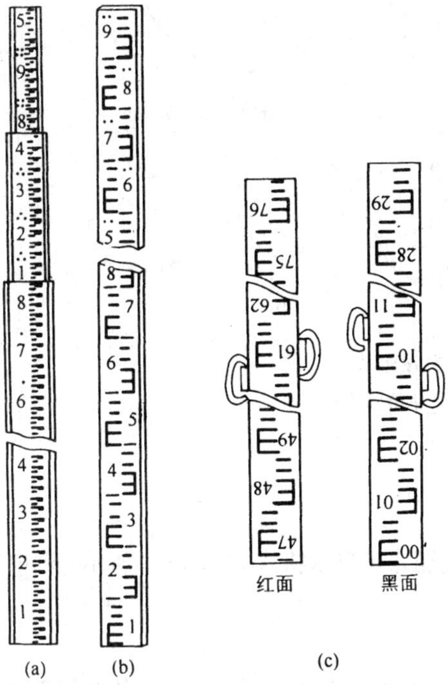

图 4－6　水准尺

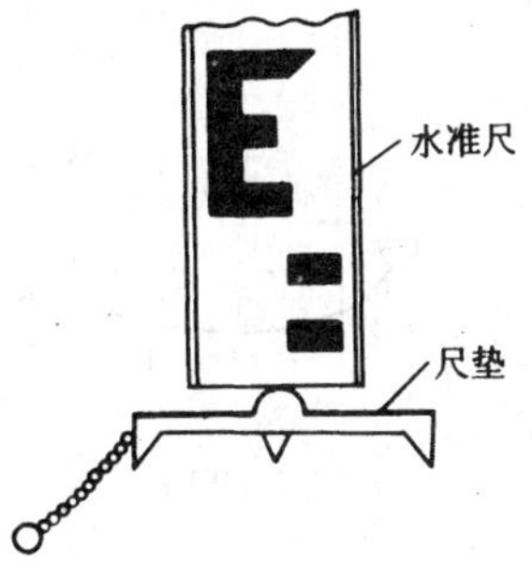

图 4－7　尺垫

双面尺的尺长为 3 m。两面均有厘米分划和注记。一面是黑白相间（黑面），其底部自零开始；另一面是红白相间（红面），底端自某一常数（如 4.687 或 4.787）开始。水准测量作业时，双面尺必须由红面起始刻划值分别为 4.687 和 4.787 两根尺成对使用。

尺垫，其作用是防止在观测过程中水准尺下沉和变位。它一般用生铁铸成，外形呈三角状，中央有一突起的圆顶，下有三个尖脚，如图 4－7 所示。水准测量时，在转点处安置尺垫，将其三个尖脚踩入土中，然后将水准尺直立在尺垫的圆顶上。

§4－4　水准测量的野外作业

一、水准测量路线的布设形式

水准测量外业作业时常根据欲测点、已知水准点在地面上的分布情况，将水准路线布设成图 4－8 所示的几种形式。

(1) 附合水准路线。如图 4－8(a)所示，从一个高等级水准点出发经过若干欲测点附合到另一个高等级水准点而形成的水准路线。

(2) 闭合路线。如图 4－8(b)所示，从一个高等级水准点出发经过若干欲测点又回到该已知点而形成的水准路线。

(3) 水准支线。如图 4－8(c)所示，从水准点 II_{10}测至待求点 1、2 后，再从 2、1 返回到水准点 II_{10}所形成的水准路线。

(4) 水准网。如图 4－8(d)所示的网状水准路线。

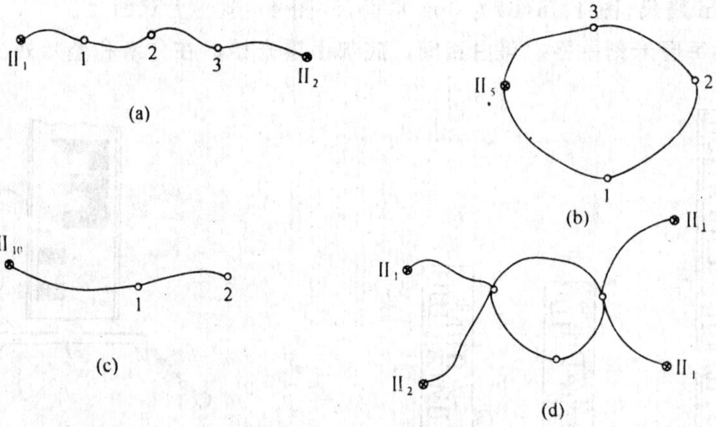

图 4-8　水准路线布设形式

⊗ 已知高等级水准点；○ 欲测水准点

二、四等水准测量的作业方法

四等水准测量常采用双面尺按中丝读数进行观测，其记簿格式如表 4-1 所示，表中括号的数字表示观测读数和记录及计算顺序。

1. 观测与记录

(1) 安置整平仪器，照准后尺黑面，调微倾螺旋使符合水准器严格居中，依次读取上、下丝及中丝读数，记入 (1)、(2)、(3) 栏中。

(2) 转动仪器，照准前尺黑面，调微倾螺旋使符合水准器严格居中，依次读取上、下丝及中丝读数，记入 (4)、(5)、(6) 栏中。

(3) 前尺变红面朝向仪器，使符合水准器严格居中，读取中丝读数，记入 (7) 栏。

(4) 后尺变红面，仪器照准后尺红面，使符合水准器严格居中，读取中丝读数，记入 (8) 栏。

以上观测顺序简称为：后—前—前—后，或黑—黑—红—红。

2. 计算与检核

在记录的同时，应及时进行计算及检核，不能等待观测完再计算，发现问题及时提醒观测员进行补救。计算内容有：

(1) 视距部分

后视距离：(15)＝(1)－(2)；

前视距离：(16)＝(4)－(5)；

前、后视距差：(17)＝|(15)－(16)|≤5.0 m；

视距累积差(18)＝本站(17)＋前站(18)≤10.0 m

(2) 高差部分

前尺红黑面读数差：(9)＝|(6)＋K－(7)|≤3.0 mm

后尺红黑面读数差：(10)＝|(3)＋K－(8)|≤3.0 mm

两尺黑面高差：(11)＝(3)－(6)

两尺红面高差：(12)＝(8)－(7)

黑面高差与红面高差之差(13)＝(11)－(12)±100＝(10)－(9)≤5.0 mm

高差中数：(14)＝[(11)＋(12)±100]/2

式中，常数 100 是两水准尺红面零点差之差，即 4.687 和 4.787 之差。作业时，对每一个测站，必须遵循全部计算完毕并确认符合限差要求后，才能移动后尺尺垫和迁站，否则就要造成全测段的重测。

表 4－1　四等水准测量记簿格式

日期 1998.9.9　　仪器名称 蔡司 030　　观测者 立志

天气 晴　　仪器号码 199771　　记录者 回归

测站编号	后尺 下丝 / 上丝	前尺 下丝 / 上丝	方向及尺号	标尺读数 黑面	标尺读数 红面	K＋黑减红	高差中数	备注
	后距	前距						
	视距差 d	$\sum d$						
	(1)	(4)	后	(3)	(8)	(10)		
	(2)	(5)	前	(6)	(7)	(9)		起点 A
	(15)	(16)	后－前	(11)	(12)	(13)	(14)	终点 B
	(17)	(18)						测点 1，2，
1	1 471	0639	后点 A	1 284	6 071	0		3，4，5
	1 097	0263	前点 1	0451	5 139	－1		
	37.4	37.6	后－前	＋0833	＋0932	＋1	＋0.832 5	
	－0.2	－0.2						
2	2 021	2 096	后点 1	1 834	6 521	0		
	1 647	1 721	前点 2	1 908	6 696	－1		
	37.4	37.5	后－前	－0074	－0175	＋1	－0.074 5	
	－0.1	－0.3						
3	1 814	1 955	后点 2	1 626	6 413	0		
	1 439	1 578	前点 3	1 766	6 454	－1		
	37.5	37.7	后－前	－0140	－0041	＋1	－0.140 5	
	－0.2	－0.5						
4	1 865	2 041	后点 3	1 732	6 419	0		
	1 600	1 774	前点 4	1 907	6 693	＋1		
	26.5	26.7	后－前	－0175	－0274	－1	－0.174 5	
	－0.2	－0.7						
5	0665	2 892	后点 4	0456	5 244	－1		
	0227	2 456	前点 5	2 674	7 361	0		
	43.8	43.6	后－前	－2 218	－2 117	－1	－2.217 5	
	＋0.2	－0.5						
6	1 440	2 713	后点 5	1 184	5 871	0		
	0969	2 257	前点 B	2 480	7 268	－1		
	47.1	45.6	后－前	－1 296	－1 397	＋1	－1.296 5	
	＋1.5	＋1.0						
			∑后	8 016	36 439			
			∑前	11 086	39 511		∑高差中数	
		∑后	－∑前	－3 070	－3 072		－3.071	

3. 水准测量作业中应注意的问题

(1) 转点起着传递高程的作用，在相邻转站过程中，尺位要严格保持不变，否则，会给高差带来误差，而且转点上的读数：一为前视读数，一为后视读数，两个读数缺一不可。

(2) 按规范要求每条水准路线测量测站个数应为偶数站。以消除两根水准尺的零点误差和其他误差。

(3) 前、后视距应大致相等，这样可以消除因视准轴不平行水准管轴而引起的 i 角误差。如图 4-9 所示。设 a_0、b_0 为视线水平时，A、B 两尺上的正确读数，a、b 是视线倾斜了 i 角后，A、B 两尺的实际读数。若前、后视距相等，则 i 角对 A、B 两尺读数的影响 x 相等。

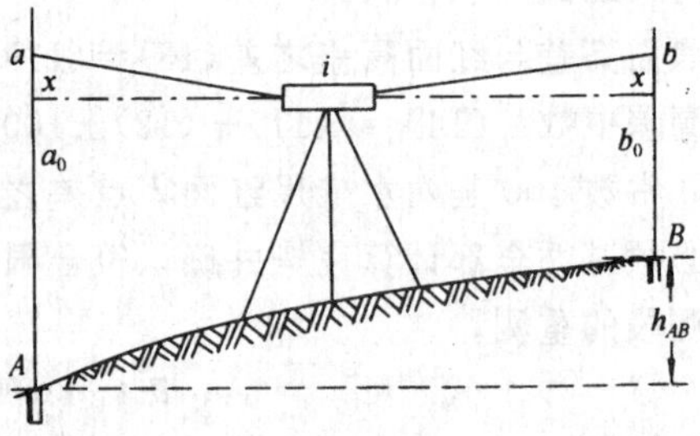

图 4-9　i 角误差

$$h_{AB} = a - b = (a_0 + x) - (b_0 + x) = a_0 - b_0$$

三、等外水准测量的作业方法

等外水准测量可采用双面标尺法进行，也可采用单面标尺按中丝读数改变两次仪器高法进行。等外水准测量的双面标尺法与四等水准测量双面标尺法类似。表 4-2 给出了等外水准测量双面尺法和改变仪器高法的测站检核限差要求。若观测成果在限差之内，则取其平均值作为最后成果；若超限，则应重测。

表 4-2　测站检核限差要求

红黑面读数差（mm）	红黑面所测高差之差（mm）	单面尺两次仪器高高差之差（mm）
4.0	6.0	6.0

表 4-3 是等外水准测量按改变两次仪器高法的野外观测记录手簿及内业计算。

表 4-3　等外水准测量手簿

日期 1998.12.20　　仪器名称 DS_3　　观测者 李平
天气 晴　　仪器编号 97011　　记录者 高山

测站	测点	水准尺读数（m）后视	水准尺读数（m）前视	高差（m）	平均值（m）	改正后高差（m）	高程（m）	距离（m）	备注
1	BM_3	1.240					100.000	26	已知 BM_3 的高程为 100.000 m，求点 1、2、3、4、5 的高程
		1.393							
	1		2.045	−0.805	−0.804	(−0.001)	99.195	27	
			2.196	−0.803		−0.805			
2	1	1.062						29	
		1.260							
	2		1.734	−0.672	−0.671	(−0.001)	98.523	28	
			1.930	−0.67		−0.672			
3	2	0.875						31	
		1.083							
	3		1.437	−0.562	−0.563	(−0.002)	97.958	31	
			1.647	−0.564		−0.565			
4	3	1.635						25	
		1.784							
	4		0.906	+0.729	+0.730	(−0.001)	98.687	26	
			1.053	+0.731		+0.729			
5	4	1.932						23	
		1.730							
	5		1.218	+0.714	+0.715	(−0.001)	99.401	22	
			1.014	+0.716		+0.714			
6	5	2.061						25	
		2.160							

续表 4-3

测站	测点	水准尺读数（m）		高差（m）	平均值（m）	改正后高差（m）	高　程（m）	距离（m）	备　注
		后视	前视						
6	BM_3		1.461	+0.600	+0.600	(−0.001) +0.599	100.000	25	
			1.560	+0.600					
	Σ	18.215	18.201	+4.090 −4.076	0.007	0			

§4-5　水准测量的内业计算

在水准测量的外业工作中，尽管对每个测站的各项限差进行了严格检核，并保证了每个测站的精度满足限差要求，但对整个水准路线来说，还不能说明路线的精度是否能满足要求。例如同一路线土质不均匀，将导致每个测站的仪器、水准尺的升降速率不同；同一转点，相邻两站观测时，水准尺未放在同一点上，这时各站的高差计算都符合要求，但整个水准路线上却含有粗差，因此水准测量外业结束后，应按路线形式进行检核计算，把好质量关，当水准路线成果检核也符合精度要求后，按照一定的数据处理方法求出水准路线各点的高程。

1. 附合水准路线

若从一已知高程水准点 A 出发，现要求求出 1、2、3、4、5 点的高程，从图 4-10 看出，除了观测 h_1、h_2、h_3、h_4 之外，再测出 5 与 B 点间的高差 h_5，其高差等于各测站高差的代数和，若无误差，其理论值等于两已知点高程之差，即

$$\sum h_{测} = H_B - H_A \tag{4-5}$$

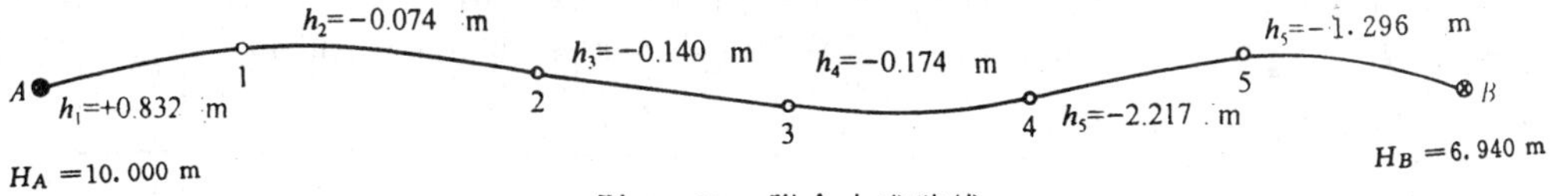

图 4-10　附合水准路线

由于测量误差的存在，实际所测各段高差之和不等于理论值，记其差值为 f_h，则

$$f_h = (H_B - H_A) - \sum h_{测} \tag{4-6}$$

称 f_h 为附合水准路线高差闭合差。本例 $f_h = +0.013$ m。

高差闭合差 f_h 常用来衡量水准路线测量的总精度。如果闭合差超过容许值，则观测成果作废，必须重测。有关闭合差容许值用 f_{h_0} 表示，其规定如下：

四等水准测量　$f_{h_0} = \pm 20\sqrt{\{L\}_{km}}$ mm（一般地区）

$f_{h_0} = \pm 25\sqrt{\{L\}_{km}}$ mm（山地）

等外水准测量　$f_{h_0} = \pm 35\sqrt{\{L\}_{km}}$ mm（一般地区）

$f_{h_0} = \pm 50\sqrt{\{L\}_{km}}$ mm（山地）

上列各式中，$\{L\}$ 为水准路线全长度，以千米为单位。若闭合差 f_h 在容许范围内，则测量成果符合要求。对于闭合差按规定采用平差的方法，将其调整到各段高差之上，使调整后的各段高差之和等于其理论值，在精度要求不高的条件下可按下列方法进行计算。令

$$v_i = \frac{+f_h}{\sum S} S_i \tag{4-7}$$

式中：v_i 称为高差改正数；$\sum S$ 为水准路线各段距离之和（总长），注意 $\sum S$ 与 S_i 单位要统一。调整（平差）后的高差等于高差观测值加改正数，即

$$\hat{h}_i = h_i + v_i \tag{4-8}$$

$$\sum \hat{h}_i = H_B - H_A \tag{4-9}$$

式中：$\hat{h}_i$ 称为高差平差值。高程平差值为

$$\hat{H}_i = \hat{H}_{i-1} + \hat{h}_i$$

具体计算见表 4-4。

表 4-4　附合水准测量路线高程平差计算表

点号	距离	测站数	高差中数	改正数	改正后高差	高程平差值	备注
1	2	3	4	5	6	7	8
	m		m	mm	m		
A						48.895	
	75.0	2	+0.832 5	+2	+0.834		
1						49.729	
	74.9	2	−0.074 5	+2	−0.073		
2						49.656	
	75.2	2	−0.140 5	+2	−0.138		
3						49.518	
	53.2	2	−0.174 5	+1	−0.173		
4						49.345	
	87.4	2	−2.217 5	+2	−2.216		
5						47.129	
	92.7	2	−1.296 5	+2	−1.294		
B						45.835	

$\sum S = 458$ m $= 0.458$ km，高差闭合差容许值 $f_{h_0} = \pm 20\sqrt{\{L\}_{km}}$ mm $= \pm 13.5$ mm

$\sum h_{测} = -3.071$，$H_B - H_A = -3.060$，$f_h = (H_B - H_A) - \sum h_{测} = -3.060 + 3.071 = +0.011$ (m)

$f_h < f_{h_0}$，$v_i = \dfrac{+f_h}{\sum S} S_i$

2. 闭合水准路线法

由图 4-8 (b) 知，从 Ⅱ$_5$ 点开始，经过所求点 1、2、3 又回到 Ⅱ$_5$ 点，则所测各段高差之和，若无误差，应等于零。由于测量误差的存在，实际所测各段高差之和不等于零，产生了高差闭合差，用 f_h 表示，则

$$f_h = \sum h_{测} - (H_{Ⅱ5} - H_{Ⅱ5}) = \sum h_{测}$$

称 f_h 为闭合水准路线高差闭合差。其容许值、各段高差改正数以及平差后的高差的计算，均与附合水准路线相同。表 4-4 为某一闭合水准路线采用两次仪器高法的观测记录和计算。

3. 支水准路线法

从已知水准点 A 测至待求点 1、2 后，再从 2、1 返回到 A 点。将往返测两次高差进行比较，其差值即为高差闭合差。其容许值、各段高差改正数以及平差后的高差的计算，也与附合水准路线相同。

§4-6　三角高程测量

一、三角高程测量原理及公式

当在山区或地形起伏较大的地区测定地面点高程时，一般采用三角高程测量的方法。

三角高程测量的原理如图 4-11 所示。设 A 点高程及 AB 两点间的距离已知或可采用红外测距仪精确测距，现求 B 点高程。方法是：先在 A 点架设经纬仪，量取仪器高 i；在 B 点竖立觇标（标杆），并量取觇标标高 L，用经纬仪横丝瞄准其顶端，测定竖直角 δ，则 AB 两点间的高差计算公式为

$$h_{AB} = D\tan\delta + i - L$$

故

$$H_B = H_A + h_{AB} = H_A + D\tan\delta + i - L \tag{4-10}$$

当 A、B 两点距离大于 300 m 时，应考虑地球曲率和大气折光对高差的影响，所加的改正数简称为两差改正。

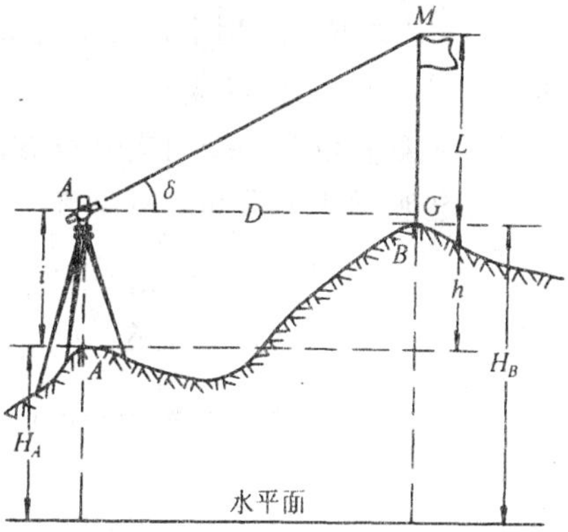

图 4-11 三角高程测量原理

令 c 为地球曲率改正，R 为地球半径，则 c 的近似计算公式为

$$c = \frac{D^2}{2R}$$

令 γ 为大气折光改正，则 γ 的近似计算公式为

$$\gamma = -0.14\frac{D^2}{2R}$$

又令 f 为两差改正，则

$$f = c + \gamma = (1 - 0.14)\frac{D^2}{2R}$$

若现场使用电磁波测距仪测定两点的斜距 S，则 B 点的高程计算公式为

$$h_{AB} = D\tan\delta + i - L + f = S\sin\delta + i - L + f$$

$$H_B = H_A + h_{AB} = H_A + S\sin\delta + i - L + f \tag{4-11}$$

式中 f 恒为正。当 A、B 间距离大于300 m 时，应加两差改正。

为了消除一些外界因素对三角高程测量的影响，通常在两点间进行对向观测，即测定 h_{AB} 和 h_{BA}，最后取其平均值，由于 h_{AB}和 h_{BA}反号，因此 f 可以抵消。

利用电磁波测距三角高程，要比利用式（4-10）直接三角高程测量精度高，理论分析和实验结果都已证实，在地面坡度不超过8°，距离在1.5 km 以内，采取一定的措施，电磁波测距三角高程可以替代四等水准测量，甚至替代三等水准测量。

当已知地面两点间的水平距离时，三角高程测量的精度主要取决于垂直角的观测精度，因此，对垂直角的观测需进行多次，测回数与等级成比例见表4-5。

表4-5 垂直角观测回数与限差

项目 \ 等级		二、三等		四等，一、二级 小三角，小三边		一、二、三导线级	
测回数	中丝法	DJ_1	DJ_2	DJ_2	DJ_6	DJ_2	DJ_6
	三丝法	4		2	4	1	2
垂直角测回互差（″）		2		1	2		1
指标差互差（″）		10	15	15	25	15	25

二、垂直角观测

垂直角观测应选择有利的观测时间进行，在日出后和日落前两小时内不宜观测。晴天观

测时应给仪器打伞遮阳。垂直角观测方法有中丝法和三丝法。

1. 中丝法观测

其观测方法同第二章中竖角测量，中丝法观测记录和计算见表 4-6。

2. 三丝法观测

三丝法就是利用望远镜的上、中、下三根横丝分别照准同一目标各测垂直角一次。观测程序如下：

(1) 盘左位置，用上、中、下丝依次瞄准目标，如图 4-12 所示。使指标水准管气泡严格居中（符合），读竖盘读数 L。

(2) 盘右位置，按同法进行瞄准和读数，得盘右读数 R。

三丝观测法记录和计算见表 4-7。

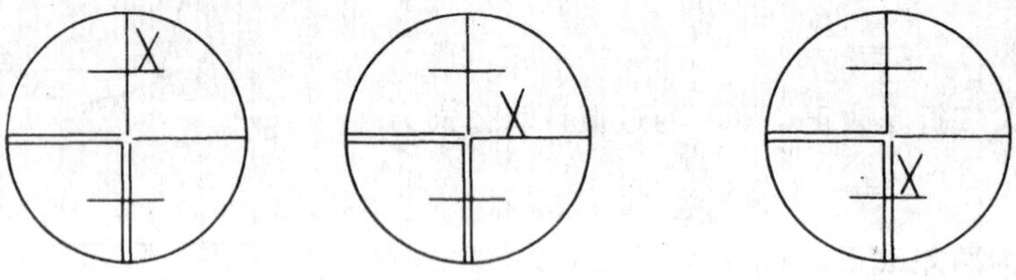

图 4-12　三丝法

表 4-6　垂直角观测手簿（中丝法）

点名　泰　山　　　　　　　　　　　　　　等级　三

天气　晴　　　　　　　　　　　　　　　　观测　吴　明

成像　清晰稳定　　仪器　DJ_2　　　　　　记录　佚　名

仪器至标石面高　1.55 m　　　　　　　　　日期　1998.10.10

照准点名	盘　左		盘　右		指标差	垂直角
照准部位	(° ′ ″)	(″)	(° ′ ″)	(″)	(″)	(° ′ ″)
天峰	90 06 37		269 53 42			
觇标高：5.24 m	36	36	43	42	−9	−0 06 27
	90 06 37		269 53 44			
	38	38	43	44	−11	−0 06 27
	90 06 38		269 53 41			
	36	37	42	42	−10	−0 06 28
	90 06 38		269 53 43			
	38	38	42	42	−10	−0 06 28
					中　数	−0 06 28

表 4-7 垂直角观测手簿（三丝法）

点名 桓 山　　　　　　等级 三

天气 晴　　　　　　观测 吴 明

成像 清晰稳定　　仪器 DJ_2　　　　记录 佚 名

仪器至标石面高 1.49 m　　　　日期 1998.11.10

照准点名	盘 左		盘 右		指标差	垂直角
照准部位	(° ′ ″)	(″)	(° ′ ″)	(″)	(′ ″)	(° ′ ″)
云峰	90 47 16		269 46 43			
觇标高：	15	16	43	43	−17 00	−0 30 16
4.44 m	90 30 17		269 29 48			
	18	18	50	49	−0 04	−0 30 14
	90 12 53		269 12 20			
	53	53	20	20	+17 24	−0 30 16
——	90 47 19		269 46 44			
	18	18	44	44	−17 01	−0 30 17
	90 30 20		269 29 45			
	22	21	46	46	−0 04	−0 30 18
	90 12 49		269 12 21			
	49	49	20	20	+17 26	−0 30 14
	中 数					−0 30 16

三、高程路线测量

三角高程测量也有路线测量，其布设形式同水准测量路线完全一样。为了减少误差的影响，作业时采用三联脚架法逐点设站，对向观测垂直角和距离。三联脚架法是指利用三个同规格的三脚架和基座，使每个三脚架上交替安置经纬仪照准部和觇牌，这样可以大大节省对中时间和减少误差，并能保证测边、测角对各点旋转中心的一致性。现以四等电磁波测距高程路线测量为例说明其观测步骤。

(1) 按照三联脚架法逐点架设经纬仪和测距仪、基座和反光镜觇牌，往、返测距和测角，垂直角观测采用 J_2 级仪器，中丝法 3 个测回。测回间垂直角互差和指标差均不得大于 7″。

(2) 用 2 m 小钢尺或对中杆精确量取仪器高、棱镜或觇牌高，精确到 1 mm，两次读数较差不得大于 2 mm，取用两次读数的平均值。

(3) 依照式 (4-9) 计算相邻点间的往、返高差，其高差的互差（应考虑球气差的影响）不得大于 $\pm 40\sqrt{D}$ (mm)（D 为测距边边长，以公里为单位）。附合路线或环线闭合差同四等水准测量精度。若往、返高差的绝对值之差满足精度要求，就取平均数作为两点间的高差，符号以往测高差为准。

(4) 依照水准路线测量平差方法进行平差计算，最后求得各待定点的高程。计算时垂直角应取至 0.1″，高程应取至 1 mm。

对于单点的高程测量，为了提高观测精度和可靠性，一般在两个以上的已知高程点上设站对待测点进行观测，最后取高程的平均值作为所求点的高程。这种方法测量上称为独立交会高程测量。

四、三角高程测量内业计算

对于图根级控制测量，三角高程测量的精度一般规定为每段往返测所得的高差 f_h（经两差改正后）不应大于 0.1 D（m）（D 为边长，以公里为单位），即 $f_{h容}=\pm 0.1D$（m）。由对向观测所求得的高差平均值来计算路线闭合差应满足 $\pm 0.05\sqrt{\sum D_{km}^2}$ m的限差要求。

图 4-13 为某一图根控制网示意图，三角高程测量观测结果列于图上，下画线数据表示往测。高差的计算和闭合差调整见表 4-8 和表 4-9。

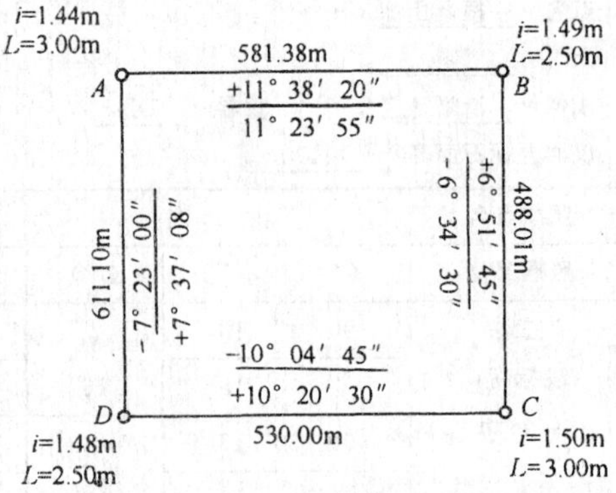

图 4-13　三角高程测量观测成果略图

表 4-8　三角高程测量高差计算表

起算点	A		B	
待定点	B		C	
	往	返	往	返
水平距离 D（m）	581.38	581.38	488.01	488.01
垂直角 δ	+11°38′20″	−11°23′55″	+6°51′45″	−6°34′30″
仪器高 i（m）	1.44	1.49	1.49	1.50
目标高 L（m）	−2.50	−3.00	−3.00	−2.50
两差改正 f（m）	+0.02	+0.02	+0.02	+0.02
高差（m）	+118.71	−118.70	+57.24	−57.23
平均高差（m）	+118.70		+57.24	
起算点	C		D	
待定点	D		A	
	往	返	往	返
水平距离 D（m）	530.00	530.00	611.10	611.10
垂直角 δ	−10°04′45″	+10°20′30″	−7°23′00″	+7°37′08″
仪器高 i（m）	1.50	1.48	1.48	1.44
目标高 L（m）	−2.50	−3.00	−3.00	−2.50
两差改正 f（m）	+0.02	+0.02	+0.02	+0.02
高差（m）	−95.19	95.22	−80.69	+80.70
平均高差（m）	−95.20		−80.70	

表 4-9　三角高程测量路线计算表

点号	距离（m）	观测高差（m）	改正数 v（m）	改正后高差（m）	高程（m）
A					325.88
	580	+118.70	−0.01	+118.69	
B					444.57
	490	+57.24	−0.01	+57.23	
C					501.80
	530	−95.20	−0.01	−95.21	
D					406.59
	610	−80.70	−0.01	−80.71	
A					325.88
Σ		+0.04	−0.04		

$$f_h = +0.04\ \text{m} < f_{h容} = 0.05\sqrt{1.23} = 0.05 \times 1.1 = 0.055\ (\text{m})$$

复 习 题

1. 试述水准测量的原理。

2. 水准测量作业时，必须注意的事项有哪些？

3. 进行水准测量时，为什么要将水准仪安置在前、后视距大致相等的地方？瞄准水准尺时，为什么要使管水准器的气泡居中？

4. 设 A 点的高程为 30.000 m，欲测 B 点高程，中间通过点 1。第一站瞄准 A 点尺的读数为 1.024 m，瞄准 1 点尺的读数为 1.534 m；第二站瞄准 1 点尺的读数为 1.436 m，瞄准 B 点尺的读数为 0.910 m。试求 B 点高程。

5. 为修建某公路，用附合水准路线测定施工水准点 1、2 和 3 的高程。观测数据如图 4-14 所示。按路线检核方法检验该水准测量成果是否合格，如合格，调整闭合差，并推算各点高程。

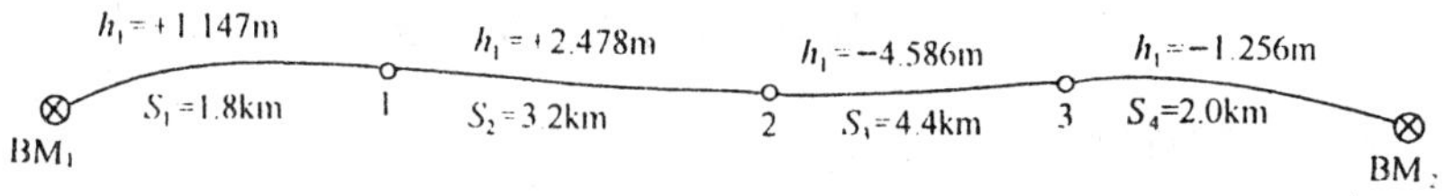

图 4-14

6. 为了标定建筑物混凝土底板木桩 B 的设计高程为 28.000 m（见图 4-15）。已知 A 的高程为 29.559 m，水准尺安置在 A 点上，其后视读数为 0.769 m，问前视尺读数为多少时，水准尺零点处于 28.000 m 的高程上？（$H_{BM_1} = 25.038$ m，$H_{BM_2} = 22.863$ m）

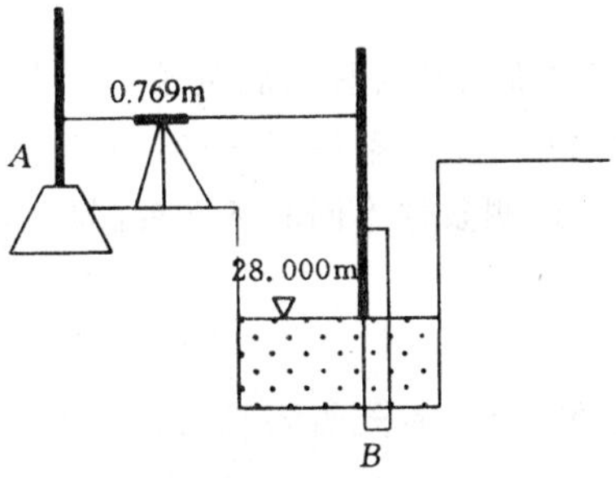

图 4-15

7. 已知 $H_A = 78.59$ m，AB 之间的水平距离为 624.42 m，从 A 观测 B 时，$\alpha_{AB} = +2°38'07''$，在 A 点上的仪器高 $I_A = 1.42$ m，B 点上的目标高 $I_B = 3.50$ m，从 B 观测 A 时，$\alpha_{BA} = -2°23'15''$，在 B 点上的仪器高 $I_B = 1.51$ m，A 点上的目标高 $I_A = 2.26$ m，试按三角高程测量的方法计算 B 的高程。

第五章　误差基本知识

§5-1　观测误差

某一未知量的真值与其观测值之差称为观测误差。

测量实践表明，对某一未知量（例如角度、距离、高差、多边形等）进行多次重复观测时，不论仪器多么精密以及观测者多么仔细，总会发现各次观测值之间总有差异。如在丈量一段距离时，往返两次丈量的结果往往不一致；又如观测一个平面三角形时，三个内角和往往不等于180°。这些现象的产生，说明观测值中存在着观测误差。

一、产生观测误差的根源

由于观测者的素质差异和感觉器官的鉴别能力的局限，所以在安置仪器、瞄准、读数等方面，都会使观测值产生误差。

供观测使用的仪器，存在着结构缺陷和精度限制，如用来丈量长度的尺子，所标记的长度并不是真长；用来测角的经纬仪，其度盘有刻划误差，轴系的位置关系不完全准确等，均会给观测结果带来误差。

观测时所处的外界环境，如气压、温度、风力、透明度、大气折光等自然条件的影响，也使观测结果含有误差。

观测者、仪器、外界环境三方面的综合称为观测条件。任何测量实践都离不开观测条件，所以观测误差的产生是不可避免的。观测条件好一些，对应的误差就小一些。观测条件相同的各次观测，称为等精度观测；观测条件不同的各次观测称为不等精度观测。

二、观测误差的分类

为了对观测误差进行深入的分析，首先需要对测量误差分类。

（一）系统误差

在相同观测条件下作一系列的观测，如果观测误差在大小、正负上表现出一致性，或按一定规律变化，那么这种误差就称为系统误差。

系统误差的产生有来自仪器方面的原因。例如用钢尺量距，由于钢尺本身的长度不符合标准，过长或过短，测得的距离就会含有系统误差。也有来自外界环境的，如测角时受大气折光的影响而导致的角度误差。此外，某个观测者在照准目标时，习惯于偏离目标中央的某一侧，也会使观测结果带来系统误差。

（二）偶然误差

在相同观测条件下作一系列的观测，如果观测误差在大小、正负上表现出不一致，即从单个误差上看，纯属偶然发生，没有规律性；但实际上服从一定的统计规律，这种随机变化的误差称为偶然误差。例如，量距时估读毫米数的误差、水准测量的读数误差、望远镜照准目标时的误差等。

(三) 粗差

在测量工作中，除了上述两类性质的误差外，还可能发生错误。例如测错目标、读错大数、记错读数等，统称为粗差。粗差主要是由于观测者的疏忽大意造成的。

三、研究观测误差的任务

要避免观测结果中存在粗差。为此，测量者必须严格遵守操作规范，认真仔细地进行作业，以防止粗差的产生。并且，采取发现粗差相应的措施，有效的方法是进行必要的重复观测。例如，对距离进行往、返观测，对几何图形进行多余观测，通过检核可以发现粗差。粗差是一种大量级的观测误差，因此在测量成果中不允许粗差存在，凡含有粗差的观测值必须舍去不用。

系统误差具有系统性的累积作用，对成果质量影响显著，应采取适当措施加以消除。系统误差的符号和大小有确定的规律，所以可用下面的方法作相应处理：

(1) 用计算的方法加以改正。例如，尺长误差和温度误差对尺长的影响。

(2) 用一定的观测方法加以消除。例如，在水准测量中用前、后视距相等的方法消除 i 角的影响以及大气折光的影响；在经纬仪测角中，用盘左、盘右观测值取中数的方法消除视准轴误差、横轴误差、竖盘指标差的影响。

(3) 对仪器加以校正。对校正后的剩余误差（例如仪器整平、对中误差等）限制在允许范围内。

系统误差、偶然误差和粗差是观测误差的三个方面，但又是在测量过程中同时产生的。本章研究的主要对象是偶然误差，即总是假定：粗差已被剔除，系统误差已被消除，因此观测误差中，仅含偶然误差。

由于本性所致，观测结果中的偶然误差不能消除，只可减弱，减弱的措施常常采取“多余观测”的方法。多余观测就是重复性观测，即实际的观测次数多于必要的观测次数。例如，一段距离，观测一次就可决定其长度，但在实际工作中，常常观测两次以上；一个三角形，观测两个角便可算出第三个角，在实际工作中，常常三个内角都加以测定。

通过一组含有偶然误差的多余观测值，求出未知量的最可靠值，并评定观测结果的精度（质量），这是研究偶然误差的主要任务，也是本章的主要内容。

§5-2　偶然误差的统计性质

由上述可知，在观测结果中必然存在偶然误差，因此，必须对偶然误差的性质作进一步分析。

单个的偶然误差从表面上来看，其大小和符号无规律可循，但若用统计学的观点，即观察大量的偶然误差，就会发现一定的规律性，误差个数愈多，这种规律性的表现愈明显。

例如，在相同的观测条件下，测得了162个三角形全部内角。由于观测中不可避免地带有偶然误差，三角形内角之和就不等于它的真值180°。现以 X 表示真值，L 表示观测值，真误差 Δ 为真值 X 与观测值 L 之差，即

$$\Delta_i = X - L_i = 180° - L_i, \qquad i = 1,2,\cdots,162 \tag{5-1}$$

在这一组真误差中取 0.2″为误差区间并按其值大小和正负号排列，统计其出现在各误差区间的个数，误差分布情况如表 5－1 所示。

表 5－1　误差分布表

误差大小的区间	Δ为正值		Δ为负值		总　计	
	个数	%	个数	%	个数	%
0.0″～0.2″	21	12.9	21	12.9	42	25.8
0.2″～0.4″	19	11.7	19	11.7	38	23.4
0.4″～0.6″	15	9.4	12	7.4	27	16.8
0.6″～0.8″	9	5.6	11	6.8	20	12.4
0.8″～1.0″	9	5.6	8	4.9	17	10.5
1.0″～1.2″	5	3.1	6	3.7	11	6.8
1.2″～1.4″	1	0.6	3	1.9	4	2.5
1.4″～1.6″	1	0.6	2	1.2	3	1.8
1.7 以上	0					
$\sum$	80	49.5	82	50.5	162	100

表 5－1 中的误差分布情况表明：①最大的误差不超过 1.6″；②小误差的个数比大误差的个数多；③绝对值相等的正负误差的个数相近。

大量的统计资料均显示偶然误差具有上述规律性，人们据此作出了总结归纳。

在相同观测条件下，对某量作一系列观测，偶然误差具有如下统计性质，即：

(1) 偶然误差的绝对值不会超过一定限值。

(2) 绝对值小的误差比绝对值大的误差出现的机会要多。

(3) 绝对值相等的正误差和负误差出现的机会相等。

(4) 偶然误差的算术平均值随着观测次数的无限增加而趋近于零，即

$$\lim_{n\to\infty}\frac{[\Delta]}{n}=0$$

式中：$[\Delta]$ 为观测值真误差之和，$[\Delta]=\Delta_1+\Delta_2+\cdots+\Delta_n$；$n$ 为观测次数。

偶然误差的第四个性质是由第三个性质导出来的。因为在大量的偶然误差中，正负误差有互相抵消的作用。

表述误差分布的情况，除了采用表格的形式外，还可以用图形来表示。如图 5－1，可以更明显地看出偶然误差的性质。图中横坐标表示误差的正负、大小，纵坐标表示误差的个数百分比。当误差个数无限增加，误差区间无限缩小，图中各小长方形的顶边折线就成为一条光滑的曲线（图中用虚线表示），该曲线称为误差分布曲线，又称为正态分布曲线。

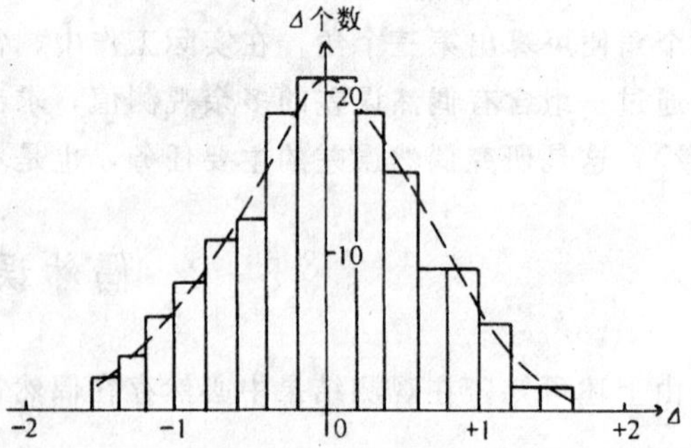

图 5－1　误差分布图

需要强调的是，偶然误差的性质是在大量重复性观测中才具有的。因此以后各节中应用偶然误差的性质，定义有关概念或推导有关公式时，总是假设对某量进行一系列观测（而不是个别观测）。这点对理解以后各节内容很重要。

§5-3 算术平均值

在相同条件下，对某一量进行一系列观测，设其观测值为 L_1，L_2，…，L_n。这些观测值的算术平均值 x 可用下式计算

$$x = \frac{L_1 + L_2 + \cdots + L_n}{n} = \frac{[L]}{n} \tag{5-2}$$

式中：$[L]$ 为所有观测值之和，n 为观测值的个数。

设其观测值的真值为 X，根据（5-1）式可以写出各观测值的真误差

$$\Delta_1 = X - L_1$$

$$\Delta_2 = X - L_2$$

$$\cdots\cdots\cdots\cdots\cdots$$

$$\Delta_n = X - L_n$$

将等式两端相加，有

$$[\Delta] = nX - [L]$$

上式两端各除以观测值个数 n，得

$$\frac{[\Delta]}{n} = X - \frac{[L]}{n}$$

顾及（5-2）式，则上式为

$$\frac{[\Delta]}{n} = X - x \tag{5-3}$$

根据偶然误差的性质（4），在（5-3）式中，当 $n\rightarrow\infty$ 时，$[\Delta]/n\rightarrow 0$，则 $x\rightarrow X$。即如果对某一量观测无穷多次，据此无穷多个观测值求出的算术平均值就是某一量的真值。在实际作业中，对任一量的观测次数是有限的，所以只能根据有限个观测值求出该量的算术平均值 x。由于 x 与其真值 X 只差一个很小的量 $[\Delta]/n$，故算术平均值最接近于真值，是该量最可靠的值，也称为最或是值。但是，有限次观测所得到的算术平均值不是真值。

§5-4 观测值精度的衡量标准

一定的观测条件（观测者、仪器、外界条件的综合）对应着一组误差分布，即对应着观测结果的质量高低。不难理解，观测条件较好时得到的一组误差，整体上较小，即接近于零的密集程度较高；观测条件较差时得到的一组误差，整体上较大，即接近零的密集程度较低。笼统而言，所谓精度是指在一定观测条件下一组误差接近于零的密集程度。例如，在下面的例子中，容易看出第一组的精度应比第二组的精度高些。

为了衡量观测值的精度高低，可以按§5-2中用误差分布表或误差分布图来表示。这样做的不便之处是缺乏一个简单的关于整体精度的数值指标，没有一个统一的精度标准。下面介绍几种常用的衡量精度的指标。

一、中误差

（一）观测值中误差的定义

在相同的观测条件下，对某未知量 X 进行了一组观测，其值为 L_1，L_2，…，L_n，相应的

真误差为 Δ_1，Δ_2，…，Δ_n，则该组各个观测值的中误差 m 为

$$m = \pm \sqrt{\frac{\Delta_1^2 + \Delta_2^2 + \cdots + \Delta_n^2}{n}} = \pm \sqrt{\frac{[\Delta\Delta]}{n}} \tag{5-4}$$

式中：$[\Delta\Delta] = \Delta_1^2 + \Delta_2^2 + \cdots + \Delta_n^2$

$\Delta_i = X - L_i, \qquad i = 1,2,\cdots,n$

X 为未知量的真值。

例 1 设在不同观测条件下的两组观测值，其真误差分别列在下面，试求其相应的中误差 m_1、m_2。

第一组 $+4''$、$-2''$、$0''$、$-4''$、$+3''$

第二组 $-15''$、$+20''$、$-2''$、$-17''$、$+13''$

利用定义式可求得

$$m_1 = \pm \sqrt{\frac{16 + 4 + 0 + 16 + 9}{5}} = \pm 3''$$

$$m_2 = \pm \sqrt{\frac{(-15)^2 + 20^2 + (-2)^2 + (-17)^2 + 13^2}{5}} = \pm 15''$$

中误差是衡量观测值精度的指标，中误差愈小，精度愈高；中误差愈大，精度愈低。在例 1 中，$m_1^2 < m_2^2$，所以第一组中各个观测值的精度比第二组的高。在相同观测条件下各个观测值的精度相同。例 1 中，第一组各个观测值的中误差都等于 $\pm 3''$。

在应用（5-4）式求中误差时，需要注意几点：

（1）各个观测值必须是等精度的（即“在相同的观测条件下”）；如果观测值是不等精度的，则不能直接使用（5-4）式。

（2）观测值的真值必须可知，真误差才可求得。

（3）根号前的“±”号表示误差的偶然性质，所以不能省去。

（4）所谓“观测值”可以是直接观测值，也可以是由直接观测值推算出来的函数值（如一组观测值的平均值）。

（二）根据观测值改正数计算观测值的中误差

当真值可知时（例如，平面三角形内角和的真值为 180°），可以用定义式（5-4）直接计算中误差；当真值不可知时，真误差也就不可求得，因而无法采用（5-4）式计算中误差，这时可以根据观测值的改正数来计算中误差。

例 2 设对真值为 X 的某一量进行了 n 次等精度的观测，观测值为 L_1，L_2，…，L_n，相应的真误差为 Δ_1，Δ_2，…，Δ_n，按（5-1）式有

$$\left.\begin{aligned} \Delta_1 &= X - L_1 \\ \Delta_2 &= X - L_2 \\ &\cdots\cdots\cdots\cdots \\ \Delta_n &= X - L_n \end{aligned}\right\} \tag{5-5}$$

我们把算术平均值 x 与观测值 L 之差称为观测值的改正数，以 v 表示，$v_i = x - L_i$，$i=1$，2，…，n，于是有

$$\left.\begin{aligned} v_1 &= x - L_1 \\ v_2 &= x - L_2 \\ &\cdots\cdots\cdots\cdots \\ v_n &= x - L_n \end{aligned}\right\} \tag{5-6}$$

以（5－5）式减去（5－6）式，得

$$\left.\begin{aligned}\Delta_1 &= v_1 + (X - x)\\ \Delta_2 &= v_2 + (X - x)\\ &\cdots\cdots\cdots\cdots\\ \Delta_n &= v_n + (X - x)\end{aligned}\right\} \tag{5-7}$$

将（5－7）式等号两边分别自乘后相加，得

$$[\Delta\Delta] = [vv] + n(X - x)^2 + 2(X - x)[v] \tag{5-8}$$

若将（5－6）式中之各式相加，有

$$[v] = nx - [L]$$

根据算术平均值的定义，$x=\dfrac{[L]}{n}$，这样上式可写成

$$[v] = n \cdot \frac{[L]}{n} - [L] = 0 \tag{5-9}$$

再将（5－9）式代入（5－8）式，有

$$[\Delta\Delta] = [vv] + n(X - x)^2 \tag{5-10}$$

将（5－7）式中之各式相加，得

$$[\Delta] = [v] + n(X - x)$$

由于 $[v]=0$，所以 $[\Delta]=n(X-x)$，将此式自乘之，有

$$(X - x)^2 = \frac{[\Delta]^2}{n^2}$$

以上式代入（5－10）式，得

$$[\Delta\Delta] = [vv] + \frac{[\Delta]^2}{n},\text{即}$$

$$[\Delta\Delta] = [vv] + \frac{[\Delta\Delta]}{n} + \frac{2(\Delta_1\Delta_2 + \Delta_1\Delta_3 + \cdots + \Delta_{n-1}\Delta_n)}{n}$$

上式中，Δ_1，Δ_2，…，Δ_n 为偶然误差，Δ_i（$i=1$，2，…，n）的互乘项也是偶然误差，在相当多的观测次数情况下，根据偶然误差的性质（4），互乘项之间相互抵消，其和再除以观测次数，剩余值可忽略不计。于是上式可写成

$$[\Delta\Delta] = [vv] + \frac{[\Delta\Delta]}{n}$$

$$\frac{[\Delta\Delta]}{n} = \frac{[vv]}{n - 1} \tag{5-11}$$

以（5－11）式代入（5－4）式，最后得出

$$m = \pm\sqrt{\frac{[vv]}{n - 1}} \tag{5-12}$$

这就是以改正数求观测值中误差的公式。

例 3 由表 5－2 列出了五次距离丈量结果，试计算其算术平均值及观测值之中误差。

观测值中误差 $m = \pm\sqrt{\dfrac{0.004\,0}{5-1}}$

$=\pm 0.032\,(\text{m})$

表 5－2 算术平均值和观测值中误差计算

观测值 L（m）	改正值（v）	vv
542.50	−0.04	0.001 6
542.42	+0.04	0.001 6
542.46	0.00	0
542.44	+0.02	0.000 4
542.48	−0.02	0.000 4
x=542.46	$[v]$ =0	$[vv]$ =0.004 0

二、相对误差

有时单靠中误差来衡量精度还不能完全表

达观测结果的好坏。例如，分别丈量了 1 000 m 和 80 m 的两段距离，观测值的中误差均为 ±2 cm，能否判定两段观测值的精度相等呢？显然不能。可以肯定，前者的精度比后者高。所以应该采用另一种衡量精度的指标，这就是相对误差。

相对误差是中误差的绝对值与其对应观测值的比值。相对误差通常以分子为 1 的分数式来表示，这是测量学中的一种规范式的表示方法，应加以注意。在上面丈量 1 000 m 和 80 m 两段距离中，前者的相对误差为：0.002/1 000=1/50 000，而后者则为：0.02/80=1/4 000。这就表明了前者的精度优于后者。

相对误差是个无名数；而真误差、中误差、极限误差均为绝对误差，绝对误差是有名数。

三、极限误差

偶然误差的第一个性质告诉我们，在一定的观测条件下，偶然误差的绝对值不会超过一定的限值。如果在测量工作中出现超过这个限值的误差，我们就认为其超限，相应的观测值必须舍去不用。那么这个限值如何确定呢？根据对大量观测数据的统计分析并且参考误差理论可知：凡大于一倍中误差的偶然误差之个数，只占总数的 32%；大于两倍中误差的偶然误差之个数占总数的 5%；而大于三倍中误差的偶然误差之个数仅占总数的 0.3%。这个规律就是确定极限误差的主要依据。

在实际工作中，观测次数是有限的，因此认为大于三倍中误差的偶然误差实际上是不可能出现的。这样我们就以三倍中误差作为误差的限值，称为极限误差，或称为容许误差，凡是观测值的误差超过极限误差，此观测值不能采用，必须舍去，予以重测。

$$\Delta_{容} = 3m \tag{5-13}$$

在现行规范中，常有更严格的要求，就是以两倍中误差作为容许误差，即

$$\Delta_{容} = 2m \tag{5-14}$$

§5-5 误差传播定律

上节介绍了衡量多次直接观测值的精度问题。在实际工作中，有些未知量经常不能直接测定，必须由直接观测值间接推算出来。如多边形的内角和就不能直接测定，而是直接测定内角，然后相加得出内角和，因此，多边形的内角和为各个独立观测角之函数。又如，根据图上量得的距离 s，来计算实地长度 S 时，由于图上长度比实地缩小了 M 倍，故 $S=Ms$，即未知量与观测值成倍数关系的函数。

由于各独立观测值均含有误差，因而观测值的函数必受其影响而产生误差。根据观测值的中误差，采用数学关系式来表达其函数的中误差，这种关系式称为误差传播定律。

下面以一般函数关系来推导误差传播定律。

设有一般函数

$$Z = F(x_1, x_2, \cdots, x_n) \tag{5-15}$$

式中：x_1，x_2，…，x_n 为可直接观测的未知量；Z 为不便于直接观测的未知量。

设 x_i（$i=1, 2, \cdots, n$）的独立观测值为 l_i，其相应的真误差为 Δx_i。由于 Δx_i 的存在，使函数 Z 亦产生相应的真误差 ΔZ。将式（5-15）取全微分

$$\mathrm{d}Z = \frac{\partial F}{\partial x_1}\mathrm{d}x_1 + \frac{\partial F}{\partial x_2}\mathrm{d}x_2 + \cdots + \frac{\partial F}{\partial x_n}\mathrm{d}x_n$$

因误差 Δx_i 及 ΔZ 都很小，故在上式中，可近似用 Δx_i 及 ΔZ 代替 dx_i 及 dZ，于是有

$$\Delta Z = \frac{\partial F}{\partial x_1}\Delta x_1 + \frac{\partial F}{\partial x_2}\Delta x_2 + \cdots + \frac{\partial F}{\partial x_n}\Delta x_n \tag{5-16}$$

式中 $\frac{\partial F}{\partial x_i}$ 为函数 F 对各自变量的偏导数。将 $x_i = l_i$ 代入各偏导数中，即为确定的常数，设

$$\left(\frac{\partial F}{\partial x_i}\right)_{x_i = l_i} = f_i$$

则式（5-16）可写成

$$\Delta Z = f_1\Delta x_1 + f_2\Delta x_2 + \cdots + f_n\Delta x_n \tag{5-17}$$

为了求得函数和观测值之间的中误差关系式，设想对各 x_i 进行了 k 次观测，则可写出 k 个类似于式（5-17）的关系式

$$\begin{cases} \Delta Z^{(1)} = f_1\Delta x_1^{(1)} + f_2\Delta x_2^{(1)} + \cdots + f_n\Delta x_n^{(1)} \\ \Delta Z^{(2)} = f_1\Delta x_1^{(2)} + f_2\Delta x_2^{(2)} + \cdots + f_n\Delta x_n^{(2)} \\ \cdots\cdots\cdots\cdots\cdots\cdots \\ \Delta Z^{(k)} = f_1\Delta x_1^{(k)} + f_2\Delta x_2^{(k)} + \cdots + f_n\Delta x_n^{(k)} \end{cases}$$

将以上各式等号两边平方后，再相加，得

$$[\Delta Z^2] = f_1^2[\Delta x_1^2] + f_2^2[\Delta x_2^2] + \cdots + f_n^2[\Delta x_n^2] + \sum_{\substack{i,j=1 \\ i \neq j}}^{n} f_i f_j [\Delta x_i \Delta x_j]$$

上式两端各除以 k，得

$$\frac{[\Delta Z^2]}{k} = f_1^2\frac{[\Delta x_1^2]}{k} + f_2^2\frac{[\Delta x_2^2]}{k} + \cdots + f_n^2\frac{[\Delta x_n^2]}{k} + \sum_{\substack{i,j=1 \\ i \neq j}}^{n} f_i f_j \frac{[\Delta x_i \Delta x_j]}{k} \tag{5-18}$$

设对各 x_i 的观测值 l_i 为彼此独立的观测，则 $\Delta x_i \Delta x_j$ 当 $i \neq j$ 时，亦为偶然误差。根据偶然误差的性质（4），可知式（5-18）的末项当 $k \to \infty$ 时趋近于零，即

$$\lim_{k\to\infty}\frac{[\Delta x_i \Delta x_j]}{k} = 0$$

故式（5-18）可写为

$$\lim_{k\to\infty}\frac{[\Delta Z^2]}{k} = \lim_{k\to\infty}\left(f_1^2\frac{[\Delta x_1^2]}{k} + f_2^2\frac{[\Delta x_2^2]}{k} + \cdots + f_n^2\frac{[\Delta x_n^2]}{k}\right)$$

根据中误差的定义，上式可写成

$$m_z^2 = f_1^2 m_1^2 + f_2^2 m_2^2 + \cdots + f_n^2 m_n^2 \tag{5-19}$$

公式(5-19)就是按观测值中误差计算观测值函数中误差的公式，即为误差传播定律。表5-3列出了按式（5-19）导出的误差传播定律的几个主要关系式。

应用误差传播定律求观测值函数的精度时，可按下述步骤进行：

（1）按问题性质先列出函数式

$$Z = F(x_1, x_2, \cdots, x_n)$$

（2）对函数式进行全微分，得出函数真误差与观测值真误差之间关系式

$$\Delta Z = \left(\frac{\partial F}{\partial x_1}\right)\Delta x_1 + \left(\frac{\partial F}{\partial x_2}\right)\Delta x_2 + \cdots + \left(\frac{\partial F}{\partial x_n}\right)\Delta x_n$$

（3）然后代入误差传播定律公式，计算函数的中误差

$$m_z^2 = \left(\frac{\partial F}{\partial x_1}\right)^2 m_1^2 + \left(\frac{\partial F}{\partial x_2}\right)^2 m_2^2 + \cdots + \left(\frac{\partial F}{\partial x_n}\right)^2 m_n^2$$

应用误差传播定律的公式时，必须注意：各观测值必须是相互独立的变量。如果各变量之间不包含共有的误差，即相互间不存在函数关系，则各变量之间就是相互独立的。当 l_i 为未知量 X_i 的直接观测值时，可认为各 l_i 之间满足相互独立的条件。

表 5-3 误差传播定律主要公式

函数名称	函数式	函数的中误差
一般函数	$Z=F(x_1,x_2,\cdots,x_n)$	$m_z=\pm\sqrt{\left(\frac{\partial F}{\partial x_1}\right)^2 m_1^2+\left(\frac{\partial F}{\partial x_2}\right)^2 m_2^2+\cdots+\left(\frac{\partial F}{\partial x_n}\right)^2 m_n^2}$
和差函数	$Z=x_1\pm x_2\pm\cdots\pm x_n$	$m_z=\pm\sqrt{m_1^2+m_2^2+\cdots+m_n^2}$
倍数函数	$Z=kx$	$m_z=\pm km$
线性函数	$Z=k_1x_1+k_2x_2+\cdots+k_nx_n$	$m_z=\pm\sqrt{k_1^2m_1^2+k_2^2m_2^2+\cdots+k_n^2m_n^2}$

例 4 设有函数关系 $h=D\tan\alpha$，已知 $D=120.25\ \text{m}\pm0.05\ \text{m}$，$\alpha=12°47'\pm0.5'$，求 h 值及其中误差 m_h。

解 $$h=D\tan\alpha=120.25\tan12°47'=27.28(\text{m})$$

又 $$\mathrm{d}h=\tan\alpha\mathrm{d}D+(D\sec^2\alpha)\frac{\mathrm{d}\alpha'}{\rho'}$$

显然 $$f_1=\tan12°47'=0.226\ 9$$
$$f_2=D\sec^2\alpha=120.25\sec^2 12°47'=126.44$$

应用误差传播公式（5-19），有

$$\begin{aligned}m_h^2&=\tan^2\alpha m_D^2+(D\sec^2\alpha)^2\left(\frac{m_\alpha}{\rho'}\right)^2\\&=(0.226\ 9)^2\times(0.05)^2+(126.44)^2\left(\frac{0.5'}{3\ 438'}\right)^2\\&=4.67\times10^{-4}(\text{m}^2)\end{aligned}$$

故 $$m_h=\pm0.02\ \text{m}$$

最后结果写为 $$h=27.28\ \text{m}\pm0.02\text{m}$$

例 5 如图 5-2。设地面上 0、1、2、…、n 各点在同一直线上，并分段测得距离的观测值 s_1，s_2，…，s_n。若各 s_i（$i=1$，2，…，n）的中误差都等于 m，即 $m_1=m_2=\cdots=m_n=m$。试求总距离 S 的中误差 m_S。

解 据题意有 $$S=s_1+s_2+\cdots+s_n$$

按误差传播定律及题设，有

$$m_S=\pm\sqrt{m_1^2+m_2^2+\cdots+m_n^2}=\sqrt{n}\,m$$

图 5-2 例 5 图

讨论 本例采用了“逐段施测，逐点递推”的方法。

很明显，递推的点数越多，递推结果 S 中积累的中误差也就越大；另外，观测误差 m 越大，m_S 也就越大。由此例可以看出，为了保证 S 的精度要求，第一，必须对“递推”的点数加以限制，即控制误差积累；第二，对观测误差 m 的大小加以限制；这两点是进行“控制测量”的必要性的重要理由。

§5-6 算术平均值的中误差

从§5-3中知，观测值的算术平均值为：$x=\frac{L_1+L_2+\cdots+L_n}{n}$。此式还可以写成

$$x=\frac{1}{n}L_1+\frac{1}{n}L_2+\cdots+\frac{1}{n}L_n \tag{5-20}$$

式中：$1/n$ 为常数。

今设各独立观测值的中误差均为 m，算术平均值的中误差为 m_x。根据误差传播定律的公式（5-19），得

$$m_x=\pm\sqrt{\frac{1}{(n)^2}m_1^2+\frac{1}{(n)^2}m_2^2+\cdots+\frac{1}{(n)^2}m_n^2} \tag{5-21}$$

因为是等精度观测，故 $m_1=m_2=\cdots=m_n=m$，于是上式经简化后得

$$m_x=\frac{m}{\sqrt{n}} \tag{5-22}$$

上式中的观测值中误差 m，表示观测列中任一观测值的精度；而算术平均值的中误差则表示由 n 个等精度观测值求出的算术平均值 x 的精度。

由式（5-22）可知：对一未知量由于采取多次（n 次）观测，并取各观测值的平均值作为取后结果，则其中误差比观测值中误差缩小 $\sqrt{n}$ 倍，即提高精度 $\sqrt{n}$ 倍。

设 $m=1$，由式（5-22）可得算术平均值中误差 m_x 与观测次数之间的关系，如表5-4所示。

表5-4 算术平均值中误差 m_x 与观测次数之间的关系

n	1	2	3	4	5	6	8	10	20	50	100
m_x	±1.00	±0.71	±0.58	±0.50	±0.45	±0.41	±0.35	±0.32	±0.22	±0.14	±0.10

表5-4所列数据说明：

（1）当 n 增大，m_x 即随之缩小。就是说，算术平均值的精度随着观测次数的增加而提高。

（2）当观测次数 n 增加到某一定的数目后，再增加观测次数，精度提高得却很少。例如，若观测次数从20增加到100时，精度只提高约一倍。由此可见，采取增加观测次数来提高观测结果精度的办法是有一定限度的。

以§5-4中例3来计算经五次丈量后的算术平均值中误差 m_x，按（5-22）式算得

$$m_x=\frac{m}{\sqrt{n}}=\pm\frac{0.032}{\sqrt{5}}=\pm0.014(\text{m})$$

该距离最后结果的表达应为：$D=542.46\pm0.014$（m）

§5-7 权

对于如何从多次等精度观测值中确定未知量的最可靠值以及评定其精度问题，前面已叙述。但在测量实践中，除了等精度的观测外，还有不等精度的观测。例如对同一距离分组进行丈量，但各组丈量的次数不等。那么，如何来计算该距离的最可靠值及评定它的精度呢？解决这个问题就要用到“权”这个概念。

一、权和带权平均值

所谓“权”，就是不等精度观测值在计算未知量的最可靠值时所占的“比重”或“份额”。

例 6 设对同一距离分两组进行丈量，在各次丈量为等精度观测的情况下，第一组丈量了 3 次，得观测值为 l_1、l_2、l_3，第二组丈量四次，得观测值为 l_4、l_5、l_6、l_7。将两组观测值分别求算术平均值，并以 L_1、L_2 表示。则

$$L_1 = (l_1 + l_2 + l_3)/3$$

$$L_2 = (l_4 + l_5 + l_6 + l_7)/4$$

设每次丈量的观测中误差为 m，则 L_1、L_2 的中误差可按误差传播定律计算，即

$$m_1^2 = m^2/3, \qquad m_2^2 = m^2/4$$

由于 L_1 是 3 个观测值的平均值，L_2 是四个观测值的平均值；$m_1^2 > m_2^2$，所以 L_1 与 L_2 是不等精度观测值，此时如果总平均值按 $(L_1+L_2)/2$ 求得，显然不合理。因为七次观测值都是等精度的，所以观测值的总平均值 x 理应为

$$x = \frac{l_1 + l_2 + l_3 + l_4 + l_5 + l_6 + l_7}{7}$$

而上式对例 6 来说，实际上是如下表达

$$x = \frac{3L_1 + 4L_2}{3 + 4}$$

就是说，因为例中$\frac{m^2}{m_1^2}=3$，$\frac{m^2}{m_2^2}=4$，所以 L_1 在平均值 x 中所占的比重为 3，L_2 在平均值中所占的比重为 4，这个比重就是“权”。由此例可以推广到一般：某量的观测值的中误差愈小，其精度愈高，故此观测值的权也愈大；其中误差愈大，其精度愈低，故其权愈小。因此观测值的权有如下定义：

某观测值 L_i 的权 P_i 与 L_i 的中误差平方 m_i^2 成反比 $(i=1, 2, \cdots, n)$，即

$$P_i = \frac{m_0^2}{m_i^2} \tag{5-23}$$

式中 m_0^2 为选取的大于零的常数。

根据上面例子的讨论和分析，即可对一组不等精度观测值的“总平均值”作如下定义：一组不等精度观测值的最可靠值是各观测值的带权平均值，即

$$x = \frac{P_1L_1 + P_2L_2 + \cdots + P_nL_n}{P_1 + P_2 + \cdots + P_n} = \frac{[PL]}{[P]} \tag{5-24}$$

例 6 中，若设 $m_0^2=m^2$，则 L_1、L_2 的权分别为 $P_1=3$，$P_2=4$；若设 $m_0^2=m_1^2$，则 L_1、L_2 的权变成 $P'_1=1$，$P'_2=4/3$，但权之间的比值不变，即 $P_1/P_2=P'_1/P'_2=3/4$；将两组权分别代入 (5-24) 式中，带权平均值不变。因此，权是表示各观测值之间的精度比值，起作用的不是权的绝对值，而是权之间的比例值。

二、单位权中误差

为了能够算出带权平均值的中误差，先要能够计算出“单位权中误差”。权等于 1 的观测值称为单位权观测值。权等于 1 的中误差称为单位权中误差。在 (5-23) 式中，令 $P_i=1$，则 $m_0=m_i$，故 m_0 就是单位权中误差。用中误差定义式 (5-4) 计算中误差，必要条件是各个观测值的精度必须相等，如果不相等则此式不能应用。为了从一组不等精度观测值计算出单位权中误差，必须利用原观测组“构造”出一组“单位权观测值”来。

设原观测值组及其对应的权、真误差、中误差分别为

$$L_i, P_i, \Delta_i, m_i \qquad (i = 1,2,\cdots,n)$$

设新“构造”的观测值组及其对应的权、真误差、中误差为

$$L_i', P_i', \Delta_i', m_i' \qquad (i = 1,2,\cdots,n)$$

设新“构造”观测值与原观测值有函数关系 $L_i' = \sqrt{P_i} L_i$ (1)

相应地有 $\Delta_i' = \sqrt{P_i} \Delta_i$ (2)

现证明：L_i' 的权等于1，即 $P_i'=1$。

据误差传播定律，由（1）式得 $m_i'^2 = P_i m_i^2$ (3)

据权的定义公式有 $m_0^2 = P_i m_i^2 = P_i' m_i'^2$ (4)

将（3）式代入（4）式，则得 $P_i' = 1$ （证毕）

这就是说，L_i'（$i=1, 2, \cdots, n$）的精度相等且权等于1，即 L'_i 是一组“单位权观测值”。因此，可以应用中误差的定义式（5-4），并顾及（2）式，可推导出单位权中误差公式

$$m_0 = \pm \sqrt{\frac{[\Delta'\Delta']}{n}} = \pm \sqrt{\frac{[P\Delta\Delta]}{n}} \tag{5-25}$$

三、带权平均值的中误差

不同精度观测值的总平均值，应按下式计算

$$x = \frac{P_1 L_1 + P_2 L_2 + \cdots + P_n L_n}{P_1 + P_2 + \cdots + P_n} = \frac{[PL]}{[P]}$$

这里的 x 称为带权平均值，也称加权平均值。

根据误差传播定律，可推导出式（5-24）带权平均值的中误差为

$$m_x^2 = \frac{P_1^2}{[P]^2} m_1^2 + \frac{P_2^2}{[P]^2} m_2^2 + \cdots + \frac{P_n^2}{[P]^2} m_n^2 \tag{5-26}$$

将式（5-23）$P_i = \dfrac{m_0^2}{m_i^2}$（即 $m_i^2 P_i = m_0^2$）代入上式得

$$m_x^2 = m_0^2 \left(\frac{P_1}{[P]^2} + \frac{P_2}{[P]^2} + \cdots + \frac{P_n}{[P]^2} \right) = m_0^2 \frac{1}{[P]}，即为$$

$$m_x = \frac{m_0}{\sqrt{[P]}} \tag{5-27}$$

该式就是求带权平均值中误差的公式。

在计算时，先求单位权中误差 m_0 值，然后代入式（5-27）求得。

当用真误差计算时，其公式为

$$m_0 = \pm \sqrt{\frac{[P\Delta\Delta]}{n}}$$

$$m_x = \pm \sqrt{\frac{[P\Delta\Delta]}{n[P]}} \tag{5-28}$$

当用观测值改正数计算时，其公式为

$$m_0 = \pm \sqrt{\frac{[Pvv]}{n-1}} \tag{5-29}$$

$$m_x = \pm \sqrt{\frac{[Pvv]}{(n-1)[P]}} \tag{5-30}$$

举例：用表 5-5 的数据，试求以两个测回为单位权的中误差 m_0 以及该角值的带权平均值中误差。

已算得加权平均值 $x=40°20'15.7''$，依此可按 $v_i=x-l_i$ 计算各改正数 v、Pv 和 Pvv，见表 5-5。

表 5-5　单位权中误差、带权平均值中误差计算

组号	测回数 n	观测值 l	权 P	Δl	$P\Delta l$	权 P	Δl	$P\Delta l$	v	Pv	Pvv
1	2	44°20′13″	2	3″	6″	1	3″	3″	+2.7	+2.7	7.29
2	4	40°20′15″	4	5″	20″	2	5″	10″	+0.7	+1.4	0.98
3	6	40°20′17″	6	7″	42″	3	7″	21″	−1.3	−3.9	5.07
		$l_0=40°20'10''$	12		68″	6		34″		+0.2	13.34
备　注	加权平均值 x：$x=l_0+\frac{[P\Delta l]}{[P]}=40°20'15.7''$ 单位权中误差 m_0：$m_0=\pm\sqrt{\frac{[Pvv]}{n-1}}=\pm\sqrt{\frac{13.34}{3-1}}=\pm 2.6''$ 加权平均值中误差 m_x：$m_x=\pm\frac{m_0}{\sqrt{[P]}}=\frac{2.6}{\sqrt{6}}=\pm 1.1''$										

求得 $[Pvv]=13.34$，代入（5-29）式计算单位权中误差

$$m_0=\pm\sqrt{\frac{[Pvv]}{n-1}}=\pm\sqrt{\frac{13.34}{3-1}}=\pm 2.6''$$

知道了单位权中误差，便可按（5-30）式计算加权平均值中误差

$$m_x=\pm\frac{m_0}{\sqrt{[P]}}=\pm\frac{2.6''}{\sqrt{6}}=\pm 1.1''$$

最后结果为

$$x=40°20'15.7''\pm 1.1''$$

复　习　题

1. 什么叫偶然误差？什么叫系统误差？试各举两个例子。

2. 某直线共丈量六次，其值为：120.38 m、120.40 m、120.37 m、120.39 m、120.35 m 和 120.36 m。试求其算术平均值、算术平均值的中误差和相对误差。

3. 设在一三角形中观测了其中两个角，其中误差均为 20″，求三角形中第三角的中误差为多少？

4. 在图上量得一圆的半径为 25.4 mm，已知其量测结果的中误差为 ±0.2 mm，试计算该圆圆周长的中误差。

5. 在进行三次距离丈量后，算出 l_1 的中误差 $m_1=\pm 3$ mm，l_2 的中误差 $m_2=\pm 4$ mm；l_3 的中误差 $m_3=\pm 5$ mm，试求各观测值的权。

6. 有一三角形（如图 5-2），其中 α 角观测 4 个测回，平均值中误差 $m_\alpha=\pm 6.5''$，β 角用同样仪器观测 8 个测回，试计算：

（1）β 角 8 个测回的平均值中误差 m_β；

（2）由 α 和 β 的平均值计算第三角 γ 的中误差 m_γ；

（3）设 α 的权为单位权，求 β 和 γ 的权。

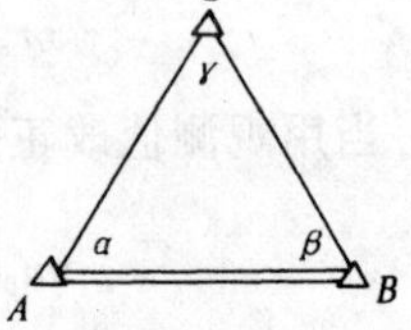

图 5-2

第六章　控制测量

§6－1　控制测量概述

测量成果的质量高低，其核心指标是精度。保证地面点的测定精度可选用的措施有：提高观测元素（角度、距离、高差等）的观测精度；限制“逐点递推”的点数，从而对误差的逐点积累加以控制（可参见§5－5中的例题）；采取“多余观测”，构成检核条件，由此可提高观测结果的精度，并能发现粗差是否存在。

精度要求越高，经济成本就越高，作业时间也就越长。以最高的精度测定所有的地面点的位置，这不符合经济原则和效率原则，也不符合社会的实际需要。为了使精度水平、经济成本、作业时间、社会需要达到统一，必须对点的测定精度进行分级，开展分级施测、逐级控制。因此测绘工作遵守如下原则：在精度上“由高级到低级”，逐级控制；在测点的布局上，“由整体到局部”；在施测程序上，“先控制，后碎部”，即先建立控制网，然后根据控制网进行碎部测量。

控制网是由控制点构成的。控制点的精度比受控点的精度高，并作为推算后者的坐标的起算点，起控制后者的作用。控制网分为平面控制网和高程控制网。测定控制点平面位置（x，y）的工作，称为平面控制测量；测定控制点高程（H）的工作，称为高程控制测量。

在全国范围内建立的控制网，称为国家控制网。它是全国各种比例尺测图的基本控制，并为确定地球的形状和大小提供研究资料。国家控制网是用精密测量仪器和方法依照施测精度按一、二、三、四等四个等级建立的，它的低级点受高级点逐级控制。

如图6－1所示。一等三角锁是国家平面控制网的骨干。二等三角网布设于一等三角锁环内，是国家平面控制网的全面基础。三、四等三角网为二等三角网的进一步加密。建立国家平面控制网，主要采用三角测量的方法。

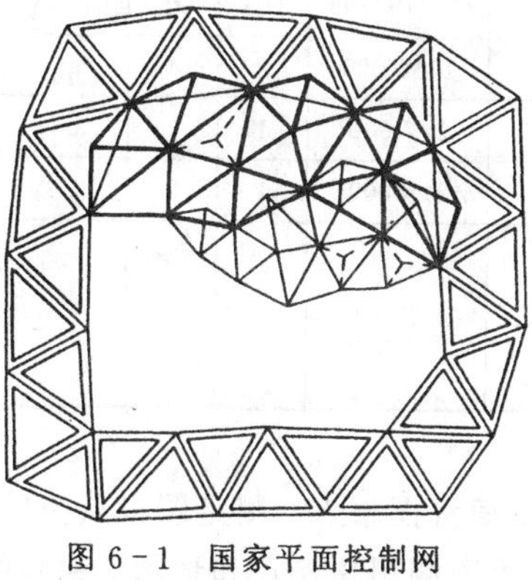

图6－1　国家平面控制网

══一等三角锁；━━二等三角网；
——三等三角网；－－－三、四等插点

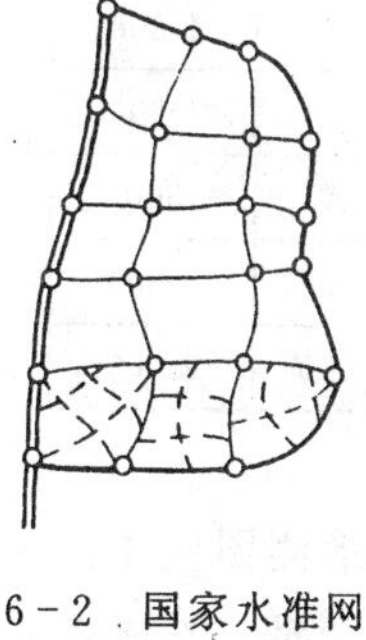

图6－2　国家水准网

══一等水准线路；━━二等水准线路；
——三等水准线路；－－－四等水准线路

图 6－2 是国家水准网布设示意图，一等水准网是国家高程控制网的骨干。二等水准网布设于一等水准环内，是国家高程控制网的全面基础。三、四等水准网为国家高程控制网的进一步加密。建立国家高程控制网，采用精密水准测量的方法。

在城市或厂矿等地区，一般应在上述国家控制点的基础上，根据测区的大小、城市规划和施工测量的要求，布设不同等级的城市平面控制网，以供地形测图和施工放样使用。

按 1985 年《城市测量规范》，城市平面控制网的主要技术要求如表 6－1、表 6－2（a）和表 6－2（b）所示。

表 6－1　城市三角网及图根三角网的主要技术要求

等级	测角中误差（″）	三角形最大闭合差（″）	平均边长（km）	起始边相对中误差	最弱边相对中误差	测回数		
						DJ_1	DJ_2	DJ_6
二等	±1.0	±3.5	9	1∶30 万	1∶12 万	12		
三等	±1.8	±7.0	5	首级 1∶20 万	1∶8 万	6	9	
四等	±2.5	±9.0	2	首级 1∶12 万	1∶4.5 万	4	6	
一级	±5	±15	1	1∶4 万	1∶2 万		2	6
二级	±10	±30	0.5	1∶2 万	1∶1 万		1	2
图根	±20	±60	不大于测图最大视距 1.7 倍	1∶1 万				1

表 6－2（a）　城市导线及图根导线的主要技术要求

等级	测角中误差（″）	方位角闭合差（″）	附合导线长度（km）	平均边长（m）	测距中误差（mm）	全长相对中误差
一级	±5	$\pm 10\sqrt{n}$	3.6	300	±15	1∶14 000
二级	±8	$\pm 16\sqrt{n}$	2.4	200	±15	1∶10 000
三级	±12	$\pm 24\sqrt{n}$	1.5	120	±15	1∶6 000
图根	±30	$\pm 60\sqrt{n}$				1∶2 000

表 6－2（b）　钢尺量距导线的主要技术要求

等级	测图比例尺	附合导线长度（m）	平均边长（m）	往返丈量较差相对误差	测角中误差（″）	导线全长相对闭合差	测回数		方位角闭合差（″）
							DJ_2	DJ_6	
一级		2 500	250	1/20 000	±5	1/10 000	2	4	$\pm 10\sqrt{n}$
二级		1 800	180	1/15 000	±8	1/7 000	1	3	$\pm 16\sqrt{n}$
三级		1 200	120	1/10 000	±12	1/5 000	1	2	$\pm 24\sqrt{n}$
图根	1∶500	500	75						
	1∶1 000	1 000	110	1/3 000	±20	1/2 000		1	$\pm 60\sqrt{n}$
	1∶2 000	2 000	180						

直接供地形测图使用的控制点，称为图根控制点，简称图根点。测定图根点位置的工作，称为图根控制测量。图根点的密度（包括高级点），取决于测图比例尺和地物、地貌的复杂程度。平坦开阔地区图根点的密度可参考表 6－3 的规定；困难地区、山区，表中规定的点数可适当增加。

表 6-3 平坦开阔地区图根点的密度

测图比例尺	1∶500	1∶1 000	1∶2 000	1∶5 000
图根点密度（点/km^2）	150	50	15	5

至于布设哪一级控制作为首级控制，应根据城市或厂矿的规模。中小城市一般以四等网作为首级控制网。面积在 15 km^2 以下的小城镇，可用小三角网或一级导线网作为首级控制。面积在 0.5 km^2 以下的测区，图根控制网可作为首级控制。厂区可布设建筑方格网。

城市或厂矿地区的高程控制分为二、三、四等水准测量和图根水准测量等几个等级，它是城市大比例尺测图及工程测量的高程控制，其主要技术要求如表 6-4 所示。同样，应根据城市或厂矿的规模确定城市首级水准网的等级，然后再根据等级水准点测定图根点的高程。

表 6-4 城市水准测量及图根水准测量主要技术要求

等级	每千米高差中误差（mm）	附合路线长度（km）	水准仪型号	水准尺	观测次数（附合或环行）	往返较差或环线闭合差	
						平地（mm）	山地（mm）
二等	±2		DS_1	因瓦	往返观测	$\pm 4\sqrt{L}$	
三等	±6	45	DS_3	双面		$\pm 12\sqrt{L}$	$\pm 4\sqrt{n}$
四等	±10	15	DS_3	双面	单程测量	$\pm 20\sqrt{L}$	$\pm 6\sqrt{n}$
图根	±20	5	DS_{10}			$\pm 40\sqrt{L}$	$\pm 12\sqrt{n}$

表中：L 为水准路线长度，以公里为单位；n 为测站个数。

水准点间的距离，一般地区为 2～3 km，城市建筑区为 1～2 km，工业区小于 1 km。一个测区至少设立三个水准点。

本章主要讨论小地区（10 km^2 以下）控制网建立的有关问题。下面将分别介绍用导线测量和交会测量建立小地区平面控制网的方法。用三、四等水准测量和三角高程测量建立小地区高程控制网的方法见第四章。

§6-2 导线测量

一、导线测量概述

将测区内相邻控制点连成直线而构成的折线，称为导线。这些控制点，称为导线点。导线测量就是依次测定各导线边的长度和各转折角值，根据起算数据，推算各边的坐标方位角，从而求出各导线点的坐标。

用经纬仪测量转折角，用钢尺测定边长的导线，称为经纬仪导线；若用光电测距仪测定导线边长，则称为电磁波测距导线。

导线测量是建立小地区平面控制网常用的一种方法，特别是地物分布较复杂的建筑区、视线障碍较多的隐蔽区和带状地区，多采用导线测量的方法。根据测区的不同情况和要求，导线可布设成下列三种形式：

1. 闭合导线

起讫于同一已知点的导线，称为闭合导线。如图 6-3，导线从已知高级控制点 B 和已知

方向 BA 出发，经过 1、2、3、4 点，最后仍回到起点 B，形成一闭合多边形。它本身存在着严密的几何条件，具有检核作用，并能提高成果的精度。

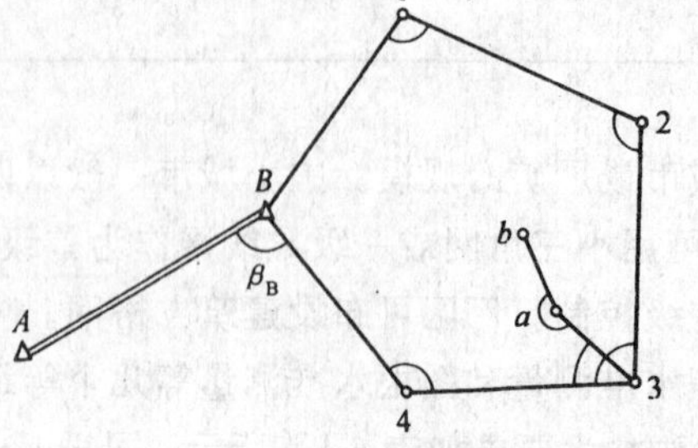

图 6-3　闭合导线

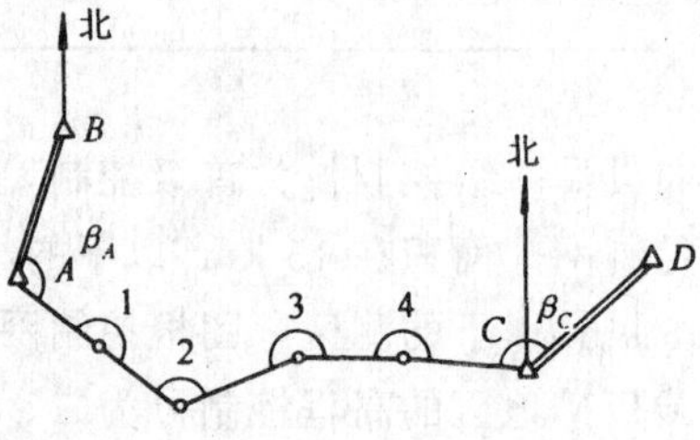

图 6-4　符合导线

2. 附合导线

布设在两已知点间的导线，称为附合导线。如图 6-4，导线从一高级控制点 A 和已知方向 AB 出发，经过 1、2、3、4 点，最后附合到另一已知高级控制点 C 和已知方向 CD。此种布设形式，具有检核观测成果的作用，并能提高成果的精度。

3. 支导线

由一已知点和一已知边的方向出发，既不附合到另一已知点，又不回到原起始点的导线，称为支导线。图 6-3 中的 $3ab$，就是支导线，3 为已知点，a、b 为支导线点。因支导线缺乏检核条件，故其边数一般不超过 4 条。

用导线测量方法建立小地区平面控制网，通常分为一级导线、二级导线、三级导线和图根导线等几个等级。钢尺量距导线的主要技术要求参见表 6-2 (b)，用光电测距仪进行导线测量的光电测距导线，其主要技术要求参见表 6-2 (a)。

二、导线测量的外业工作

导线测量的外业工作包括：踏勘选点及建立标志、量边、测角和连测，兹分述如下。

1. 踏勘选点及建立标志

选点前，应调查搜集测区已有地形图和高一级的控制点的成果资料，把控制点展绘在地形图上，然后在地形图上拟定导线的布设方案，最后到野外去踏勘，实地核对、修改、落实点位和建立标志。如果测区没有地形图资料，则需详细踏勘现场，根据已知控制点的分布、测区地形条件及测图和施工需要等具体情况，合理地选定导线点的位置。

实地选点时，应注意下列几点：

(1) 相邻点间通视良好，地势较平坦，便于测角和量距。

(2) 点位应选在土质坚实处，便于保存标志和安置仪器。

(3) 视野开阔，便于施测碎部。

(4) 导线各边的长度应大致相等，除特殊情形外，应不大于 350 m，也不宜小于 50 m，平均边长如表 6-2 (a) 和表 6-2 (b) 所示。

(5) 导线点应有足够的密度，分布较均匀，便于控制整个测区。

导线点选定后，要在每一点位上打一大木桩，其周围浇灌一圈混凝土（图 6-5），桩顶钉一小钉，作为临时性标志，若导线点需要保存的时间较长，就要埋设混凝土桩（图 6-6）或石桩，桩顶刻“十”字，作为永久性标志。导线点应统一编号。为了便于寻找，应量出导线点与附近固定而明显的地物点的距离，绘一草图，注明尺寸，称为点之记，如图6-7。

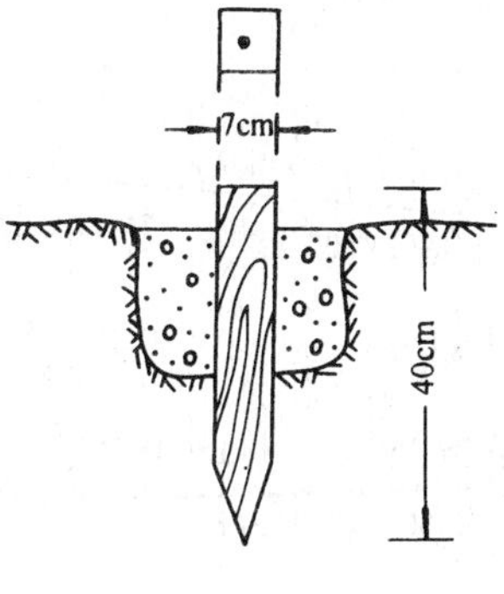

图6-5 埋桩图

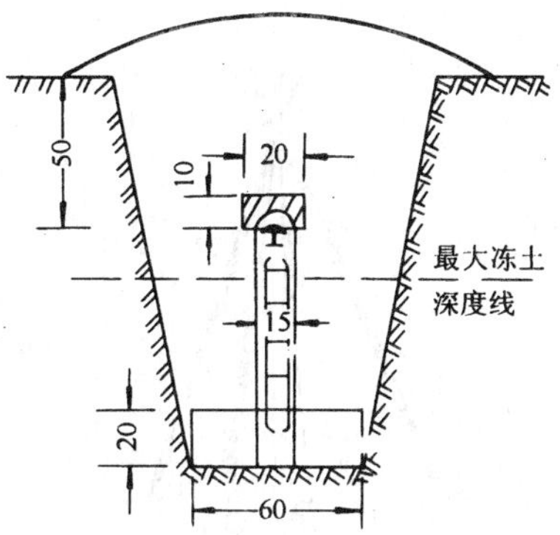

图6-6 标石图

（单位：cm）

2. 量边

导线边长可用光电测距仪测定，测量时要同时观测竖直角，供倾斜改正之用。若用钢尺丈量，钢尺必须经过检定。对于一、二、三级导线，应按钢尺量距的精密方法进行丈量。对于图根导线，用一般方法往返丈量或同一方向丈量两次；当尺长改正数大于1/10 000时，应加尺长改正；量距时平均尺温与检定时温度相差±10℃时，应进行温度改正；尺面倾斜大于1.5%时，应进行倾斜改正；取其往返丈量的平均值作为成果，并要求其相对误差不大于1/3 000。

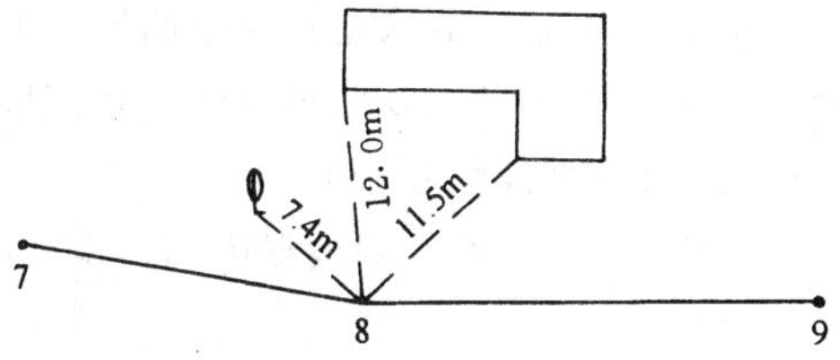

图6-7 点之记

3. 测角

用测回法施测导线左角（位于导线前进方向左侧的角）或右角（位于导线前进方向右侧的角）。一般在附合导线中，测量导线左角，在闭合导线中均测内角。若闭合导线按反时针方向编号，则其左角就是内角。不同等级的导线的测角技术要求已列入表6-2（a）及表6-2（b），图根导线一般用DJ_6级光学经纬仪测一个测回。若盘左、盘右测得角值的较差不超过40″，则取其平均值。

测角时，为了便于瞄准，可在已埋设的标志上用三根竹竿吊一个大垂球（图6-8），或用测钎、觇牌作为照准标志。

4. 连测

为了使导线与高级控制点连接，在图6-3中，必须观测连接角β_B，在图6-4中，必须观测连接角β_A、β_C，作为传递坐标方位角之用。如果附近无高级控制点，则应用罗盘仪施测导线起始边的磁方位角，并假定起始点的坐标作为起算数据。

参照第二、三章角度和距离测量的记录格式，做好导线测量的外业记录，并要妥善保存。

三、导线测量的内业计算

导线测量内业计算的目的就是计算各导线点的坐标。

计算之前，应全面检查导线测量外业记录，数据是否齐全，有无记错、算错，成果是否符合精度要求，起算数据是否准确。然后绘制导线略图，把各项数据注于图上相应位置，如图 6-9 所示。

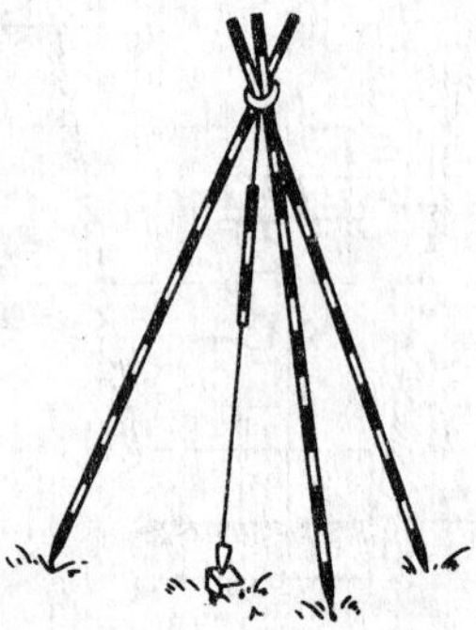

图 6-8　垂球用于瞄准

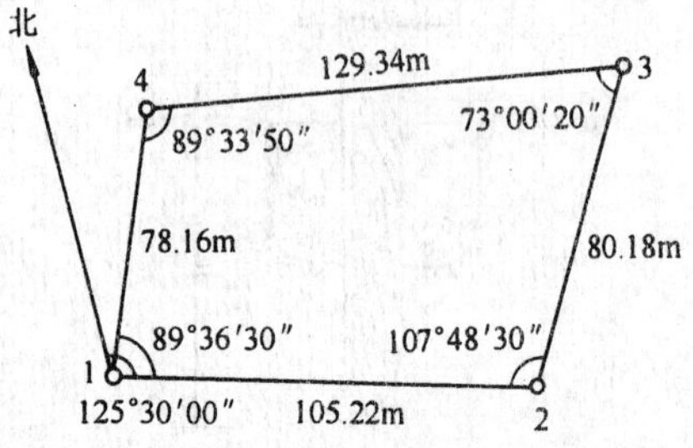

图 6-9　导线观测数据略图

（一）内业计算中数字取位的要求

内业计算中数字的取位，对于四等以下的小三角及导线，角值取至秒，边长及坐标取至毫米。对于图根三角锁及图根导线，角值取至秒，边长和坐标取至厘米。

（二）闭合导线坐标计算

现以图 6-9 中的实测数据为例，说明闭合导线坐标计算的步骤。

1. 准备工作

将校核过的外业观测数据及起算数据填入"闭合导线坐标计算表"（表 6-5）中，起算数据用双线标明。

2. 角度闭合差的计算与调整

n 边形闭合导线内角和的理论值为

$$\sum\beta_{理} = (n-2)\cdot 180° \tag{6-1}$$

由于观测角不可避免地含有误差，致使实测的内角之和 $\sum\beta_{测}$ 不等于理论值，而产生角度闭合差 f_β，为

$$f_\beta = \sum\beta_{测} - \sum\beta_{理} \tag{6-2}$$

各级导线角度闭合差的容许值 $f_{\beta容}$，见表 6-2（a）及表 6-2（b）。f_β 超过 $f_{\beta容}$，则说明所测角度不符合要求，应重新检测角度。若 f_β 不超过 $f_{\beta容}$，即将闭合差反符号平均分配到各观测角中。

改正后之内角和应为 $(n-2)\cdot 180°$，本例应为 360°，以作计算校核。

3. 用改正后的导线左角或右角推算各边的坐标方位角

根据起始边的已知坐标方位角及改正角按下列公式推算其他各导线边的坐标方位角。

$$\alpha_{前} = \alpha_{后} + 180° + \beta_{左}（适用于测左角） \tag{6-3}$$

$$\alpha_{前} = \alpha_{后} + 180° - \beta_{右}（适用于测右角） \tag{6-4}$$

本例观测左角，按式（6-3）推算出导线各边的坐标方位角，列入表 6-5 的第 5 栏。在推算过程中必须注意：

（1）如果算出的 $\alpha_{前} > 360°$，则应减去 360°。

（2）用式（6-4）计算时，如果 $(\alpha_{后} + 180°) < \beta_{右}$，则应加 360°再减 $\beta_{右}$。

表 6-5　闭合导线坐标计算表

点号	观测角(左角)(° ′ ″)	改正数 ″	改正角 (° ′ ″)	坐标方位角 α (° ′ ″)	距离 D (m)	增量计算值 Δx(m)	增量计算值 Δy(m)	改正后增量 Δx(m)	改正后增量 Δy(m)	坐标值 x(m)	坐标值 y(m)	点号
1	2	3	4(=2+3)	5	6	7	8	9	10	11	12	13
1										500 00	500.00	1
				125 30 00	105.22	−2 −61.10	+2 +85.66	−61.12	+85.68			
2	107 48 30	+13	107 48 43							438.88	585.68	2
				53 18 43	80.18	−2 +47.90	+2 +64.30	+47.88	+64.32			
3	73 00 20	+12	73 00 32							486.76	650.00	3
				306 19 15	129.34	−3 +76.61	+2 −104.21	+76.58	−104.19			
4	89 33 50	+12	89 34 02							563.34	545.81	4
				215 53 17	78.16	−2 −63.32	+1 −45.82	−63.34	−45.81			
1	89 36 30	+13	89 36 43							500.00	500.00	1
				125 30 00								
2												
总和	359 59 10	+50	360 00 00		392.90	+0.09	−0.07	0.00	0.00			
辅助计算	$\sum\beta_{测}=359°59'10''$ $-\sum\beta_{理}=360°00'00''$ $f_\beta=-50''$ $f_{\beta容}=\pm60''\sqrt{4}=\pm120''$			$f_x=\sum\Delta x_{测}=+0.09$，$f_y=\sum\Delta y_{测}=-0.07$ 导线全长闭合差 $f_D=\sqrt{f_x^2+f_y^2}=\pm0.11$ m 导线全长相对闭合差 $K=\frac{0.11}{392.90}\approx\frac{1}{3\,500}$ 容许的相对闭合差 $K_{容}=\frac{1}{2\,000}$								

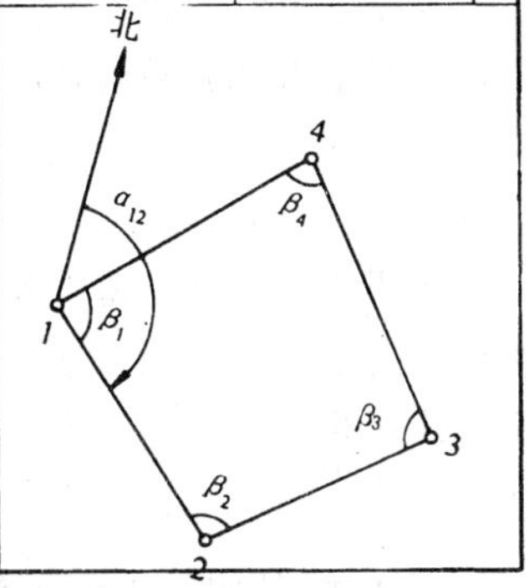

注：本例为图根导线，故边长和坐标取至厘米；$f_{\beta容}=\pm60''\sqrt{n}$；$K_{容}=\frac{1}{2\,000}$。

(3) 推算闭合导线各边坐标方位角时，最后推算出起始边坐标方位角，它应与原有的已知坐标方位角值相等，否则应重新检查计算。

4. 坐标增量的计算及其闭合差的调整

(1) 坐标增量的计算。

如图 6-10，设点 1 的坐标 x_1、y_1 和 1—2 边的坐标方位角 α_{12}均为已知，边长 D_{12}也已测得，则点 2 的坐标为

$$\left.\begin{aligned} x_2 &= x_1 + \Delta x_{12} \\ y_2 &= y_1 + \Delta y_{12} \end{aligned}\right\}$$

式中：Δx_{12}、Δy_{12}称为坐标增量，也就是直线两端点的坐标值之差。

上式说明，欲求待定点的坐标，必须先求出坐标增量。根据图 6-10 中的几何关系，可写出坐标增量的计算公式

$$\left.\begin{aligned} \Delta x_{12} &= D_{12}\cos\alpha_{12} \\ \Delta y_{12} &= D_{12}\sin\alpha_{12} \end{aligned}\right\} \tag{6-5}$$

上式中 Δx 及 Δy 的正负号，由 $\cos\alpha$ 及 $\sin\alpha$ 的正负号决定。

将按式 (6-5) 算得的坐标增量，填入表 6-5 的第 7、8 两栏中。

(2) 坐标增量闭合差的计算与调整。

从图 6-11 可以看出，闭合导线纵、横坐标增量代数和的理论值应为零，即

$$\left.\begin{aligned} \sum\Delta x_{理} &= 0 \\ \sum\Delta y_{理} &= 0 \end{aligned}\right\} \tag{6-6}$$

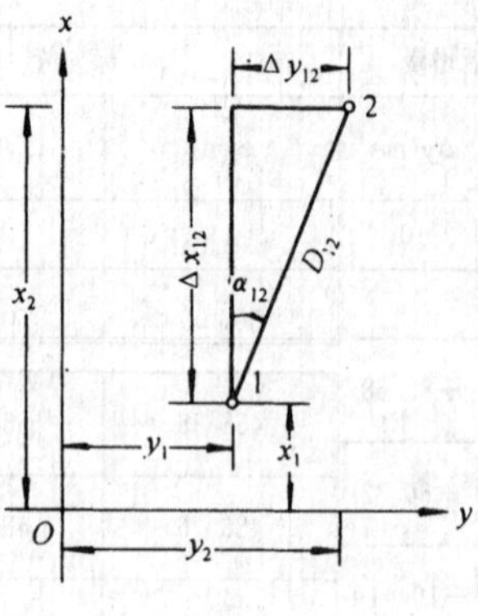

图 6-10 一点的坐标增量

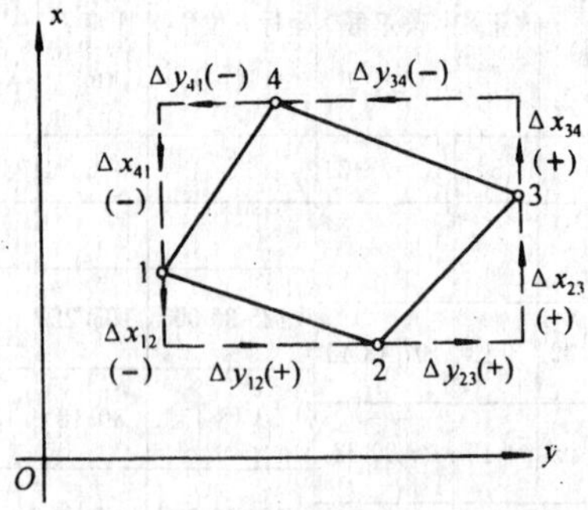

图 6-11 闭合导线坐标增量

实际上由于量边的误差和角度闭合差调整后的残余误差，往往使$\sum\Delta x_{测}$、$\sum\Delta y_{测}$不等于零，而产生纵坐标增量闭合差 f_x 与横坐标增量闭合差 f_y，即

$$\left.\begin{aligned}f_x &= \sum\Delta x_{测}\\ f_y &= \sum\Delta y_{测}\end{aligned}\right\} \tag{6-7}$$

从图 6-12 中明显看出，由于 f_x、f_y 的存在，使导线不能闭合，1—1′之长度 f_D 称为导线全长闭合差，并用下式计算

$$f_D = \sqrt{f_x^2 + f_y^2} \tag{6-8}$$

仅从 f_D 值的大小还不能显示导线测量的精度，应当将 f_D 与导线全长$\sum D$ 相比，以分子为 1 的分数来表示导线全长相对闭合差，即

$$K = \frac{f_D}{\sum D} = \frac{1}{\frac{\sum D}{f_D}} \tag{6-9}$$

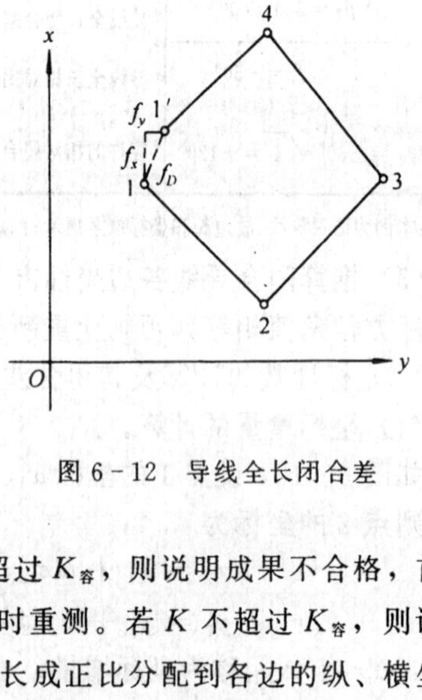

图 6-12 导线全长闭合差

以导线全长相对闭合差 K 来衡量导线测量的精度，K 的分母越大，精度越高。不同等级的导线全长相对闭合差的容许值 $K_{容}$已列入表 6-2 (a) 和表 6-2 (b)。若 K 超过 $K_{容}$，则说明成果不合格，首先应检查内业计算有无错误，然后检查外业观测成果，必要时重测。若 K 不超过 $K_{容}$，则说明符合精度要求，可以进行调整，即将 f_x、f_y 反其符号按边长成正比分配到各边的纵、横坐标增量中去。以 V_{xi}、V_{yi}分别表示第 i 边的纵、横坐标增量改正数，即

$$\left.\begin{aligned}V_{xi} &= -\frac{f_x}{\sum D}\cdot D_i\\ V_{yi} &= -\frac{f_y}{\sum D}\cdot D_i\end{aligned}\right\} \tag{6-10}$$

纵、横坐标增量改正数之和应满足下式

$$\left.\begin{aligned}\sum V_x &= -f_x\\ \sum V_y &= -f_y\end{aligned}\right\} \tag{6-11}$$

算出的各增量的改正数（取位到厘米）填入表 6-5 中的 7、8 两栏增量计算值的上方（如 −2、+2 等）。

各边增量值加改正数，即得各边的改正后增量，填入表 6－5 中的 9、10 两栏。

改正后纵、横坐标增量之代数和应分别为零，以作计算校核。

5. 计算各导线点的坐标

根据起点 1 的已知坐标（本例为假定值：$x_1=500.00$ m，$y_1=500.00$ m）及改正后增量，用下式依次推算 2、3、4 各点的坐标

$$\left.\begin{aligned} x_{前} &= x_{后} + \Delta x_{改} \\ y_{前} &= y_{后} + \Delta y_{改} \end{aligned}\right\} \tag{6-12}$$

算得的坐标值填入表 6－5 中的 11、12 两栏。最后还应推算起点 1 的坐标，其值应与原有的数值相等，以作校核。

这里顺便指出，上面所介绍的根据已知点的坐标、已知边长和已知坐标方位角计算待定点坐标的方法，称为坐标正算。如果已知两点的平面直角坐标，反算其坐标方位角和边长，则称为坐标反算。例如，已知 1、2 两点的坐标 x_1、y_1 和 x_2、y_2，用下式计算 1—2 边的坐标方位角 α_{12}和边长 D_{12}

$$\left.\begin{aligned} \alpha_{12} &= \tan^{-1}\frac{y_2-y_1}{x_2-x_1} = \tan^{-1}\frac{\Delta y_{12}}{\Delta x_{12}} \\ D_{12} &= \frac{\Delta y_{12}}{\sin\alpha_{12}} = \frac{\Delta x_{12}}{\cos\alpha_{12}} = \sqrt{\Delta x_{12}^2 + \Delta y_{12}^2} \end{aligned}\right\} \tag{6-13}$$

按式（6－13）计算出来的 α_{12}是有正负号的，根据象限角 R 及 Δx、Δy 的正负号来确定 1—2 边的坐标方位角值，则

$$\alpha_{12} = R，当\ \Delta x > 0, \Delta y > 0\ 时$$

$$\alpha_{12} = 180° - R，当\ \Delta x < 0, \Delta y > 0\ 时$$

$$\alpha_{12} = R + 180°，当\ \Delta x < 0, \Delta y < 0\ 时$$

$$\alpha_{12} = 360° - R，当\ \Delta x > 0, \Delta y < 0\ 时$$

（三）附合导线坐标计算

附合导线的坐标计算步骤与闭合导线相同。仅由于两者形式不同，致使角度闭合差与坐标增量闭合差的计算稍有区别。下面着重介绍其不同点。

1. 角度闭合差的计算

设有附合导线如表 6－6，用式（6－3）根据起始边已知坐标方位角 α_{BA}及观测的左角（包括连接角 β_A 和 β_C）可以算出终边 CD 的坐标方位角 α'_{CD}。

写成一般公式，为

$$\alpha'_{终} = \alpha_{始} + \sum\beta_{测} - n\cdot 180°$$

若观测右角，则按下式计算 $\alpha'_{终}$

$$\alpha'_{终} = \alpha_{始} - \sum\beta_{测} + n\cdot 180°$$

角度闭合差 f_β 用下式计算

$$f_\beta = \alpha'_{终} - \alpha_{终}$$

关于角度闭合差 f_β 的调整，当用左角计算 $\alpha'_{终}$时，改正数与 f_β 反号；当用右角计算 $\alpha'_{终}$时，改正数与 f_β 同号。

2. 坐标增量闭合差的计算

按附合导线的要求，各边坐标增量代数和的理论值应等于终、始两点的已知坐标值之差，即

表 6-6　附合导线坐标计算表

点号	观测角(左角) (° ′ ″)	改正数 (″)	改正角 (° ′ ″)	坐标方位角 α (° ′ ″)	距离 D (m)	增量计算值 Δx(m)	增量计算值 Δy(m)	改正后增量 Δx(m)	改正后增量 Δy(m)	坐标值 x(m)	坐标值 y(m)	点号
1	2	3	4(=2+3)	5	6	7	8	9	10	11	12	13
B												
				237 59 30								
A	99 01 00	+6	99 01 06							2 507.69	1 215.63	A
				157 00 36	225.85	+5 −207.91	−4 +88.21	−207.86	+88.17			
1	167 45 36	+6	167 45 42							2 299.83	1 303.80	1
				144 46 18	139.03	+3 −113.57	−3 +80.20	−113.54	+80.17			
2	123 11 24	+6	123 11 30							2 186.29	1 383.97	2
				87 57 48	172.57	+3 +6.13	−3 +172.46	+6.16	+172.43			
3	189 20 36	+6	189 20 42							2 192.45	1 556.40	3
				97 18 30	100.07	+2 −12.73	−2 +99.26	−12.71	+99.24			
4	179 59 18	+6	179 59 24							2 179.74	1 655.64	4
				97 17 54	102.48	+2 −13.02	−2 +101.65	−13.00	+101.63			
C	129 27 24	+6	129 27 30							2 166.74	1 757.27	C
				46 45 24								
D												
总和	888 45 18	+36	888 45 54		740.00	−341.10	+541.78	−340.95	+541.64			

辅助计算

$$\alpha_{BA} = 237°59'30''$$
$$+)\sum\beta_{测} = 888°45'18''$$
$$= 1126°44'48''$$
$$-)6\times180° = 1080°$$
$$\alpha'_{CD} = 46°44'48''$$
$$-)\alpha_{CD} = 46°45'24''$$
$$f_\beta = -36''$$
$$f_{\beta容} = \pm 60''\sqrt{6} = \pm 147''$$

$$\sum\Delta x_{测} = -341.10 \qquad \sum\Delta y_{测} = +541.78$$
$$-)x_C - x_A = -340.95 \qquad -)y_C - y_A = +541.64$$
$$f_x = -0.15 \qquad f_y = +0.14$$

导线全长闭合差 $f_D = \sqrt{f_x^2 + f_y^2} \approx \pm 0.20$ m

导线全长相对闭合差 $K = \dfrac{0.20}{740.00} = \dfrac{1}{3\ 700}$

导线全长容许相对闭合差 $K_{容} = \dfrac{1}{2\ 000}$

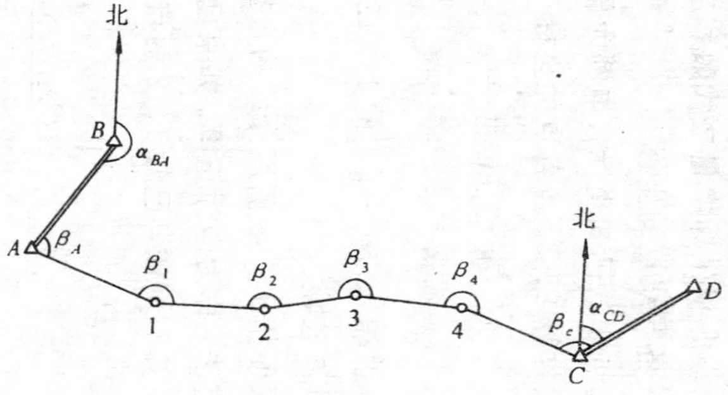

注：本例为图根导线，故边长和坐标取至厘米；$f_{\beta容} = \pm 60''\sqrt{n}$；$K_{容} = \dfrac{1}{2\ 000}$。

$$\left.\begin{aligned}\sum\Delta x_{理} &= x_{终} - x_{始}\\ \sum\Delta y_{理} &= y_{终} - y_{始}\end{aligned}\right\} \tag{6-14}$$

按式（6－5）计算 $\Delta x_{测}$ 和 $\Delta y_{测}$，则纵、横坐标增量闭合差按下式计算

$$\left.\begin{aligned}f_x &= \sum\Delta x_{测} - (x_{终} - x_{始})\\ f_y &= \sum\Delta y_{测} - (y_{终} - y_{始})\end{aligned}\right\} \tag{6-15}$$

附合导线的导线全长闭合差、全长相对闭合差和容许相对闭合差的计算以及增量闭合差的调整，与闭合导线相同。附合导线坐标计算的全过程，见表 6－6 的算例。

四、查找导线测量错误的方法

在外业结束时，发现角度闭合差超限，如果仅仅测错一个角度，则可用下法查找测错的角度。

若为闭合导线，可按边长和角度，用一定的比例尺绘出导线图，如图 6－13，并在闭合差 1—1′的中点作垂线。如果垂线通过或接近通过某导线点（如点 2），则该点发生错误的可能性最大。

若为附合导线，先将两个端点展绘在图上，则分别自导线的两个端点 B、M 按边长和角度绘出两条导线，如图 6－14 所示，在两条导线的交点（如点 3）处发生测角错误的可能性最大。如果误差较小，用图解法难以显示角度测错的点位，则可从导线的两端开始，分别计算各点的坐标，若某点两个坐标值相近，则该点就是测错角度的导线点。

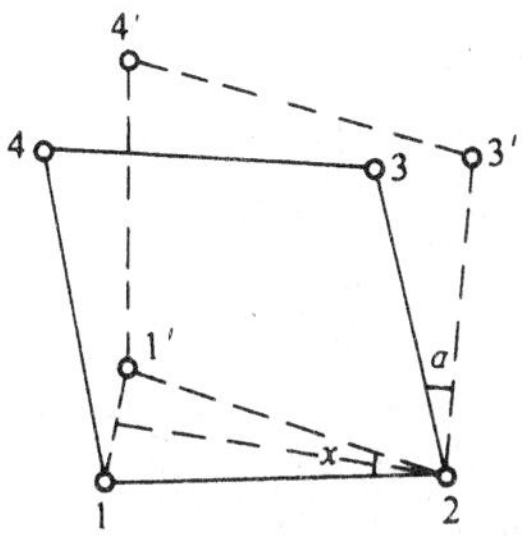

图 6－13　闭合导线查找测错的角度

内业计算过程中，在角度闭合差符合要求的情况下，发现导线相对闭合差大大超限，则可能是边长测错，可先按边长和角度绘出导线图，如图 6－15。然后找出与闭合差 1—1′平行或大致平行的导线边（如 2—3 导线边），则该边发生错误的可能性最大。

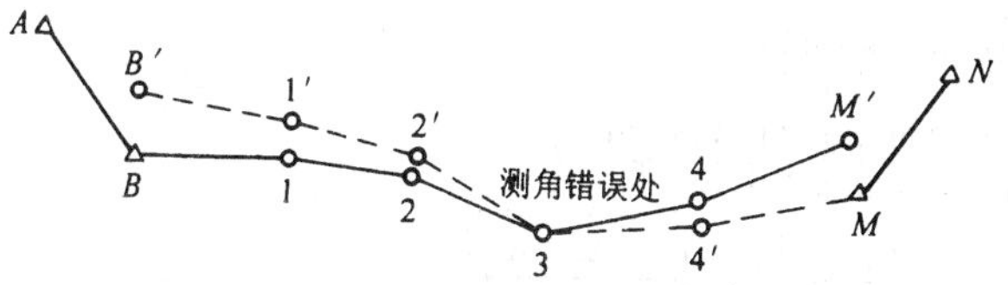

图 6－14　符合导线查找测错的角度

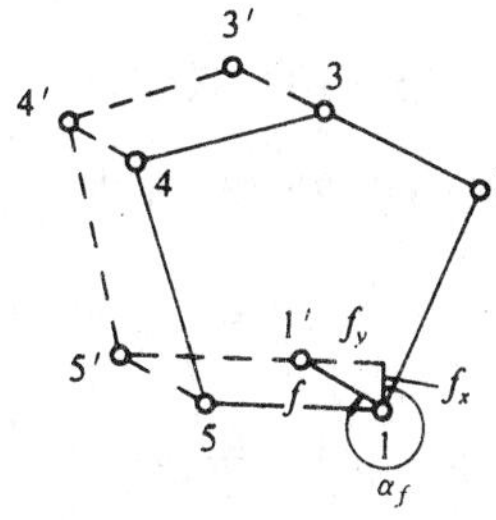

图 6－15　查找测错的边长

也可用下式计算闭合差 1—1′的坐标方位角

$$\alpha_f = \tan^{-1}\frac{f_y}{f_x} \tag{6-16}$$

如果某一导线边的坐标方位角与 α_f 很接近，则该导线边发生错误的可能性最大，如图 6－15 中的 2—3 边。

上述查找测错的边长的方法，也仅仅对只有一条边长测错，其他边、角均未测错时方为有效。

§6-3 交会定点

在原有控制点的数量不能满足施工或测图需要时，可以用交会法来加密控制点，称为交会定点。交会法一般分为前方交会、后方交会和边长交会。

一、前方交会定点

前方交会是用经纬仪在已知点 A、B 上分别向新点 P 观测水平角 α 和 β，从而可以计算 P 点的坐标。但是为了检核，有时对三角形的三个内角都进行观测，或者从三个已知点 A、B、C 上分别向新点 P 进行角度观测（图 6-16），由两个三角形分别解算 P 点的坐标。下面仅以一个三角形为例。

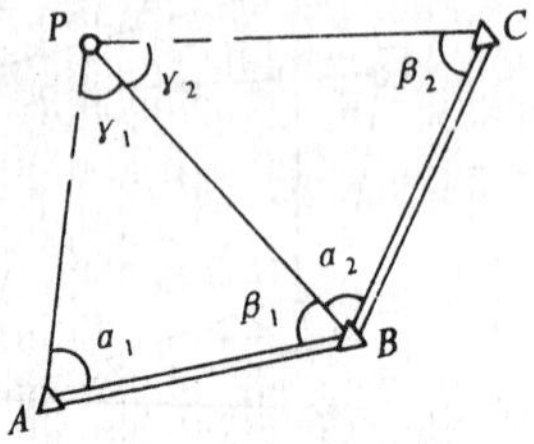

图 6-16　三点前方交会

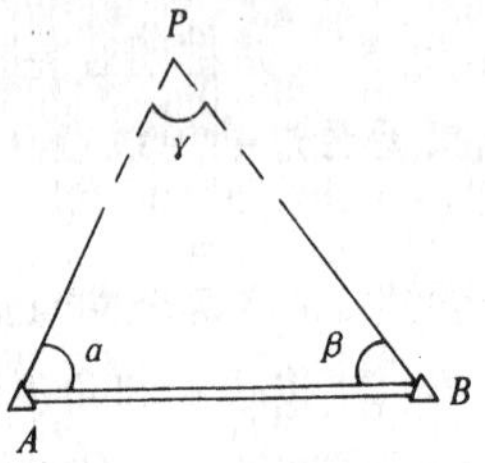

图 6-17　前方交会

图 6-17 中，如果观测了三角形三个内角，则应先将角度闭合差反其符号平均分配到这三个角中。为了使公式具有普遍性，下面假设交会角 γ 没有观测，则从图 6-17 可知

$$D_{AP}=\frac{D_{AB}\sin\beta}{\sin(180^\circ-\alpha-\beta)}=\frac{D_{AB}\sin\beta}{\sin(\alpha+\beta)} \tag{6-17}$$

$$\alpha_{AP}=\alpha_{AB}-\alpha \tag{6-18}$$

和

$$x_P=x_A+D_{AP}\cos\alpha_{AP} \tag{6-19}$$

将（6-17）、（6-18）式代入（6-19）式，即

$$\begin{aligned}x_P&=x_A+\frac{D_{AB}\sin\beta}{\sin(\alpha+\beta)}\cos(\alpha_{AB}-\alpha)\\&=x_A+\frac{D_{AB}\sin\beta(\cos\alpha_{AB}\cos\alpha+\sin\alpha_{AB}\sin\alpha)}{\sin\alpha\cos\beta+\sin\beta\cos\alpha}\\&=x_A+\frac{D_{AB}\cos\alpha_{AB}\sin\beta\cos\alpha+D_{AB}\sin\alpha_{AB}\sin\beta\sin\alpha}{\sin\alpha\cos\beta+\sin\beta\cos\alpha}\end{aligned}$$

上式分子、分母同除以 $\sin\alpha\sin\beta$，并顾及 $D_{AB}\cos\alpha_{AB}=\Delta x_{AB}$ 和 $D_{AB}\sin\alpha_{AB}=\Delta y_{AB}$，则

$$x_P=x_A+\frac{\Delta x_{AB}\cot\alpha+\Delta y_{AB}}{\cot\alpha+\cot\beta}$$

同法可证明

$$y_P=y_A+\frac{\Delta y_{AB}\cot\alpha-\Delta x_{AB}}{\cot\alpha+\cot\beta} \tag{6-20}$$

将 $\Delta x_{AB}=x_B-x_A$，$\Delta y_{AB}=y_B-y_A$ 代入，则

$$\left.\begin{aligned}x_P&=\frac{x_A\cot\beta+x_B\cot\alpha+y_B-y_A}{\cot\alpha+\cot\beta}\\y_P&=\frac{y_A\cot\beta+y_B\cot\alpha-x_B+x_A}{\cot\alpha+\cot\beta}\end{aligned}\right\} \tag{6-21}$$

(6－20) 式或 (6－21) 式用电子计算器来计算是很方便的。在应用这个公式时，要注意 A、B、P 的点号须按逆时针次序排列。

算例 本算例是按公式 (6－21) 计算，全部计算过程列于表 6－7，在表中填写好已知数据及观测值后，按表中所列 (1)，(2)，…，(7) 的顺序进行计算。

表 6－7 前方交会计算

略图与公式	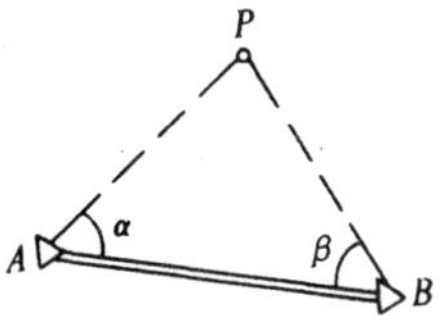				$x_P=\dfrac{x_A\cot\beta+x_B\cot\alpha+y_B-y_A}{\cot\alpha+\cot\beta}$ $y_P=\dfrac{y_A\cot\beta+y_B\cot\alpha-x_B+x_A}{\cot\alpha+\cot\beta}$					
已知数据	x_A	659.232	y_A	355.537	观测值	α	69°11′04″	(1) $\cot\alpha$	0.380 175
	x_B	406.593	y_B	654.051		β	59°42′39″	(2) $\cot\beta$	0.584 099
						(3) $\cot\alpha+\cot\beta$		0.964 274	
(4) $x_A\cot\beta+x_B\cot\alpha+y_B-y_A$				838.147	(6) $y_A\cot\beta+y_B\cot\alpha-x_B+x_A$			708 962	
(5) $x_P=$ (4) / (3)				869.200	(7) $y_P=$ (6) / (3)			735.229	

二、后方交会定点

如图 6－18 所示。A、B、C 是已知点，经纬仪安置在新点 P 上，观测 P 至 A、B、C 各方向之间的夹角 α、β，然后根据已知点坐标，即可解算新点 P 的坐标，这种方法称为后方交会法。后方交会的计算公式很多，这里仅介绍一种计算方法。

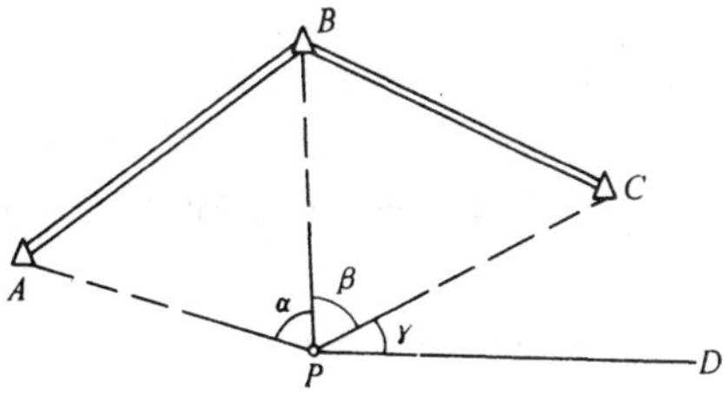

图 6－18 后方交会

(一) 计算公式

1. 引入辅助量 a、b、c、d

$$\left.\begin{aligned}a&=(x_B-x_A)+(y_B-y_A)\cot\alpha\\ b&=(y_B-y_A)-(x_B-x_A)\cot\alpha\\ c&=(x_B-x_C)-(y_B-y_C)\cot\beta\\ d&=(y_B-y_C)+(x_B-x_C)\cot\beta\end{aligned}\right\}\qquad(6-22)$$

令 $$K=\frac{a-c}{b-d}$$

2. 计算坐标增量

$$\left.\begin{aligned}&\Delta x_{BP}=\frac{-a+Kb}{1+K^2}\ \text{或}\ \Delta x_{BP}=\frac{-c+Kd}{1+K^2}\\ &\Delta y_{BP}=-K\cdot\Delta x_{BP}\end{aligned}\right\}\qquad(6-23)$$

3. 计算待定点坐标

$$\left.\begin{aligned}x_P&=x_B+\Delta x_{BP}\\ y_P&=y_B+\Delta y_{BP}\end{aligned}\right\}\qquad(6-24)$$

以上公式证明从略。

（二）交会点 P 的检核

为了检查测量结果的准确性，必须在 P 点上对第四个已知点进行观测，即再观测 γ 角（图 6-18）。

根据 A、B、C 三点算得 P 点坐标，再与已知点 C 和 D 的坐标反算方向角 α_{PC} 和 α_{PD}，则

$$\tan\alpha_{PD} = \frac{y_D - y_P}{x_D - x_P}$$

$$\tan\alpha_{PC} = \frac{y_C - y_P}{x_C - x_P}$$

计算 $$\gamma' = \alpha_{PD} - \alpha_{PC}$$

将 γ' 与观测角 γ 相比较

$$\Delta\gamma = \gamma' - \gamma$$

当交会点是图根等级时，$\Delta\gamma$ 的容许值为 $\pm 40''\sqrt{2} = \pm 56''$。

（三）危险圆问题

如图 6-19 所示。当新点 P 正好落在通过 A、B、C 三点的圆周上，则无解（或无穷多解）。因为 P 点在圆周任何位置上，其 α 和 β 角均不变，此时后方交会点就无法解算。因此，我们把通过已知点 A、B、C 的圆称作危险圆。

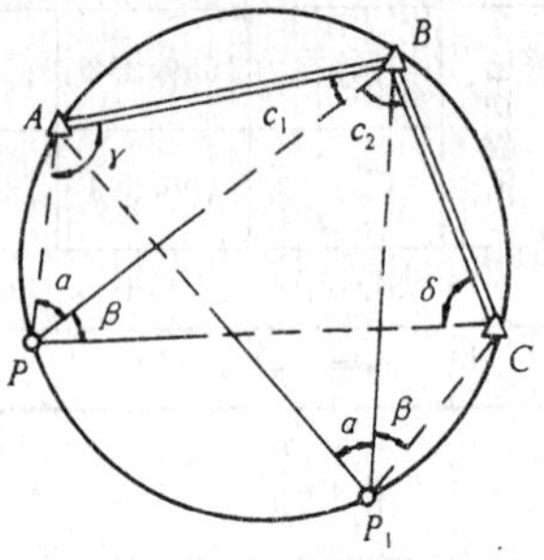

图 6-19　危险圆

当 A、B、C、P 四点共圆时，则

$$\left.\begin{aligned} a &= c \\ b &= d \\ k &= \frac{a-c}{b-d} = \frac{0}{0} \end{aligned}\right\} \qquad (6-25)$$

为不定解。因此，（6-25）式就是 P 点落在危险圆上的判别式。

表 6-8　后方交会计算表

<table>
<tr><td colspan="3" rowspan="5">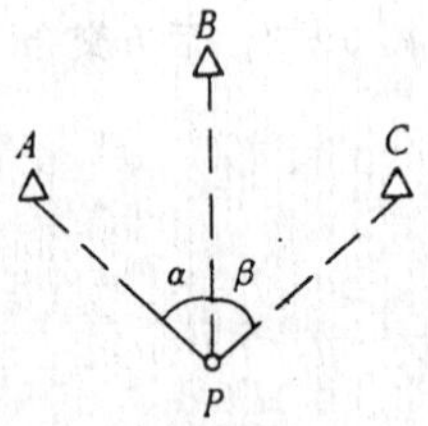</td><td rowspan="3">已知数据</td><td>x_A</td><td>1 406.593</td><td>y_A</td><td>2 654.051</td></tr>
<tr><td>x_B</td><td>1 659.232</td><td>y_B</td><td>2 355.537</td></tr>
<tr><td>x_C</td><td>2 019.396</td><td>y_C</td><td>2 264.071</td></tr>
<tr><td rowspan="2">观测值</td><td>α</td><td>51°06′17″</td><td>$\cot\alpha$</td><td>0.806 762</td></tr>
<tr><td>β</td><td>46°37′26″</td><td>$\cot\beta$</td><td>0.944 864</td></tr>
<tr><td>$x_B - x_A$</td><td>+252.639</td><td>$y_B - y_A$</td><td>−298.145</td><td>$x_B - x_C$</td><td>−360.164</td><td>$y_B - y_C$</td><td>+91.466</td></tr>
<tr><td>a</td><td>+11.809</td><td>b</td><td>−502.334</td><td>c</td><td>−446.587</td><td>d</td><td>−248.840</td></tr>
<tr><td>$K = \frac{a-c}{b-d}$</td><td>−1.808 31</td><td>$Kb - a$</td><td>896.567</td><td>$Kd - c$</td><td>896.567</td><td>Δx</td><td>+209.969</td></tr>
<tr><td>Δy</td><td>+379.690</td><td>x_P</td><td>1 869.201</td><td>y_P</td><td>2 735.227</td><td colspan="2"></td></tr>
<tr><td>公式</td><td colspan="4">$a = (x_B - x_A) + (y_B - y_A)\cot\alpha$,
$b = (y_B - y_A) - (x_B - x_A)\cot\alpha$,
$c = (x_B - x_C) - (y_B - y_C)\cot\beta$,</td><td colspan="3">$d = (y_B - y_C) + (x_B - x_C)\cot\beta$
$\Delta x = \frac{-a + Kb}{1 + K^2}$
$\Delta y = -K \cdot \Delta x$</td></tr>
</table>

三、边长交会定点

随着电磁波测距仪的应用，边长交会法也是一种常用的方法。

例 如图 6-20 中 A、B 是已知点，测量了边长 D_a 和 D_b，求新点 P 的坐标。

利用已知数据可以计算

$$D_0 = \sqrt{(x_B - x_A)^2 + (y_B - y_A)^2}$$

$$\sin\alpha_{AB} = \frac{y_B - y_A}{D_0}$$

$$\cos\alpha_{AB} = \frac{x_B - x_A}{D_0}$$

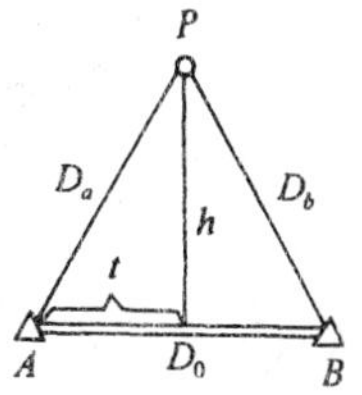

图 6-20 边长交会

根据余弦定律

$$D_b^2 = D_0^2 + D_a^2 - 2D_0D_a\cos A$$

所以

$$\cos A = \frac{1}{2D_0D_a}(D_a^2 + D_0^2 - D_b^2)$$

因为

$$\left.\begin{aligned} t &= D_a\cos A = \frac{1}{2D_0}(D_a^2 + D_0^2 - D_b^2) \\ h &= \sqrt{D_a^2 - t^2} \end{aligned}\right\}$$

所以，P 点的坐标为

$$\left.\begin{aligned} x_P &= x_A + t\cos\alpha_{AB} + h\sin\alpha_{AB} = x_A + (t\cdot\Delta x_{AB} + h\cdot\Delta y_{AB})/D_0 \\ y_P &= y_A + t\sin\alpha_{AB} - h\cos\alpha_{AB} = y_A + (t\cdot\Delta y_{AB} - h\cdot\Delta x_{AB})/D_0 \end{aligned}\right\} \qquad (6-26)$$

为了检查 P 点坐标的正确性，必须再测量到第三个已知点的边长。算例见表 6-9。

表 6-9 边长交会计算表

<table>
<tr><td colspan="4" rowspan="4">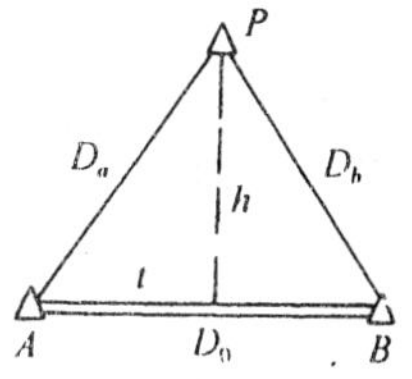</td><td rowspan="2">已知坐标</td><td>x_A</td><td>1 035.147</td><td>y_A</td><td>2 601.295</td></tr>
<tr><td>x_B</td><td>1 501.710</td><td>y_B</td><td>3 270.053</td></tr>
<tr><td rowspan="2">观测值</td><td>D_a</td><td colspan="3">703.760</td></tr>
<tr><td>D_b</td><td colspan="3">670.486</td></tr>
<tr><td>Δx_{AB}</td><td>+466.563</td><td>Δy_{AB}</td><td>+668.758</td><td>D_0</td><td colspan="4">815.425</td></tr>
<tr><td>t</td><td>+435.751</td><td>h</td><td>+552.629</td><td>x_P</td><td colspan="2">1 737.701</td><td>y_P</td><td>2 642.471</td></tr>
<tr><td>公式</td><td colspan="3">$t = \frac{1}{2D_0}(D_a^2 + D_0^2 - D_b^2)$
$h = \sqrt{D_a^2 - t^2}$</td><td colspan="5">$\Delta x = (t\cdot\Delta x_{AB} + h\cdot\Delta y_{AB})/D_0$
$\Delta y = (t\cdot\Delta y_{AB} - h\cdot\Delta x_{AB})/D_0$</td></tr>
</table>

复 习 题

1. 测量控制网有哪几种形式？各在什么情况下采用？

2. 导线的布设形式有几种？选择导线点应注意哪些事项？导线的外业工作包括哪些内容？

3. 闭合导线 $ABCDA$ 的观测数据如图 6-21 所示，其已知数据为：x_A=500.00 m，y_A=1 000.00 m，DA 边的方向角 α_{DA}=133°47′。试用表格计算 B、C、D 三点的坐标。

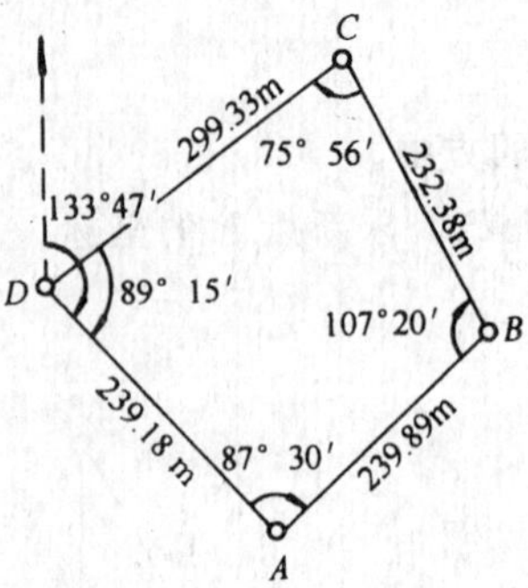

图 6-21

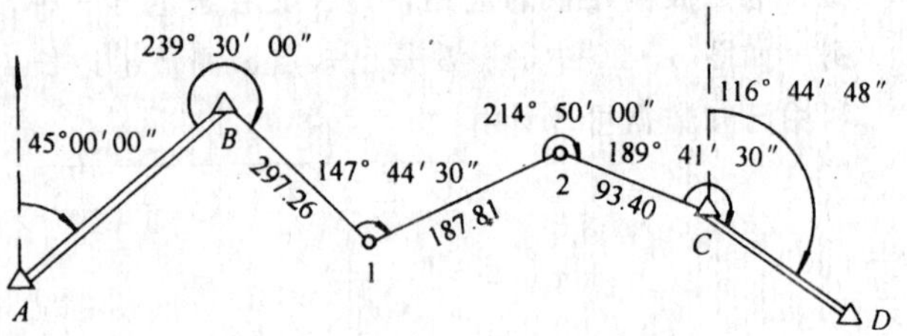

图 6-22

4. 附合导线 $AB12CD$ 的观测数据如图 6-22 所示，试用表格计算 1、2 两点的坐标。已知数据　$x_B=200.00$，$y_B=200.00$；$x_C=155.37$

$y_C=756.06$；$\alpha_{AB}=45°00'00''$，$\alpha_{CD}=116°44'48''$

5. 什么叫前方交会、后方交会和边长交会？在这些交会定点时，采取什么方法来检核外业观测结果和内业计算？

如图 6-23，已知 A、B 两点的坐标为：

$$x_A=500.000\ \text{m},\ x_B=526.825\ \text{m}$$

$$y_A=500.000\ \text{m},\ y_B=433.160\ \text{m}$$

观测值：$\alpha=91°03'24''$，$\beta=50°35'23''$

试用前方交会计算 P 点的坐标。

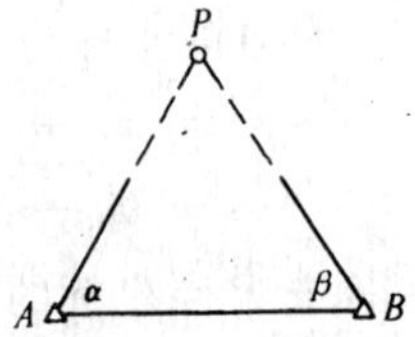

图 6-23

6. 后方交会（图 6-24）的观测成果和已知数据如下，试用表格计算 P 点坐标。已知数据：

$$x_A=1\,001.542\ \text{m},\ x_B=840.134\ \text{m},\ x_C=659.191\ \text{m}$$

$$y_A=1\,620.616\ \text{m},\ y_B=844.422\ \text{m},\ y_C=1\,282.629\ \text{m}$$

观测值：$\alpha=54°16'50''$，$\beta=57°20'40''$。

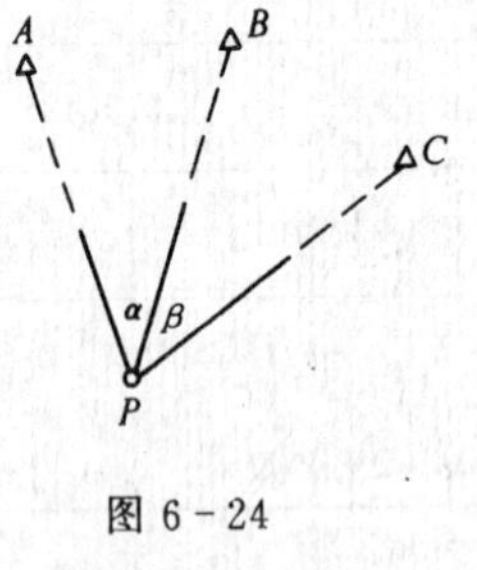

图 6-24

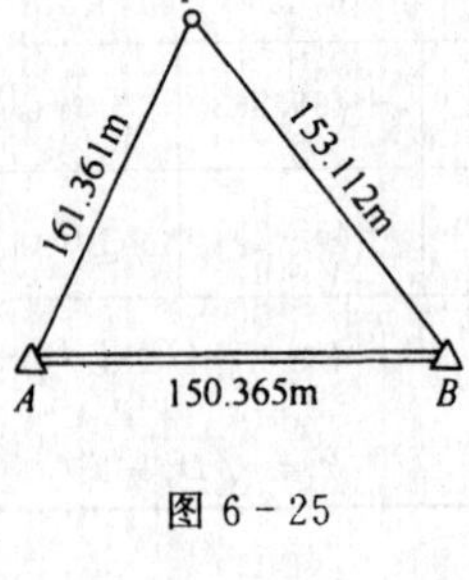

图 6-25

7. 测边交会的观测数据如图 6-25 所示，已知 A、B 两点坐标为：

$$x_A=500.000\ \text{m},\ x_B=615.186\ \text{m}$$

$$y_A=500.000\ \text{m},\ y_B=596.653\ \text{m}$$

试计算 P 点的坐标。

第七章　地形图的测绘

§7-1　地形图的基本知识

地形是地貌和地物的统称。所谓地貌是指地面高低起伏的形态，而地物是指地面上各种各样的天然或人工的固定物体。地形图的测绘就是将地球表面的地形按垂直投影关系，用规定的符号和一定的比例尺，测绘在图纸上；这种既能表示地面点的平面位置又能反映地面起伏状态的图称为地形图，如图 7-1 所示。若仅把地物的位置在图纸上表示出来，所得到的图称为平面图。

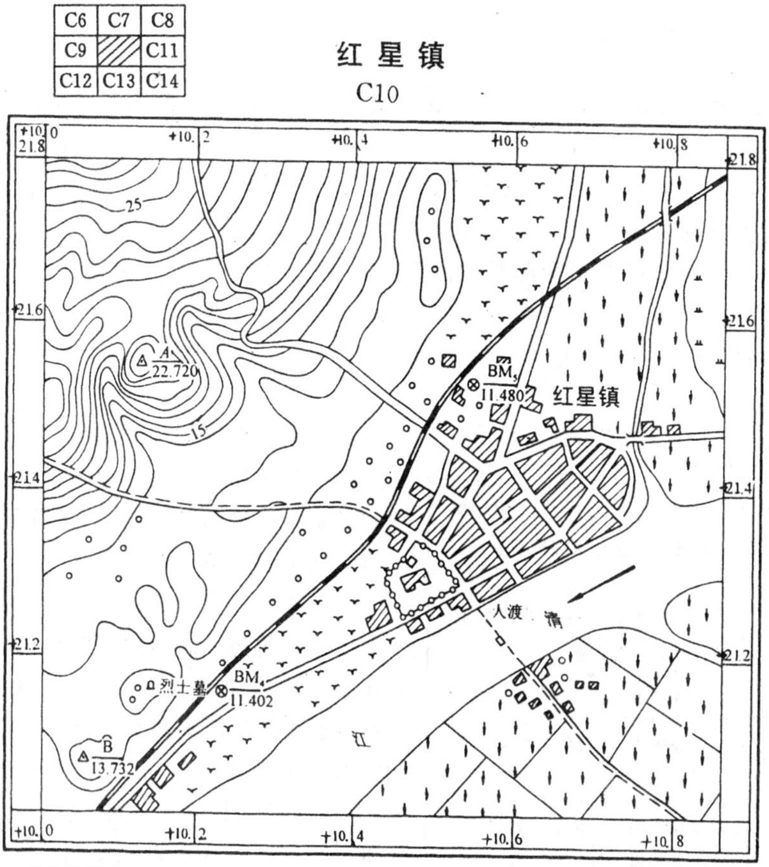

假定坐标系
1954 年黄海高程系统
中国地质大学测绘工程系
1996 年 12 月测绘

1:5 000

测量员：吴明
绘图员：黄虹

图 7-1　地形图

一、垂直投影

在小范围内进行地形图的测绘时，总是将能反映出地物及地貌特征的地形特征点沿着垂直方向投影到一个水平面上，然后按一定的比例尺缩绘到图纸上。这种投影的特点是：小范围内实地所测角度和图上角度一致，使得图上所绘的地物、地貌与其实地相应的地物、地貌在平面上的形状保持相似。如图 7-2 所示。

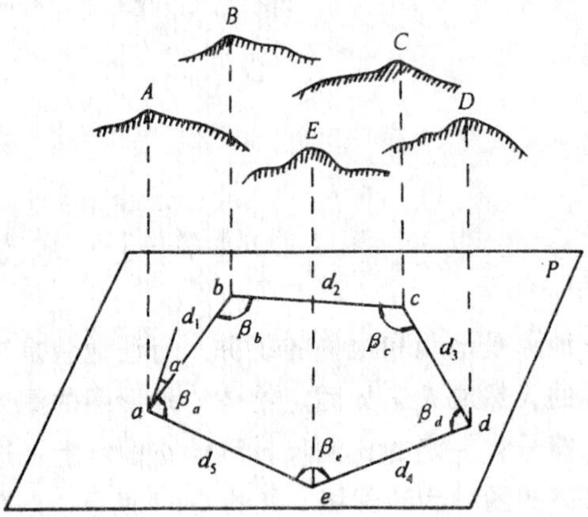

图 7-2　地形图的垂直投影

二、比例尺

1. 比例尺的定义

图上某一线段的长度 d 与地面上相应线段的水平距离 D 之比，常用一个分子为 1，分母为一正整数 M 的分数式来表示，如

$$\frac{d}{D}=\frac{1}{\frac{D}{d}}=\frac{1}{M}$$

分数式的值越大（或分母 M 越小），则比例尺就越大。反之，其比例尺就越小。

2. 地形图比例尺的分类

如表 7-1，通常，大比例尺图是采用平板仪和经纬仪及其他常规测量仪器直接测绘的，中比例尺图一般根据航空摄影测量方法测制，小比例尺图则由大中比例尺图缩编绘制而成。因此地形图的测绘，一般是指大比例尺地形图的测绘。

表 7-1　比例尺的分类

比例尺大小	比例尺范围
大	1∶500，1∶1 000，1∶2 000，1∶5 000
中	1∶1 万，1∶2.5 万，1∶5 万，1∶10 万
小	1∶20 万，1∶50 万，1∶100 万

表 7-2　地形图比例尺的选用

比例尺	用　途
1∶20 万	地质普查、区域水利规划等
1∶10 万	
1∶10 000	城市总体规划、厂矿企业选址、区域位置、方案比较
1∶5 000	
1∶2 000	城市详细规划、工程初步设计
1∶1 000	城市详细规划、工程施工设计、竣工图
1∶500	
1∶200	水坝坝头设计、地下工程建筑设计、文物保护等特种工程
1∶100	

地形图在各种工程的勘测、规划、设计和施工等过程中都要用到。工程中各个阶段选用的地形图比例尺是不一样的，如表 7-2 所示。

3. 比例尺精度

一般认为，正常人的眼睛只能清楚地分辨出大于 0.1 mm 的物体。因此将实地长度按比例尺缩绘到图上时不宜小于 0.1 mm。这种相当于图上 0.1 mm 的实地水平距离称为比例尺精度。它也可以用数学式子来表示，令 Δ 为比例尺精度，则 $\Delta=0.1\ \mathrm{mm}\times M$（$M$ 为比例尺分母），从表 7-3 中可看出，比例尺不同，对应实地的比例尺精度也就不同。

比例尺精度的概念对测图和设计用图具有重要的意义，例如某项设计要求在图上能反映出实地 0.1 m 的距离，则根据比例尺的定义可求出所选地形图的比例尺不能小于 1∶1 000。又如，在进行 1∶5 000 测图时，实地小于 0.5 m 的地物不需要测定，因为小于 0.5 m 的地物在图上是表示不出的。

表 7-3 比例尺精度表

比 例 尺	1∶500	1∶1 000	1∶2 000	1∶5 000	1∶1万	1∶10万	1∶20万	1∶100万
比例尺精度（m）	0.05	0.1	0.2	0.5	1.0	10.0	20.0	100.0

三、地形图的符号

地形图是用不同的符号来表示地面上的地物和地貌的，为了便于不同单位测图、制图和用图，政府委托国家测绘局将这些符号按照不同的比例尺编纂成地形图图式，形成国家标准向全国颁布。

地形图图式中有地物符号、地貌符号及注记符号等三类。

1. 地物符号

地物符号是用来表示地面物体的类别、形状、大小和水平位置的符号，它分为比例符号、非比例符号和半依比例符号。

(1) 比例符号：用规定的符号将某一地物按比例尺缩绘在图上的符号。例如，在 1∶1 000 地形图上按比例缩绘的农田、旱地、房屋等。

(2) 非比例符号：某一地物不能按比例尺缩绘在图上，只能用特定的符号表示。例如，界碑、航标、独立树、测量中的三角点、水准点等地物符号。

(3) 半依比例符号：某一地物的长度能按比例尺缩绘在图上，而宽度不能按比例尺缩绘在图上的符号。通常这些地物为线状地物，如公路、铁路、围墙、电力线、通讯线、管道线等。

2. 注记符号

注记符号是用来对地物符号和地貌符号补充说明的文字和数字以及特殊线段。如路名、厂名、地名、房屋的结构和层数、桥梁长度及载重量、等高线的注记以及用箭头表示河流的水流方向等。

3. 地貌符号

地貌符号是用来表示地面起伏变化的符号。如等高线符号、陡坎符号等。

四、等高线

等高线是用来表示地面起伏变化的最常用的地貌符号。

等高线是指地面上高程相等的相邻各点连成的闭合曲线。如图 7-3 所示。等高线也可理解为平静的水面与地面的交线在水平面上的垂直投影线。例如，平静的湖面、水塘面的水边线就是一条等高线。按照等高线的定义，设想湖中有座小岛，最初的水面高程为 75 m，则水面与小岛的交线为 75 m 的等高线；如果湖水水位以 5 m 的高度上升至岛顶 100 m 的位置为止，则可得到 80、85、90、95、100 m 的等高线。然后，将这些等高线沿垂直方向投影到水平面上，并按规定的比例尺缩小绘在图纸上，就得到与实地形态相似的等高线，并用数字注记每条等高线的高程。若用短线把图纸上相邻等高线相互连接，然后垂直提起，就可得到缩小的小岛立体模型。若每次水位上升的高度减少，则地面与水面的交线——等高线就愈密，反映地面起伏状态就愈详细。

在地形图中把相邻等高线高程之差（水位上升的高度）称为等高线间距（简称等高距），

用 h 表示。湖水水位以 5 m 上升的例中，等高距等于 5 m。同一幅图中等高距是相同的，不同比例尺的地形图，其等高距不一样。把相邻等高线间的水平距离称为平距，用 d 表示，它随地面坡度的变化而改变。坡度 i 与 h、d 之间的关系为

$$i = \frac{h}{d}$$

从上式看出，当 h 一定时，等高线的疏密与坡度成正比，坡度大，等高线就密集，坡度平缓，等高线就稀疏。

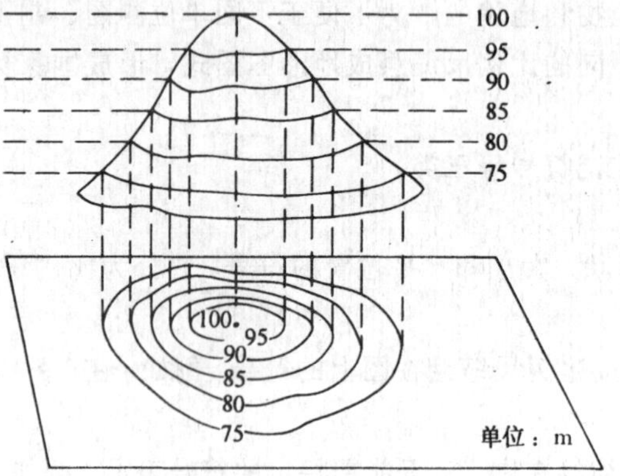

图 7－3　等高线

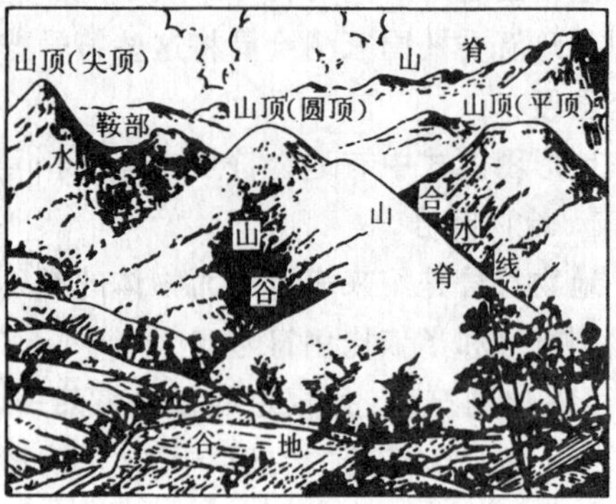

图 7－4　地貌要素名称

（一）典型地貌及其等高线

1. 山峰、山丘和洼地、盆地的等高线

如图 7－4 和图 7－5 所示。山峰、山丘和洼地、盆地的等高线在图上都是一组相似的闭合曲线，但可从注记的高程或画出的示坡线加以区别，示坡线是指垂直于等高线指向坡度降低方向的短线。

2. 山脊与山谷的等高线

线状延伸的高地为山脊，山脊的棱线称为山脊线，即分水线；两山脊之间的凹地为山谷，山谷最低点的连线称山谷线或集水线。在山脊或山谷处，等高线都是向一个方向凸出，但山脊凸向低处，山谷凸向高处。

3. 鞍部

相邻两山间的低凹处，形似马鞍之状。它的左右两侧的等高线是相对称的两组山脊与山谷的等高线。

4. 绝壁或峭壁

近于垂直的山坡为绝壁。在绝壁处，等高线非常密集以至重叠，用绝壁符号来代替等高线。下部凹进的绝壁称悬崖，悬崖的等高线投影到地形图上会出现相交情况。

（二）等高线的特性

由典型地貌的等高线和等高线的定义，可得出等高线有如下特性：

(1) 同一等高线上各点的高程都相同，且每条等高线的高程数值一定是等高距 h 的整倍数。如 $h=2$ m，则在 30.5 m 与 41.2 m 两点之间有高程为 32 m、34 m、36 m、38 m 和 40 m 五条等高线通过。

(2) 等高线应是闭合曲线，若不在本图幅内闭合，就必在邻幅或几个图幅内闭合。只有

图 7-5　典型地貌的等高线

遇到用符号表示的峭壁和陡坎或地物符号时，等高线才能断开。

(3) 除了悬崖或绝壁处，等高线在图上不能相交或重合。

(4) 同一幅图上等高距相同。

(5) 等高线与山脊线、山谷线成正交，即山脊线和山谷线垂直于等高线转折点的切线。

(三) 等高线的分类

为了减少图上注记过多和读图方便，在测图和制图时常将等高线进行分类（如图 7-6 所示)。

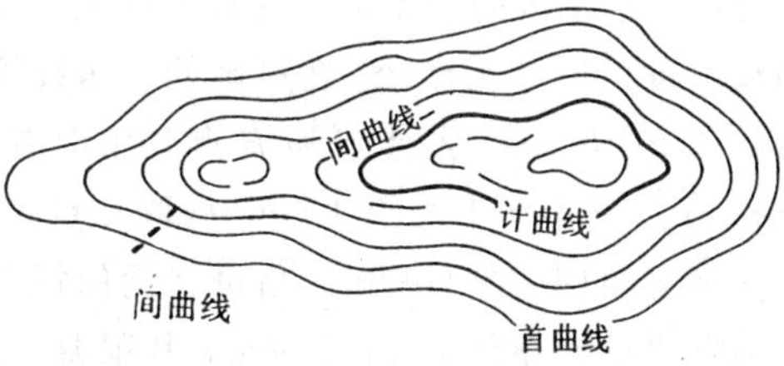

图 7-6　等高线的分类

1. 首曲线（或称基本等高线）

按基本等高距描绘的等高线，首曲线上不注记高程。

2. 计曲线（或称加粗等高线）

每隔四条首曲线加粗的一条等高线，在计曲线上注有高程。

3. 间曲线

个别地方坡度很缓，用基本等高线不足以显示局部地貌特征时，可按 1/2、1/4 基本等高距用虚线加绘的等高线，间曲线可以仅画出局部线段，可不闭合。

五、图外注记

为了使用方便和图纸管理，地形图除了图内注记外，还有图外注记，如图名、图号、地形图接合表、比例尺、坡度尺、三北方向指示线、测绘单位、日期等，见书末附图。

§7－2　地形图的测绘

测绘地形图的方法有传统方法和电子速测仪自动测图系统。传统方法主要有大平板仪测图法、经纬仪测图法；电子速测仪自动测图系统则是将野外数据采集和室内成图一体化。

测图过程遵循先控制后碎部的原则，测图控制测量的方法在小地区的控制测量中已经介绍过了。地形图碎部测量是以测图控制点（图根点）为测站，用经纬仪、大平板仪、电子速测仪等测量仪器，采用某种测量方法，测定碎部点（地物、地貌特征点）的位置，并按规定的比例尺展绘到图纸上，加注地物、地貌符号，最后经过整饰使之成为地形图。

一、测图前的准备工作

1. 图纸的准备

一般选用有毛面的伸缩性非常小的厚度为0.07～0.1 mm的半透明聚酯薄膜，此薄膜坚韧耐湿，沾污后可水洗，便于野外作业，也便于图的装饰，但此薄膜易燃、易折。

2. 绘制坐标方格网

图纸准备好后，可采用如下几种方法之一展绘坐标格网。

(1) 坐标展点仪：直角坐标展点仪是一种专门用于绘制坐标格网和展绘控制点的仪器，但由于价格昂贵仅大的测绘单位才备有。

(2) 方眼尺绘制：此尺又称格网尺，是一种专用于手工操作绘制方格网和展点的钢尺。这种尺小巧精密，便于携带，测量人员多有配备。

(3) 针刺透点法：将已展好格网的图纸覆盖在要绘制坐标的薄膜上，用针对准格网顶点垂直刺下，然后用铅笔和直尺对准顶点连成格网。

还可以直接用已印刷好的带有方格网的规格聚酯薄膜图纸。

当缺少以上工具和条件时，也可以用比较精确的直尺按对角线法绘制（如图7－7所示）。方法为：根据图纸的四个角，用直尺画两条对角线交于O点，以O点为圆心，取略大于图廓对角线长度的一半为半径，在所画的对角线上截取四个分点A、B、C、D，连线得矩形$ABCD$。在AD和BC线上，从A点和B点开始向右每隔10 cm截取一点；再在AB和CD线上，从A点和D点开始向上每隔10 cm截取一点，而后连接相应的截点，即得坐标格网。

坐标方格网的精度要求：所画格网的每个小方格边长为10 cm，其误差不超过±0.2 mm，各个小方格的对角线为14.14 cm，其限差不超过±0.3 mm，对角线上各点应在一条直线上，偏离不大于±0.2 mm。

3. 展绘已知点

方格网绘制完毕后，要根据测图范围给方格网注上坐标值，然后进行控制点的展绘。

在展绘控制点时，首先要确定控制点所在的方格。如图7－8所示，控制点A的坐标为$x=63\ 302.34$ m，$y=15\ 333.33$ m，可知该点在63.2与63.4以及15.2和15.4之间，它与此方格西南角坐标的坐标差$\Delta x=102.34$ m，$\Delta y=133.33$ m，若测图比例尺为1∶2 000，则此控制点的图上展绘坐标差$\Delta x=51.17$ mm，$\Delta y=66.67$ mm。因此只要从纵坐标63.2向上量取51.17 mm得截点1和1′，并以直线连接，从横坐标15.2向右量取66.67 mm得截点2和2′，并以直接连接。则两直线的交点就是所展绘的控制点的图上位置。用同样的方法展绘其他

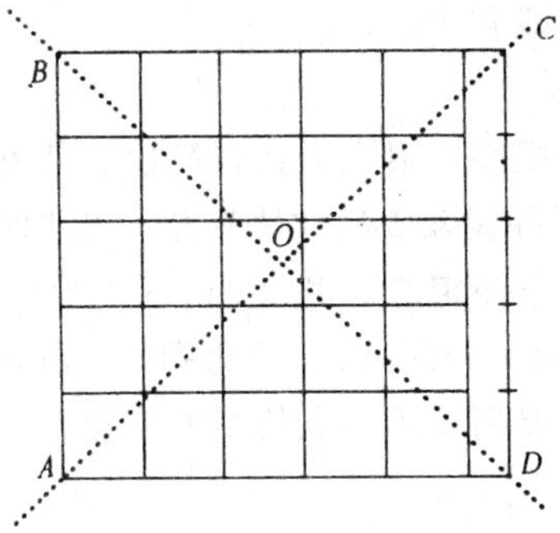

图 7-7　对角线法绘制坐标格网

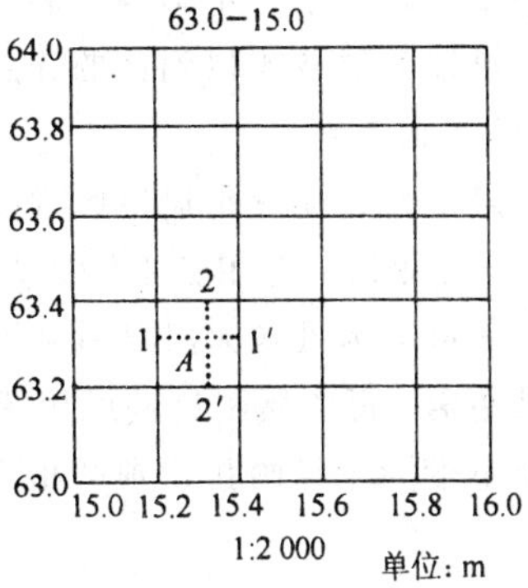

图 7-8　控制点展绘

控制点。展完后，应对图上所展控制点进行检核，要求控制点之间的图上长度与其理论长度之差不应大于 0.2 mm。

二、碎部点的测定方法

有了测站点后，就可把地物、地貌的特征点，如房屋的主要轮廓点、道路转弯点、河流岸线的转折点、地类边线的折角点、独立地物的中心点、山头、鞍部以及山脊和山谷的变换点等测定下来，连成图形或绘以相应符号，即可得到地物、地貌的图上形状或中心位置。下面介绍测定碎部点的主要方法和有关注意事项。

（一）极坐标法

极坐标法是地形测图中测定碎部点的一种主要方法，包括平板仪图解极坐标法和经纬仪极坐标法。平板仪图解极坐标法是在测站点周围选定的碎部点上竖立视距尺，由安置在测站上的平板仪逐个地照准这些视距尺点并在图板上描绘方向线，同时测定视距和垂直角，将改平后的距离按比例尺缩绘于图板上，即得各碎部点在图板上的位置，同时亦可算得其高程。如图 7-9 所示。经纬仪极坐标法又分图解法和解析法。经纬仪图解极坐标法（又称经纬仪测图法）是指用经纬仪直接测定各碎部点相对起始方向（已知边）的角度、视距和垂直角，计算出平距和高程，绘图员根据所测角度、距离，利用半圆仪将碎部点描绘在图板上。经纬仪解析坐标法则将所测得的数据，依据测站坐标计算出碎部点的坐标，采用展点法将碎部点按比例尺绘在图板上。

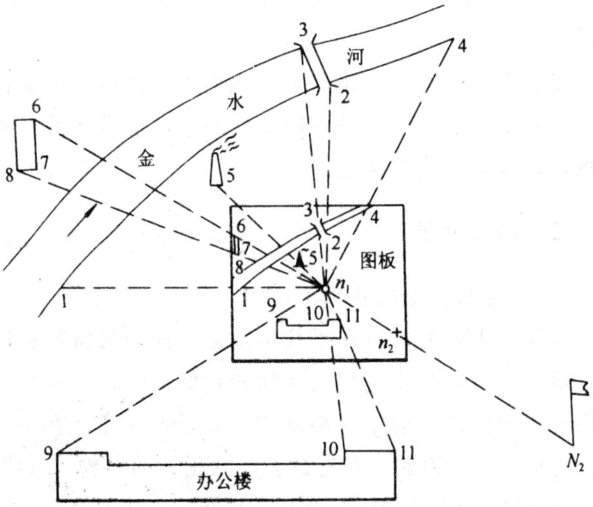

图 7-9　极坐标法

1～11 为所测物地点；n_1、n_2 为控制点

极坐标法适用于通视良好的开阔地区，每一测站所能测绘的范围较大，且各碎部点都是独立测定的，不会产生误差的累积和相互影响，个别

测错的点便于个别改正，不影响全局。但此法由于须逐点竖立标尺，故工作量和劳动强度均较大，对于难以攀登或难以到达的碎部点，应用此法困难较大。

（二）距离交会法

对于隐蔽地区，尤其是居民区内少数房屋的推求，采用距离交会比较简便。其方法如图7-10所示。在测站 I 上用极坐标法直接测定1、2点，并量取 $1A$、$2B$ 距离，按几何作图方法绘出大房轮廓。为推求大房背后看不到的小房，可在已测定的大房角 A、B 处分别向3、4各点丈量其距离。再依测图比例尺用两角规截取图上长度，分别以 A、B 为圆心，相应各点至圆心的图上长度为半径画弧，则两相应弧线的交点，就是所求碎部点的图上位置。

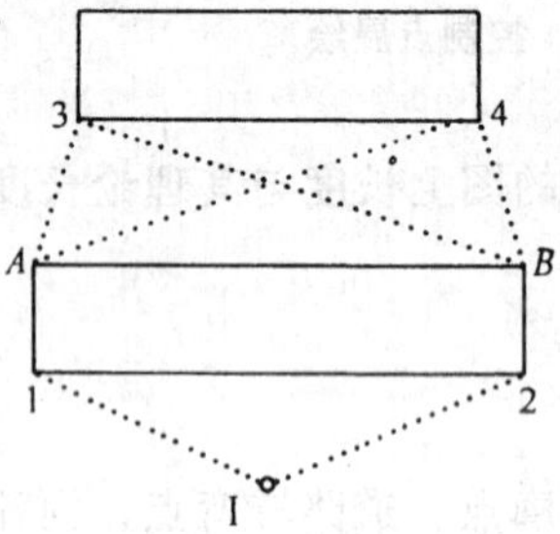

图7-10　距离交会法

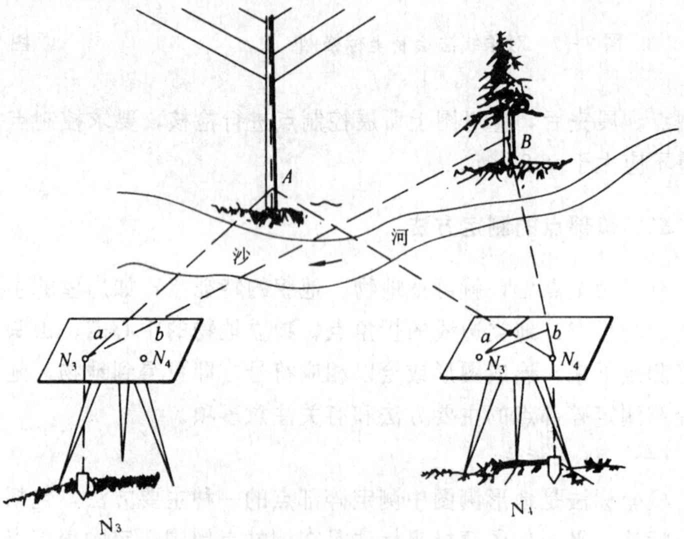

图7-11　方向交会法

（三）方向交会法

这种方法适用于通视良好、特征点目标明显和距离较远的情况。但生产中情况复杂，通常与极坐标法混合运用。如图7-11所示，由已知点 N_3 和 N_4 向电杆和独立树描绘方向线 a 和 b，则相应的两方向线交点就是电杆和独立树在图上的相应位置。应用方向交会时，要注意交会角应在30°～150°范围内，以保证点位的准确性，同时最好还应有第三个方向作检核。一般应做到不断交会，不断地检核和不断地更正，才能发挥其特长。

方向交会法的优点是可以不测距离而求得碎部点的位置，若使用恰当，可以节省立尺点的数量，以提高作业速度。

三、野外测图

（一）地物、地貌特征点

测绘地形图的关键在于找出地貌、地物的特征点进行测绘，否则就会事倍功半。

地物特征点是指能反映地物的轮廓范围、形状大小的点。比如：房屋的形状大小是由四个房角点决定的，通常只测其中三点或两个角点和一个边长即可勾绘出房屋来，如图7-12（a）所示。对于道路、河流这类线状延伸的地物，只要测其拐弯处、交叉处，即可勾绘出来，而无需密集布点。如图7-12（b）所示，只要测定1、2、3、4、5各点，就可将这两条交叉的道路勾绘出来，而6、7、9各点因不具有特征性，测定就显得多余。

地貌特征点是指对地形的高低起伏、转折变化具有特殊性且又有代表性的点。可通过选

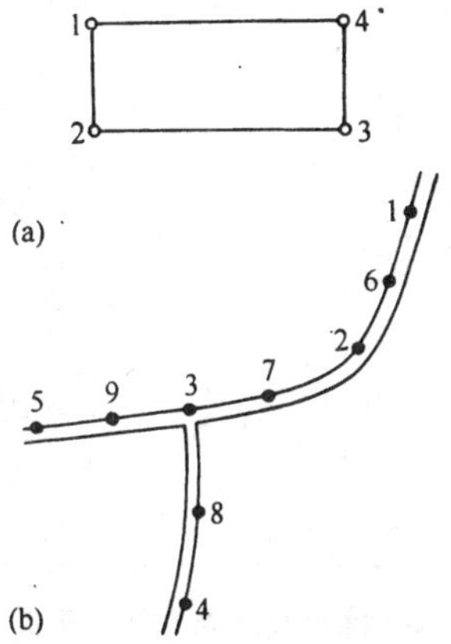

图 7－12

图 7－13

择山顶、山脚、鞍部、山脊线或山谷线上坡度变化处或地形走向转折处等作为特征点。只要测定这些点的平面位置及高程，就可按比例尺把它们展绘到图纸上，最后用内插法描绘出等高线，如图 7－13 所示。

（二）经纬仪测图法的步骤

采用经纬仪测图法在一个测站上的测绘工作包括：选点、观测、记录、计算、绘图等几道工序。

1. 选点

按照前面已介绍的选点方法选择地物、地形特征点。选好点后就竖立视距尺，以待观测。选点者对测站周围的地形地物应有全局观点，事先计划好选点跑点（尺）的路线，在一个点上立尺时，就要想到下一立尺点的位置。跑点的一般原则，在平坦地区，可由近及远，再由远及近，立尺结束时处于测站附近。在地性线明显的地区，可沿山脊线、山谷线等，或大致沿等高线跑点，立尺点要分布均匀，尽量一点多用。碎部点的密度见表 7－4。此外，跑点者要将所选各点的编号、位置、地形、地物的大体情况等画成草图或示意图，以供绘图者参考。草图可以一个测站一张，也可几个测站绘成一张。

2. 观测

表 7－4　碎部点密度

比例尺	地形点最大间距（m）	最大视距（m）	
		地物点	地貌点
1∶500	15	40	70
1∶1 000	30	80	120
1∶2 000	50	150	200

首先把仪器安置在测站点上，对中、整平，量取仪器高 i，调节望远镜，定好零方向，以待选点者立尺后即行观测。现以经纬仪小平板测图法为例说明观测顺序如下：先读上、中、下三丝读数，后读水平角读数、竖直角读数，对于碎部测量，仅以盘左位置测半测回、角度读至分即可。如图 7－14 所示。当操作熟练后可将下或上丝对准视距尺某一整米数或整分米数，直接读出下丝与上丝的尺间隔乘以 100 的视距数，这样可以节省时间，加快测图速度。

为了防止仪器中途碰动和仪器偏心，当观测若干碎部点之后，应转动望远镜，瞄准零方向目标，检查是否仍为 0°00′。若有偏差，不能超过 5′，如果超限，则前面所测各点都得报废，返工重测。若偏差在允许范围内，必须再次对零方向。

3. 记录和计算

到达测站后，在开始观测之前，记录者应首先把测站点的点号名称、高程数据、定向点的点号名称及该测站的仪器高等记录下来。

当观测开始后，记录者必须及时、准确地记下所有观测数据，并立即计算，求得各测点的水平距离及高程。最后将测点的点号、水平角、水平距离、高程等数据报给绘图者，以便及时展点绘图。

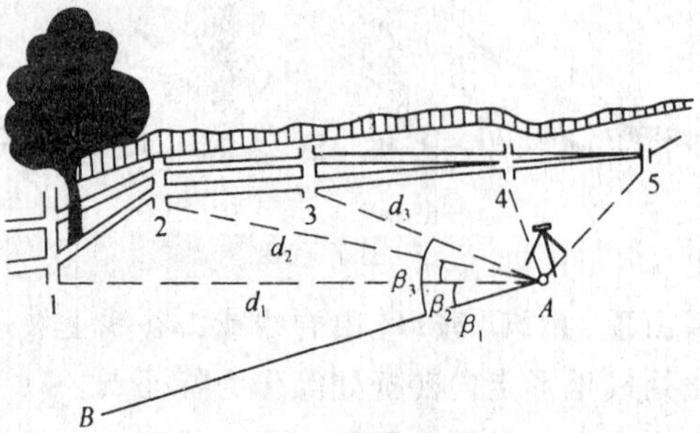

图 7-14

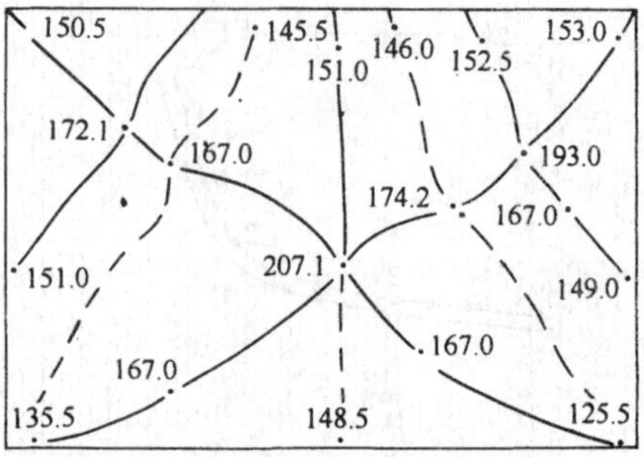

图 7-15 测点和连地性线（单位：m）

4. 绘图

绘图者将图板架在测站点附近，并将图板定向。展点时，首先在图纸上轻轻画出零方向线，然后根据记录者报出的数据，以测站点为圆心，自零方向线起，用半圆仪按顺时针方向量出所测的水平角，在此方向上，按测图比例尺在半圆仪的直尺边上量出所测的水平距离，于是就得该点的平面位置。然后在该点上注以高程数字。

当展绘一定数量的碎部点之后，就应着手勾绘地形图。绘图时必须对照实际地形地物，并参考草图，把同一山脊上或同一山谷上的点，分别以实线和虚线连接起来，构成地性线，如图 7-15 所示。然后在地性线上内插勾绘出等高线。对于地物点，把相邻点连接起来，形成其轮廓形状，如画房屋，把相邻的房角点用直线连接，而道路河流等，则在其转弯处逐点连成圆滑的曲线。

5. 内插法描绘等高线

由于地形特征点是选在地面坡度变化处，因此两相邻地形点之间的坡度是不变的，其高差与平距成正比关系。所以，尽管所测的地形点高程不等于所求等高线的高程，但可通过上述比例关系，求出等高线的通过点。如图 7-16 所示，A、B 为同坡度上的两个地形点，其高程分别为 52.8 m 和 57.4 m，则当等高距 $h=1$ m 时，就有 53、54、55、56 及 57 m 五条等高线通过，依平距与等高线成比例关系，求出它们在地图上的位置 m、n、o、p、q。同样可以求出其他相邻地形点之间的等高线通过点，根据地性线正确描绘出等高线，如图 7-17 所示。

图 7-16 等高线内插原理

（单位：m）

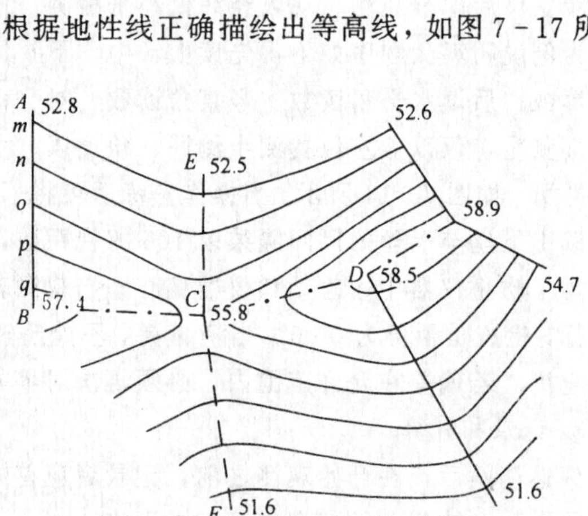

图 7-17 等高线的勾绘

（单位：m）

当测图熟练后，为了提高勾绘等高线的速度，可采用目估法勾绘相邻地形点之间的等高线。

当一个测站上的工作完成后，就可搬站到另一个控制点上进行上述相同的工作，一片一片地进行测绘，最后衔接起来，成为一幅完整的地形图。当个别地方已有的图根点不够用时，可在控制点引出支导线点，以此作为临时测站（或叫支站），其测量方法与测一般碎部点相同，为了进行检查校核，支导线边长和高差应采取往返测。为减少误差累积，一般规定从一个控制点引出的连续的支导线点不得超过两个。

（三）大平板仪测图法的步骤

大平板测图设备由照准仪、测图板、三脚架及其他小配件组成，如图 7－18 所示。

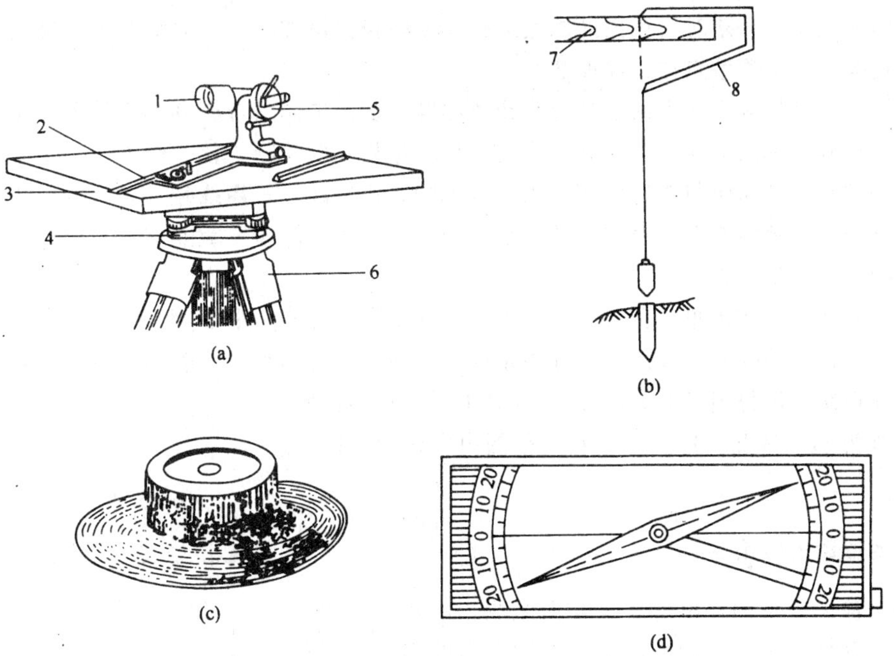

图 7－18　大平板仪

1—望远镜；2—直尺；3—图板；4—基座；5—竖盘；6—三脚架；7—图板；8—对点器

大平板仪是测定碎部点的常规仪器。其测图的步骤如下：

（1）在测站上安置仪器（对中、整平、定向），见图 7－19。量取仪器高。

（2）用照准仪瞄准碎部点上的视距尺，使照准仪的直尺（一般可以滑动）边或平行尺正确地通过测图板上的测站点，读取测站至标尺的视距和垂直角，计算出测站点至标尺点间的水平距离和碎部点的高程。

（3）按测图比例尺在照准仪的直尺上截取水平距离在图上的长度，将碎部点刺于图板上，并在点旁注记高程。若照准仪没有直尺而只有平行尺，则用卡规在复比例尺（或三棱尺）上按测图比例尺截取水平距离在图上的长

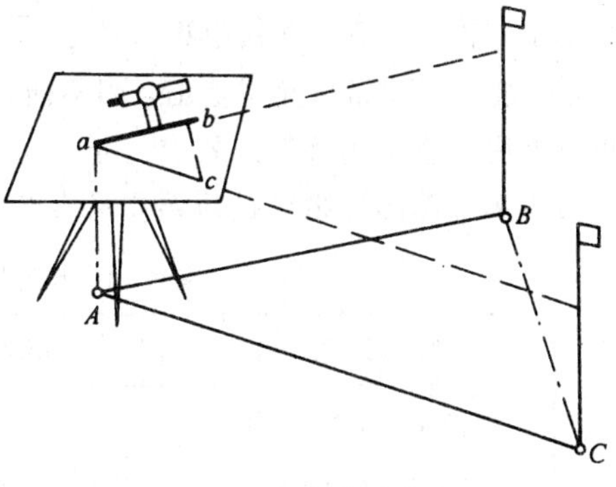

图 7－19　平板仪的安置

度，沿照准仪平行尺边将碎部点刺于图板上。

(4) 重复上述 (2)、(3) 步骤，将测站四周所要测的全部碎部点测完为止。

(5) 与经纬仪测图法一样，根据所测的碎部点，按规定的图式符号，着手描绘地物、地貌。并随时注意和实地对照检查，发现错误立即改正。注意，必须经检查后，才能迁站。

§7-3 地形图拼接

一、地形图的质量检查

地形图测完后，必须对所测图的质量进行全面检查。检查的方法通常有图面检查、巡视法、设站检查法（也称散点法、断面法）。

图面检查就是检查图面上的各种地物线条和等高线的走向是否合理，连线有无矛盾，各种注记是否正确和有无遗漏，若有疑问，则要做出记号，以便野外核查修改。

巡视法就是带着原图与实地对照，以检查地物有无遗漏，等高线是否客观地反映地形特征，注记是否与实地相符等。对室内图面检查中做有记号的问题要重点核查，必要时应架设仪器进行检查，实地纠正。

设站检查法就是按测量规范要求，对每幅图还要设站检查一部分（约 10%），即实地选取一些测站，架设经纬仪对主要的地物地貌重测，并与原图上的地物及等高线相比较。一般规定地物差异在图上不得超过 0.8 mm，等高线差异则根据测图比例尺及地形起伏情况而定，如果在此范围内则认为原图合格通过。

二、地形图的拼接

一个测区的地形图往往有若干幅图组成。由于误差的存在，使得相邻图幅连接处的地物轮廓线和等高线都不会完全吻合，于是就产生了地形图的接边问题。如图 7-20 所示，必须对连接处的地物轮廓线和等高线进行必要的改正，以便连接处完全吻合。

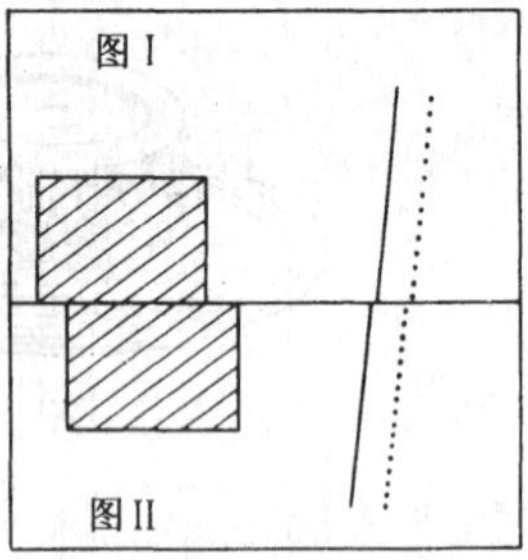

图 7-20 地形图的拼接

为了图幅的拼接，规定每幅图的东、南图边应测出图廓线之外约 1 cm。对于使用半透明性的聚酯薄膜图纸，只需把两张图纸的图幅格网上下重叠，就可检查连接处的偏差情况。若误差小于碎部点平面、高程中误差的 $2\sqrt{2}$ 倍时，平均配赋接边误差，即各改正 1/2 的图上距离。若拼接时误差超出允许范围，则不能在图上进行修改，而必须携带原图到实地进行检查，补测或重测，直至拼接达到要求为止。

大比例尺测图地物点接边误差见表 7-5 所示。等高线接边误差见表 7-6 所示。

表 7-5 大比例尺测图地物点接边误差

地 区 类 别	地物点点位中误差	接边误差 $2\sqrt{2}$ 倍
建筑区、平地、丘陵地	图上 0.5 mm	1.4 mm
山地及旧街坊	图上 0.75 mm	2.1 mm

表 7-6　等高线接边误差

地 形 类 别	平 地	丘 陵	山 地	高山地
高程中误差（等高距）	1/3	1/2	2/3	1
接边误差 $2\sqrt{2}$ 倍	$0.9h$	$1.4h$	$1.8h$	$2.8h$

三、地形图的整饰

所测地形图经检查、拼接合格后，即可进行整饰。按照地形图图式的技术要求，先将地物符号和注记符号描绘清楚。然后，再将等高线加以修饰，使之线画均匀圆滑，且清晰明显，计曲线应按规定加粗描绘。整饰应一片一片地进行，边擦边描，耐心细致。最后再绘制内外图廓线，图幅接合表，并写上图名、图号、比例尺、坐标系统、高程系统、测图单位、日期、测量员、绘图员、审核者等等，并进行着墨，其式样如图 7-21 所示。

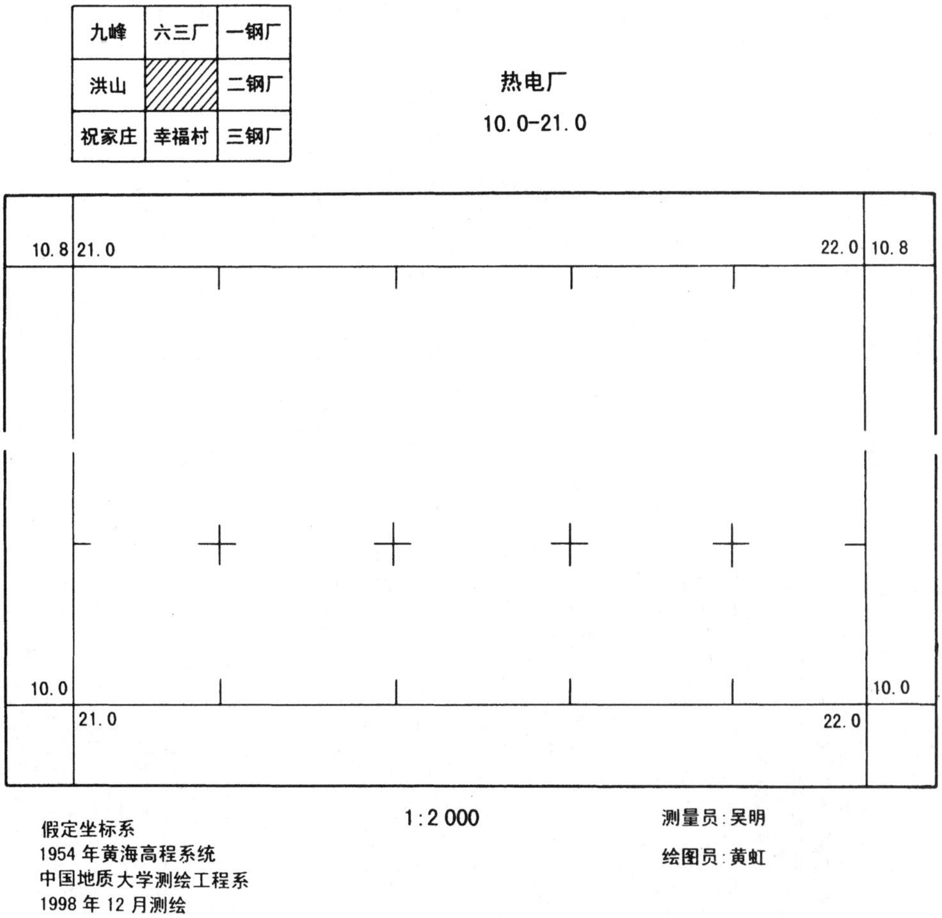

图 7-21　地形图图样

复 习 题

1. 地形图与平面图有何区别？

2. 什么是比例尺精度？它有什么用途？

3. 地形图符号有几类？同一地物在不同比例尺的地形图中，其符号表示是否一样？为什么？

4. 比例符号、非比例符号、半依比例符号各在什么情况下使用？

5. 等高线有哪些特性？等高线穿过道路、房屋或河流等地物时，如何描绘，并绘图说明。

6. 试述一个测站上的测绘工作过程。

7. 测绘地形图的方法有哪些？

第八章　地图投影及地形图的应用

§8-1　高斯投影的概念

一、地图投影

当测区半径 R 小于 10 km 时，可把地球表面当作平面看待，采用垂直投影的方法而获得地形图。若测区范围较大时，就不能再把地球表面当作平面看待了，因为地球表面是一个不可展的曲面，不可能将其直接表示成平面，就像我们将一个橘皮展成平面，必然发生裂隙和褶皱一样。而地形图是一张平面图纸，因此，人们又需要通过某种方式将地球表面表示成平面，在测绘工作中，常采用地图投影的方法来解决这个问题。

投影在数学上的含义是两个面之间点与点或线与线的映射。地图投影，其一面为地球椭球表面，该面上点的位置用大地坐标 B、L 表示；另一面为可展面（如圆柱面、圆锥面等），其点的位置用直角坐标 x、y 表示。两个面的投影函数表达式可写成如下形式

$$\left.\begin{aligned} x &= f_1(B,L) \\ y &= f_2(B,L) \end{aligned}\right\}$$

采用地图投影方法，可以避免产生裂口和褶皱，但仍有变形。其变形通常分为长度变形、角度变形和面积变形三种。对这三种变形我们可以采用不同的投影方法加以限制，或使某一变形全部消除（或使三种变形减少至某一精度范围），但（同一张地形图）三种变形不可能同时全部消除。如保持投影前后图形面积相等，使其长度和角度变形尽量小，这种投影称为等面积投影。若保持投影前后图形角度相等，使其长度和面积变形尽量小，这种投影称为等角投影，又称正形投影。高斯投影正是正形投影的一种。

测量中究竟采用何种投影方法为合适？主要根据用图的需要来选择。我国系列地形图采用高斯投影方法，这种投影的特点是投影后角度不变形，可使小范围内投影面上的图形与地球面上的图形保持相似；另一方面，它还使我们避免了大量的投影角度计算工作。

二、高斯投影

高斯投影是一种等角横切椭圆柱投影。如图 8-1 所示，该投影的几何意义是，设想用一个椭圆柱套在地球椭球体外面，并与地球表面上某一子午线相切，这条子午线称为中央子午线（也称轴子午线）。椭圆柱中心轴通过地球的中心，按其等角投影条件，将中央子午线东西两侧各一定范围内的经纬线投影到椭圆柱面上，然后将椭圆柱面沿其母线剪开，展成平面，即得平面上的经纬线格网，如图 8-2 所示。

可以看出，主要经、纬线投影结果为：

（1）中央子午线投影后为一条直线，且无长度变形，其余经线为凹向中央子午线投影线

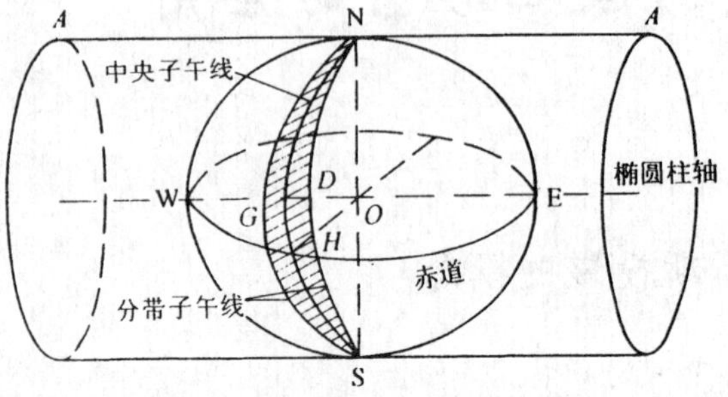

图 8-1 高斯等角横切椭圆柱投影

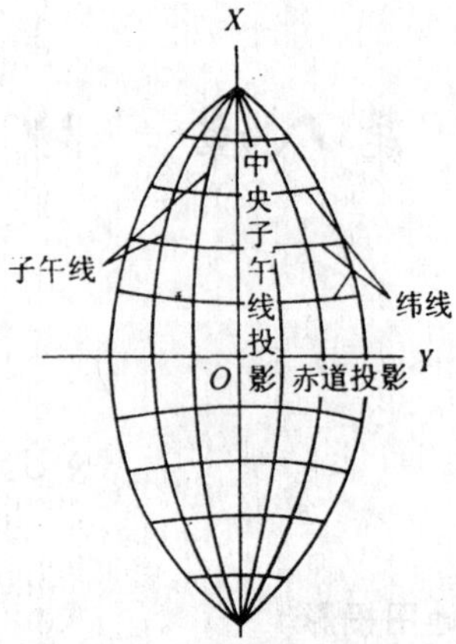

图 8-2 高斯投影结果

的对称曲线，其投影长度大于椭球面长度，且离中央子午线愈远长度变形愈大。

(2) 赤道的投影也为一条直线，但长度有变形，其余纬线的投影为凸向赤道投影线的对称曲线。

(3) 投影前后角度相等，即无角度变形。

由上所述，高斯投影无角度变形，在中央子午线上也无长度变形，但除中央子午线外均存在长度变形，且离中央子午线愈远长度变形愈大。为了限制投影变形对测图的影响，必须缩小投影区域，即采用分带投影法。目前我国的中、小比例尺测图，采用六度分带法；而大比例尺测图一般采用三度分带法。

1. 六度分带法

自 0°子午线开始，按经差 6°为一带，自西向东将全球分为 60 个条带，依次编号 1，2，…，60，并逐带投影，如图 8-3 所示。设带号为 n，中央子午线的经度为 L_0，则

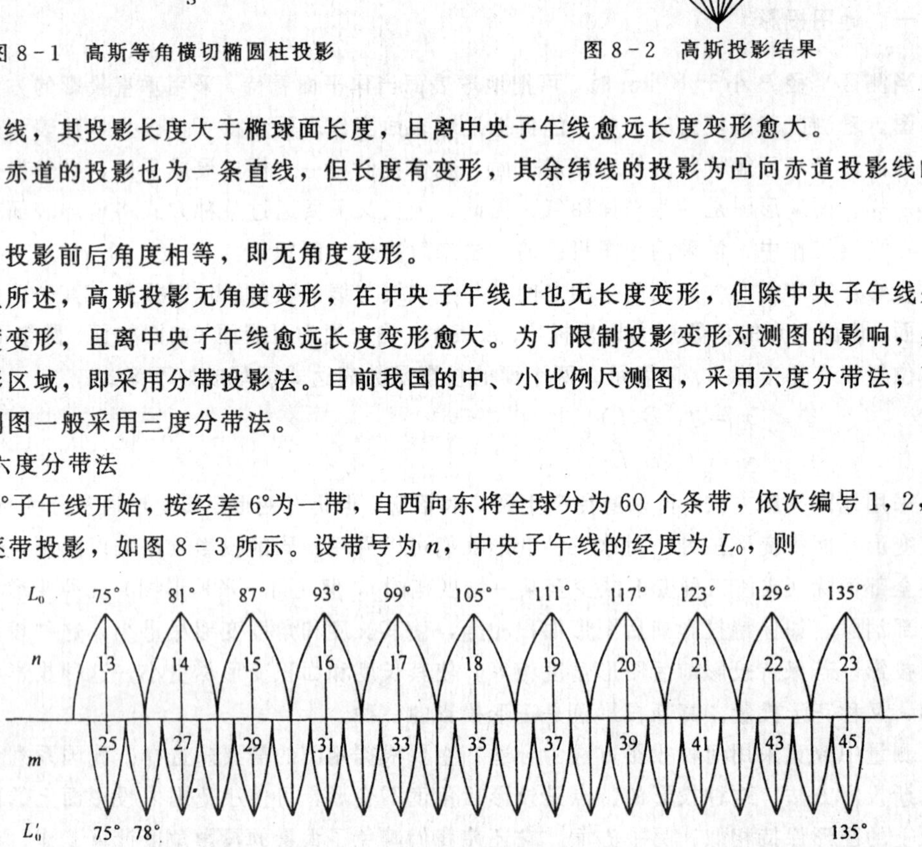

图 8-3 高斯分带投影

$$L_0 = 6° \cdot n - 3$$

反之，六度带的带号也可写为

$$n = \frac{1}{6°}(L_0 + 3)$$

六度分带投影能满足 1∶25 000 及更小比例尺测图的精度要求。

2. 三度分带法

自 1.5°子午线开始，按经差 3°为一带，自西向东将全球分为 120 个条带，依次编号 1，2，…，120，并逐带投影。图 8-3 为我国境内的高斯投影六度带和三度带的编号。设带号为 m，

中央子午线的经度为 L'_0，则

$$L'_0 = 3° \cdot m$$

反之，三度带的带号也可写为

$$m = \frac{1}{3°}L'_0 = 2n - 1 \quad (n\text{ 为六度带带号})$$

从图中可看出，带号为奇数的三度分带中央子午线与六度分带中央子午线重合。三度分带投影能满足 1∶2 000 至 1∶10 000 比例尺测图的精度要求。

3. 高斯平面直角坐标

是以中央子午线的投影线为 X 轴，赤道的投影线为 Y 轴，两轴的交点为坐标原点 O 而建立起来的平面直角坐标系，纵坐标由原点向北量为正，向南量为负，横坐标由原点向东量为正，向西量为负。地形图上通常绘有 X、Y 的坐标值为整公里坐标方格网，称为公里格网或称方里网。我国位于北半球，X 值全为正，而每一投影带的 Y 值却有正有负。为了避免横坐标 Y 的负值出现在地形图中，规定将纵坐标轴西移 500 km 当作起始轴，即将 Y 值加上 500 km；为了区别某点位于何带，又规定在 Y 值前冠以带号。通常把这样的坐标值称为通用坐标，如图 8-4 所示。

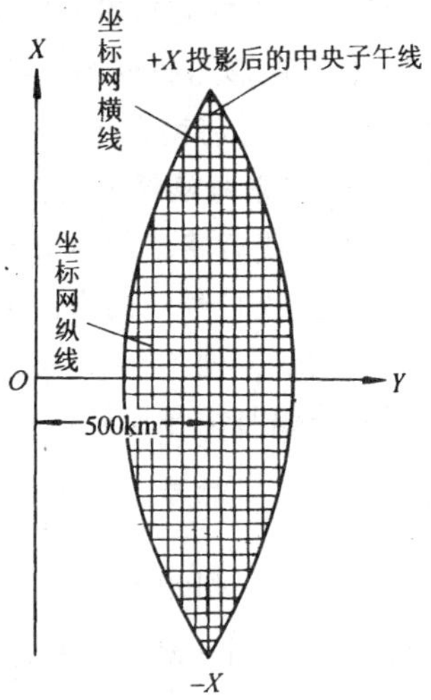

图 8-4　高斯平面坐标系

例如，点 a_1 和 a_2 均位于 21 带内，其横坐标值分别为：$y_1 = +189\ 572.5$ m 和 $y_2 = -109\ 572.5$ m，这种原坐标值也称为自然值。按上述规定，将点 a_1 和 a_2 的横坐标（自然值）加上 500 km 并冠以带号，则通用坐标值为 $Y_1 = 21\ 689\ 572.5$ m，$Y_2 = 21\ 390\ 427.5$ m。至于纵坐标值，无论在哪一带自然值与通用值都相等，即 $x = X$。

4. 投影带的重叠

由于分带，会造成边缘子午线两侧的控制点和地形图处于不同的投影带内使两侧相邻控制点和地形图无法拼接，使用时很不方便。因此，一般规定每一 6°带向东加宽 30′（相当于 1∶10 万地形图的经幅），向西加宽 15′或 7.5′（相当于 1∶5 万或 1∶2.5 万地形图的经幅），这样保证了在重叠部分有两套坐标和两套地形图，既便于在边缘地区的补点、计算，又便于测图和用图。如图 8-5 所示。

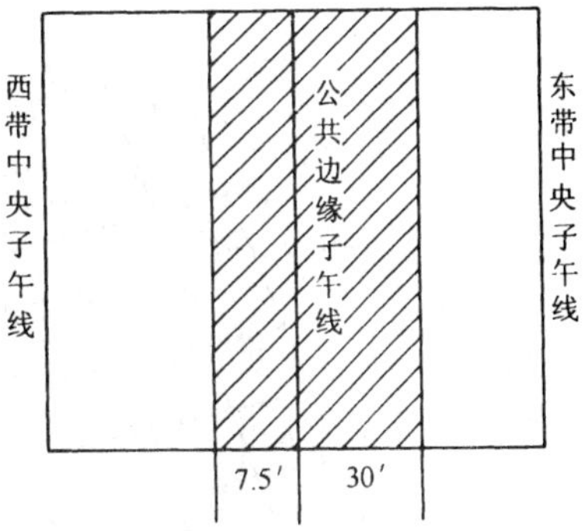

图 8-5　投影带的重叠

5. 子午线收敛角

在高斯投影中，除中央子午线为直线外，其他经线投影后均为曲线，并向两极会聚，而直角坐标格网的纵坐标线是互相平行的直线。因此，在子午线与坐标纵线之间形成一夹角，这个角称为子午线收敛角，用 γ 表示。其近似算式为

$$\gamma = l \times \sin B \tag{8-1}$$

其中，$l = L - L_0$（L_0 为中央子午线经度），L、B 为地面某点的经纬度。

由 $l = L - L_0$ 知，当某点位于中央子午线以东时，γ 的符号为正，反之，γ 的符号为负。

§8-2　地形图的分幅与编号

为了方便地形图的测绘、管理和使用，常需要对地形图进行统一的分幅与编号。地形图的分幅分两类：按经纬线划分的梯形分幅法和按坐标格网划分的矩形分幅法。

一、国家旧的基本比例尺地形图梯形分幅与编号

（一）1∶100 万地形图的分幅与编号

1∶100 万地形图的分幅与编号属“国际分幅编号”。其方法如下：从赤道起算，向两极每隔纬差 4°为一列，将南北半球各划分成 22 个横列，依次以字母 A，B，…，V 表示。由经度 180°起，自西向东每隔经差 6°为一行，把全球分成 60 个纵行，依次用 1，2，…，60 表示，22 个横列和 60 个纵行将南北半球分割成若干个梯形，每个梯形即为一幅 1∶100 万图幅，每幅图按“横列号-纵行号”的方法编号。如北京 1∶100 万地形图的图号为 $J-50$。

例　求武汉某地（$B=30°31'$，$L=114°28'$）所在的 1∶100 万地形图的编号。根据 1∶100 万地形图的分幅与编号原则，行号和列号可按下式计算

$$\text{行号}=\text{int}\left(\frac{L-L_W}{\Delta L}\right)+1 \tag{8-2}$$

$$\text{列号}=\text{int}\left(\frac{B-B_S}{\Delta B}\right)+1 \tag{8-3}$$

式中：L_W、B_S 分别为某一基础图幅的西南角经、纬度，求百万分之一地形图的编号时，取 $L_W=-180°$，$B_S=0$。int（x）为取整函数，例如 int（3.4）=3；当（8-2）式括号内的比值为整数时，说明所求点横跨东、西两幅图，图幅编号有两个；当（8-3）式括号内的比值为整数时，说明所求点纵跨南、北两幅图，图幅编号也有两个；当（8-2）式、（8-3）式括号内的比值同为整数时，说明所求点跨东、西、南、北四幅图，图幅编号有四个。为了求向西或向南的图幅编号，需将公式“+”号改为“−”号。

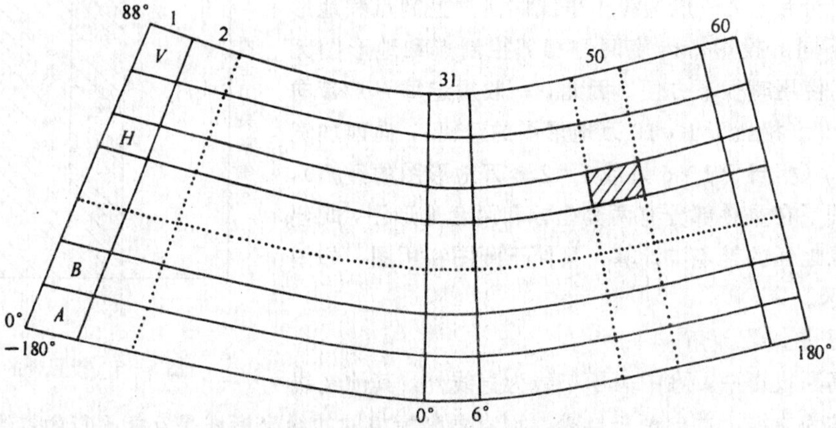

图 8-6　1∶100 万地形图的分幅与编号

将 $B=30°21'$，$L=114°28'$数值代入公式（8-2）和（8-3）中，得

$$\text{行号}=\text{int}\left(\frac{L-L_W}{\Delta L}\right)+1=\text{int}\left(\frac{114°28'-(-180°)}{6°}\right)+1=50$$

$$列号 = \text{int}\left(\frac{B - B_S}{\Delta B}\right) + 1 = \text{int}\left(\frac{30°31' - 0°}{4°}\right) + 1 = 8 \rightarrow H$$

即武汉某地所在的1∶100万地形图的编号为$H-50$。

1. 1∶50万、1∶20万、1∶10万地形图的分幅与编号

1∶50万、1∶20万、1∶10万地形图的分幅与编号是在1∶100万地形图的分幅与编号的基础上进行的。

将一幅1∶100万地形图，按经差3°、纬差2°分成4幅1∶50万地形图，在1∶100万地形图图号的后面分别冠以A、B、C、D，得1∶50万地形图的图号。如武汉某地（$B=30°31'$，$L=114°28'$）所在的1∶50万地形图的编号为$H-50-A$。如图8-7阴影A。

将一幅1∶100万地形图，按经差1°、纬差40′分成36幅1∶20万地形图，在1∶100万地形图编号分别冠以〔1〕、〔2〕、…、〔36〕。如武汉某地（$B=30°31'$，$L=114°28'$）所在的1∶20万地形图的图号为$H-50-$〔13〕。如图8-7阴影〔13〕。

将一幅1∶100万地形图，按经差30′、纬差20′分成144幅1∶10万地形图，在1∶100万地形图图号的后面分别以1，2，…，144表示。如武汉某地（$B=30°31'$，$L=114°28'$）所在的1∶20万地形图的图号为$H-50-49$。如图8-8阴影49。

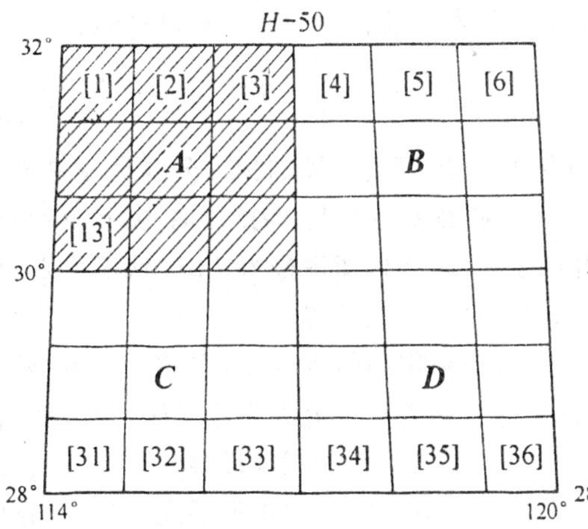

图8-7　1∶50万、1∶20万地形图的分幅与编号

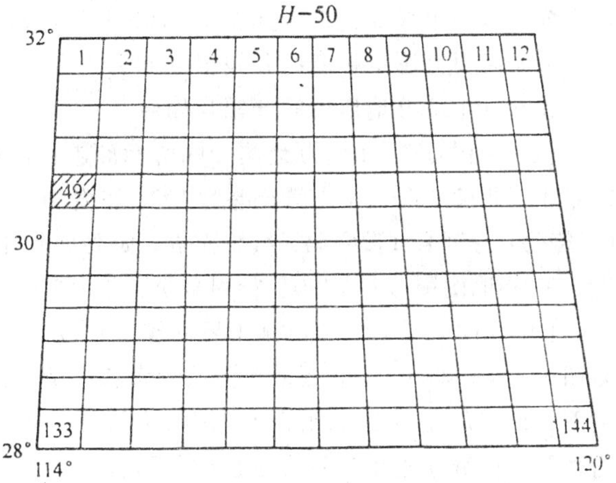

图8-8　1∶10万地形图的分幅与编号

2. 1∶5万、1∶1万地形图的分幅与编号

1∶5万、1∶1万地形图的分幅与编号是在1∶10万地形图的分幅与编号的基础上进行的。

将一幅1∶10万地形图，按经差15′、纬差10′分成4幅1∶5万地形图，在1∶10万地形图图号的后面分别以A、B、C、D表示，如武汉某地（$B=30°31'$，$L=114°28'$）所在的1∶5万地形图的编号为$H-50-49-B$。

将一幅1∶5万地形图，按经差7.5′、纬差5′分成4幅1∶2.5万地形图，在1∶5万地形图图号的后面分别以1，2，3，4表示，如武汉某地（$B=30°31'$，$L=114°28'$）所在的1∶2.5万地形图的图号为$H-50-49-B-4$。

将一幅1∶10万地形图，按经差3′45″、纬差2′30″分成64幅1∶1万地形图，在1∶10万地形图图号的后面分别以（1），（2），…，（64）表示，如武汉某地（$B=30°31'$，$L=114°28'$）

所在的 1∶1 万地形图的编号为 $H-50-49-(32)$。

1∶5 千地形图的分幅与编号是在 1∶1 万地形图的分幅与编号的基础上进行的。将一幅 1∶1万地形图，按经差 1′52.5″、纬差 1′15″分成 4 幅 1∶5 千地形图，在 1∶1 万地形图图号的后面分别以 a、b、c、d 表示，如武汉某地所在的 1∶5 千地形图的图号为 $H-50-49-(32)-c$。

二、国家新的基本比例尺地形图分幅与编号

1991 年《国家基本比例尺地形图分幅与编号》的国家标准公布，自 1991 年起新测和更新的地形图，照此标准进行分幅与编号。

这一分幅编号标准对照以前的分幅编号有以下不同：

(1) 分幅虽仍以 1∶100 万地形图为基础，经差亦没有改变，但划分的方法却不同，即全部由 1∶100 万地形图逐次加密划分而成；另外，由过去的纵行、横列改成了现在的横行、纵列。

(2) 编号仍以 1∶100 万地形图为基础，由下接相应比例尺的行、列代码所构成，并增加了比例尺代码。因此，所有 1∶5 000～1∶500 000 地形图均由五个元素 10 位代码组成。编码系列统一为一个根部（编号都以 1∶100 万为基础），编码长度相同，便于计算机处理。

下面简要介绍这种新的分幅编号方法。

1. 1∶100 万地形图的分幅与编号

仍按照国际 1∶100 万地图分幅的标准进行，每幅 1∶100 万地形图的标准分幅是经差 6°、纬差 4°（纬度 60°～76°之间经差为 12°、纬度 76°～88°之间经差为 24°、纬差 4°）；编号由行号（字符码）与列号（数字码）组合而成，如北京所在的 1∶100 万地图图号为 $J50$；武汉所在的 1∶100 万地图图号为 $H50$。行列号仍可按（8-2)、(8-3）公式计算。

1∶500 000～1∶5 000 地形图的编号均以 1∶100 万地形图编号为基础，采用行列编号法见图 8-9。即将 1∶100 万地形图按所含各比例尺的经差和纬差划分成若干行和列，横行从上到下、纵列从左到右按顺序分别用阿拉伯数字（数字码）编号。表示图幅编号的行、列代码均采用三位数字表示，不足三位时前面补 0，取行号在前，列号在后的排列形式标记，加在 1∶100万图幅的图号之后。为了使各种比例尺不至混淆，分别采用不同的字符作为各种比例尺的代码（表 8-1)。1∶50 万～1∶5 000 地形图图号的构成见图 8-10。

表 8-1 各种比例尺代码

比例尺	1∶50 万	1∶25 万	1∶10 万	1∶5 万	1∶2.5 万	1∶1 万	1∶5 000
代 码	B	C	D	E	F	G	H

1∶5 000～1∶500 000 地形图的行列号可按下式计算

$$\text{行号}=\operatorname{int}\left(\frac{B_{\mathrm{N}}-B}{\Delta B}\right)+1,\quad \text{列号}=\operatorname{int}\left(\frac{L-L_{\mathrm{W}}}{\Delta L}\right)+1$$

式中：L_{W}、B_{N} 为 1∶100 万地形图图廓西北角的经纬度；ΔB、ΔL 为相应比例尺的经差、纬差。

2. 1∶50 万地形图的分幅与编号

将每幅 1∶100 万地形图划分为 2 行 2 列，共 4 幅 1∶50 万地形图，每幅 1∶50 万地形图

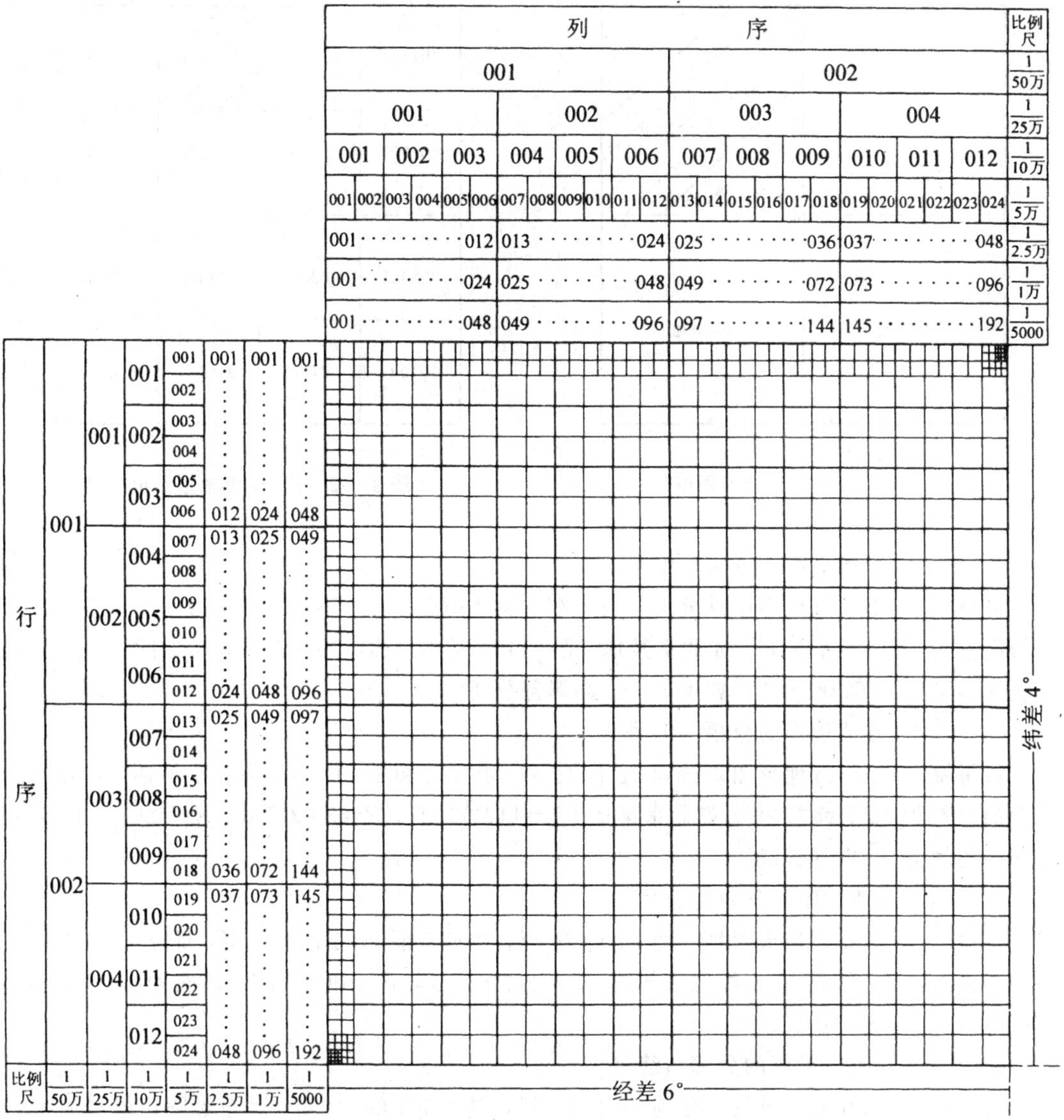

图 8－9　1∶100 万～1∶5 000 地形图的行、列编号

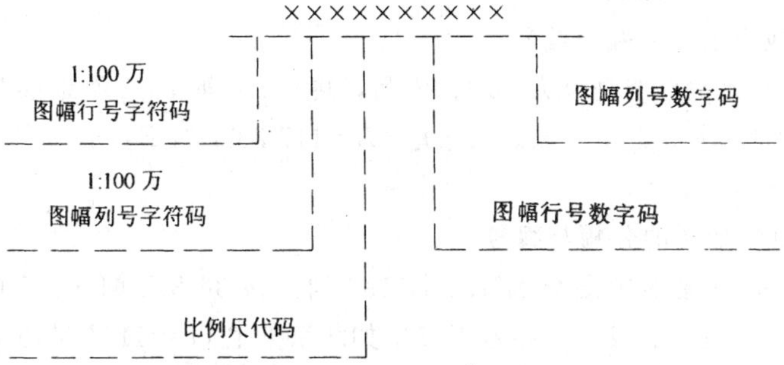

图 8－10　1∶50 万～1∶5 000 地形图图号的构成

的经差为 3°、纬差 2°。如北京某地（$L=117°33'45''$，$B=39°22'30''$）所在的 1∶50 万地形图的

图号为 J50B001002，如图 8 - 11 阴影部分所示。

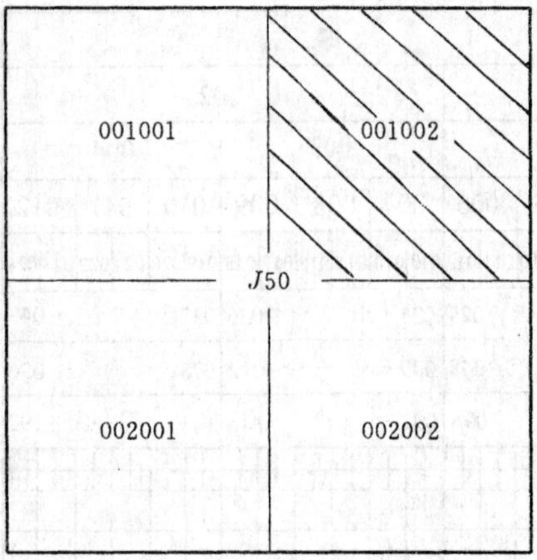

图 8 - 11　1∶50 万地形图编号

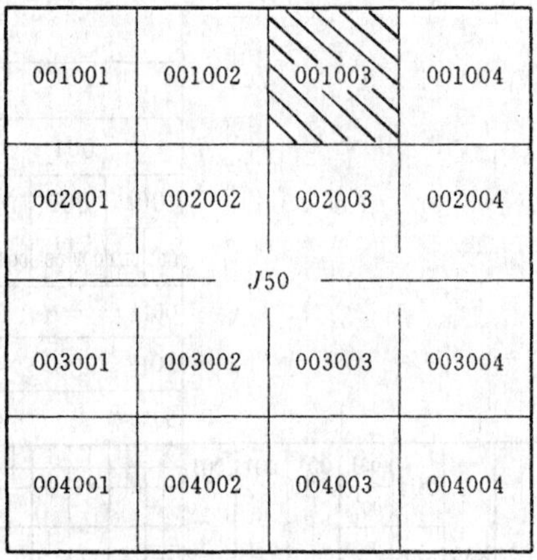

图 8 - 12　1∶25 万地形图编号

3. 1∶25 万地形图的分幅与编号

将每幅 1∶100 万地形图划分为 4 行 4 列，共 16 幅 1∶25 万地形图，每幅 1∶25 万地形图的经差为 1°30′、纬差 1°。如北京某地（L=117°33′45″，B=39°22′30″）所在的 1∶25 万地形图的图号为 J50C001003，如图 8 - 12 阴影部分所示。

4. 1∶10 万地形图的分幅与编号

将每幅 1∶100 万地形图划分为 12 行 12 列，共 144 幅 1∶10 万地形图，每幅 1∶10 万地形图的经差为 30′、纬差 20′。如北京某地（L=117°33′45″，B=39°22′30″）所在的 1∶10 万地形图的图号为 J50D002008。

5. 1∶5 万地形图的分幅与编号

将每幅 1∶100 万地形图划分为 24 行 24 列，共 576 幅 1∶5 万地形图，每幅 1∶5 万地形图的经差为 15′、纬差 10′。如北京某地（L=117°33′45″，B=39°22′30″）所在的 1∶5 万地形图的图号为 J50E004015。

6. 1∶2.5 万地形图的分幅与编号

将每幅 1∶100 万地形图划分为 48 行 48 列，共 2 304 幅 1∶2.5 万地形图，每幅 1∶2.5 万地形图的经差为 7′30″、纬差 5′。如北京某地（L=117°33′45″，B=39°22′30″）所在的1∶2.5 万地形图的图号为 J50F008029。

7. 1∶1 万地形图的分幅与编号

将每幅 1∶100 万地形图划分为 96 行 96 列，共 9 216 幅 1∶1 万地形图，每幅 1∶1 万地形图的经差为 3′45″、纬差 2′30″。如北京某地（L=117°33′46″，B=39°22′31″）所在的 1∶1 万地形图的图号为 J50G016058。

8. 1∶5 000 地形图的分幅与编号

将每幅 1∶100 万地形图划分为 192 行 192 列，共 36 864 幅 1∶5 000 地形图，每幅 1∶5 000地形图的经差为 1′52.5″、纬差 1′15″。如北京某地（L=117°33′46″，B=39°22′31″）所在的 1∶5 000 地形图的图号为 J50H031115。

三、矩形分幅与编号

大比例尺地形图常采用坐标格网（为图幅）的矩形分幅，图幅的大小有 50 cm×50 cm、40 cm×40 cm、40 cm×50 cm。地形图按矩形分幅时，最常用的编号方法为：以图幅西南坐标作为图号（以公里为单位），纵坐标在前，横坐标在后。图 8－13 的图号为 63.0－15.0。

若为独立地区测图，其编号也可自行规定，如以某一工程名称或代号（电厂、863）编号，见图 8－14 所示。

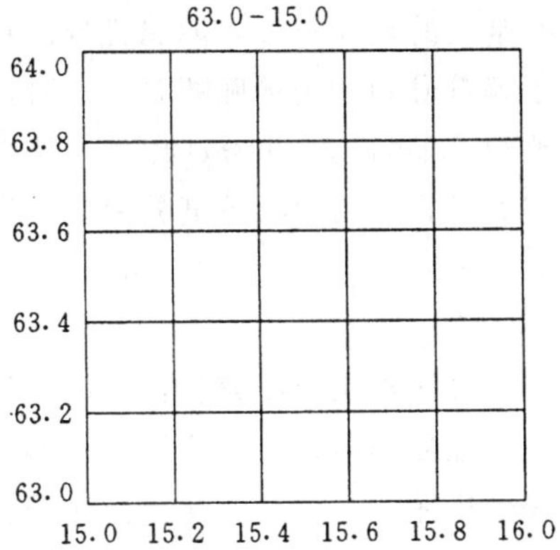

1：2 000

图 8－13　矩形分幅与编号

电－1	电－2	电－3	电－4	电－5
电－6	……			
电－11	……			
电－16	……			
电－20	……			电－25

图 8－14　某电厂 1：2 000 地形图分幅总图及编号

§8－3　地形图的应用

一、地形图的重要作用和用途

地形图是国民经济建设和国防建设重要的图件，它不仅含有自然地理要素，也包含有社会政治经济要素。

例如，资源勘查、城乡规划、国土整治、环境保护、工程设计、矿藏采掘、军事指挥、武器发射等均需要从地形图上获取地貌、地物、居民点、水系、交通、通讯、管线、农林等多方面的信息作为决策的依据。地形图为整体规划、精细计算、正确设计提供了坚实的基础。

在地形图上可以确定点位、点间距离和直线间夹角；可以确定直线的方位；能用地图进行实地定向；可以确定点的高程和点间高差；可以在图上勾绘出集水线和分水线，标定出洪水线、淹没线；可以从地形图上计算出面积和体积，从而能确定用地数、土石方量、蓄水量、矿产量等等；可以从图上决定各设计对象的施工数据；可以从图上切取断面，绘制断面图，研究通视地区和隐蔽范围，确定架空和地下管线、隧道、隧洞、人防工程等的位置和埋深。利用地形图作底图可以编绘出一系列专题图，如地质图、水文图、农田水利规划图、城市建设规划图等。由此可见，地形图是国民经济建设必不可少的基本资料。

二、读图注意事项

（一）了解地形图所使用的坐标系和高程系统

对于比例尺小于 1：1 万的地形图，旧地形图一般是使用国家统一规定“1954 年北京坐标系”的六度带高斯平面直角坐标系，高程系统为“1956 年国家高程基准”；1987 年后测制的新地形图则使用“1980 年国家大地坐标系”的六度带高斯平面直角坐标系，高程系统为“1985 年国家高程基准”。城市地形图多使用城市独立坐标系，工程建设用图使用工矿企业独立坐标系的较多，工程项目总平面图则多采用施工坐标系。因此，在使用各种地形图时，一定要注意其左下角所使用的坐标系和高程系统的文字注明。

（二）熟悉图例

图例是地形图的语言，要使用好地形图，首先要知道某一种地形图使用的是哪一种图例。使用前应对有关图例进行认真的阅读，同时要熟悉一些常用的地物符号和地貌符号。对地物符号则要特别注意比例符号和非比例符号的区别，并了解符号和注记的确切含义。对地貌符号，特别是等高线，要能根据图上等高线判读出各种地貌，如山头、山脊、山谷、洼地、鞍部、陡壁、冲沟等。要能根据等高线平距和坡度的对应关系，分析地面坡度的变化，地势的走向，以便结合具体专业要求做出恰当的评价。

（三）了解测图成图的时间和图的类别

地形图反映的地物和地貌是测绘时的现状，而地形图成图出版周期较长，我们使用的地形图总是不能实时反映出测图后的实地变化情况。因此，在使用时，一定要注意地形图的测图时间。用图时还要注意图的类别，是基本图还是工程专用图，是详测图还是简测图。通常应选择最近测量的或出版的现势性强的基本图为设计用图，而其他图纸和资料只作为参考。如果使用的是复制图，则要注意图纸的变形。

三、地形图应用的基本内容

（一）图上量取直线和曲线的长度

图上量取两点间的直线距离有两种方法。一种为用直尺在图上直接量取两点间的长度，乘以比例尺分母，得实地水平距离。如，在 1∶10 万的地形图上量得 A、B 两点间的长度 $l=20.2$ mm，其实地平距为

$$D = 20.2\times 100\,000 = 2\,020\,000\ (\text{mm}) = 20\,200\ \text{m}$$

另一种为先量取直线两端点的坐标或坐标差，然后应用距离公式计算出实地平距。距离公式为

$$D = \sqrt{(x_B - x_A)^2 + (y_B - y_A)^2} = \sqrt{\Delta x^2 + \Delta y^2}$$

图上量取两点间的曲线长度比量取直线长度的方法要复杂。常采用曲线计或其他工具在图上量取。也可采用简便的方法，如取一细线，使之与图上欲量曲线密合，然后拉直，在直尺上比对出长度，乘以比例尺分母，得实地曲线长度。

（二）图上量取某点的坐标和高程

1. 平面坐标

如图 8－15 所示。作该点所在方里网的平行线，用直尺量测出 Δx、Δy，则所求点的平面坐标

$$x_P = x_a + \Delta x$$
$$y_P = y_a + \Delta y$$

式中：x_a、y_a 为该点所在方里网的西南角坐标。图 8－15 中 x_a 为 1 411 km，y_a 为 21 476 km。

2. 大地坐标

如图 8－16 所示。将图廓线中的经纬度分划线对应连接起来，作该点所在经纬网的平行线，用直尺量测出该点至经纬网的线段长度，则所求点的大地坐标

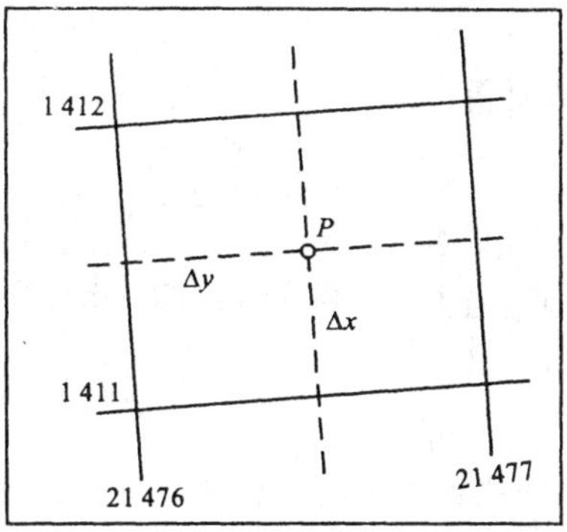

图 8－15　平面坐标的量取（单位：km）

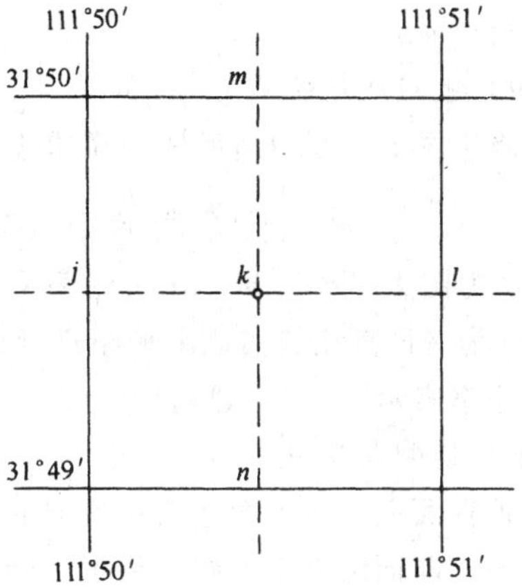

图 8－16　大地坐标的量取

$$B_k = B_a + \frac{kn}{mn} \times 60''$$

$$L_k = L_a + \frac{jk}{jl} \times 60''$$

B_a、L_a 为该点所在经纬网的西南角大地坐标，图 8－16 中的 B_a 为 31°49′，L_a 为 111°50′。

3. 高程

设某点 k 位于两条等高线之间，通过 k 点作一条大致垂直于相邻等高线的线段 mn，求出 $\frac{mk}{mn}$，则 k 点高程

$$H_k = H_m + \frac{mk}{mn} \times h$$

h 为等高距。如图 8－17 所示。

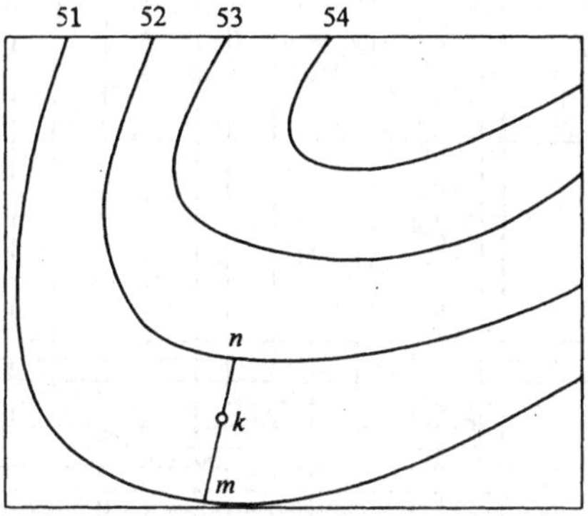

图 8－17　等高线的量取

（单位：m）

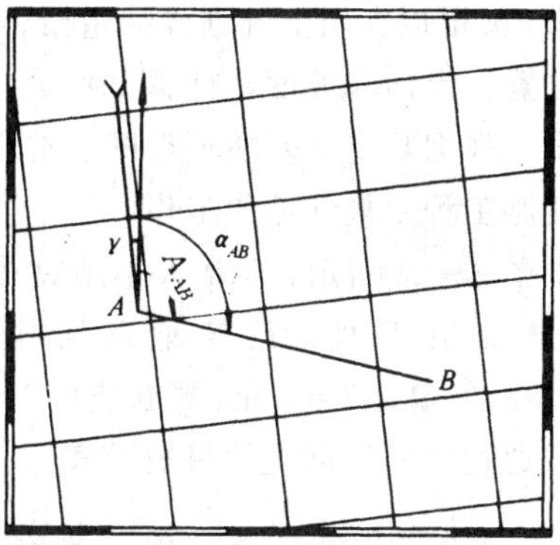

图 8－18　坐标方位角的量取

（三）图上量取方位角

如图 8－18 所示。欲量直线 AB 的坐标方位角，通常是量测 A、B 点的坐标，按下式计算方位角

$$\alpha_{AB} = \arctan \frac{y_B - y_A}{x_B - x_A}$$

也可以由 A 点作一条平行于坐标纵线的直线，或找一条与 AB 相交的坐标纵线，然后用量角器量出 α_{AB}。

（四）直线坡度的确定

要确定图 8－19 中地面线 AB 的坡度 i，可用下式计算

$$i = \tan\delta = \frac{h}{D} = \frac{h}{d \times M}$$

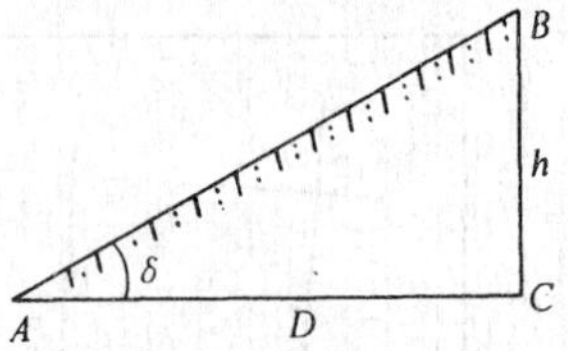

图 8－19　直线坡度的确定

式中：d 为图上 AB 长度；M 为比例尺分母；h 为 A、B 间的高差；D 为 AB 直线的实地水平距离。工程中坡度一般以百分率或千分率表示，如 $i=4‰$。

（五）绘制断面图

在垂直面上，将地面上某一方向的地形起伏及地物位置表示出来的图，称为断面图，也称剖面图。断面图对于道路、桥梁、管线、隧道、地质工程等的规划设计有着重要的意义和作用。根据地形图可以绘制任何方向的断面图。方法如下：

设 AB 直线方向是要根据地形图绘制的剖面图，先将 AB 直线与图上等高线的交点标出，如 a，b，…，m 等，其次，在另一张方格纸上，以等于或略大于 AB 间的平距为横轴，以高程 H 为纵轴。以 A 为起点，将地形图上各交点 a，b，…，m 之间的距离依次展绘在横轴上，按高程比例尺将各点的高程相应展绘在纵轴方向上，最后把相邻点用平滑曲线连接起来，即得 AB 方向的断面图。见图 8－20。

断面图的比例尺和地形图的比例尺一般应相同，但有时为了较明显地表示地面起伏变化，断面图上的高程比例尺可以比水平距离比例尺大 5～20 倍。

（六）按规定坡度选定最短线路

道路、水渠、管线等工程建设的设计，均有坡度限制。有了地形图，根据工程建设的技术要求，就可以在图上规划设计道路、渠道、管线的位置、走向和坡度，计算工作量，选择最佳方案。根据规定坡度在地形图上选定最短线路是线路工程中最常见的工作。

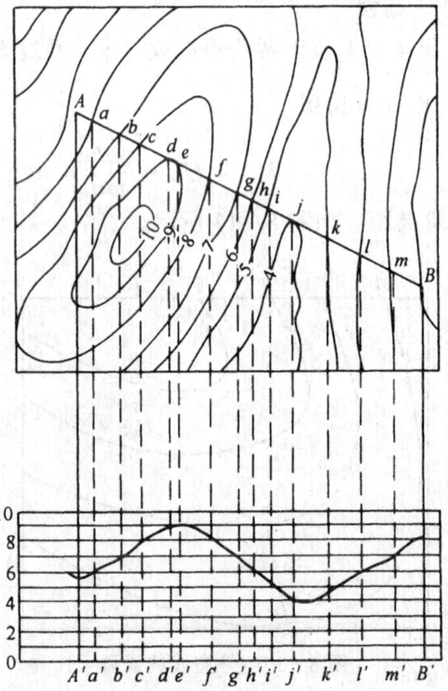

图 8－20　断面图

如图 8－21 所示，要从火车站 A 修一条公路通向山顶 B 处，已知地形图比例尺为 1∶5 000，等高距 $h=5$ m，限制坡度 $i=4\%$，则公路线通过相邻等高线的最短距离

$$d = \frac{h}{iM} = \frac{5}{0.04 \times 5\,000} = 0.025(\text{m})$$

求出 d 后，以 A 点为圆心，以 d 为半径作圆弧，交 155 等高线于 1 点和 1′点，再以 1 点为圆心，以 d 为半径作圆弧，交 160 等高线于 2 点…，直至到达山顶点 B。然后把相邻点连接起来，即为所选线路。同样以 1′为圆心，以 d

为半径作圆弧，交 160 等高线于 $2'$点，…，直至到达山顶点 B。然后把相邻点连接起来，可以得到另一条最短路线。可见，以 A 点为起点，按限制坡度选定最短路线，至少有两条以上的线路供选择。最后应选择线路顺畅、工程造价低、施工最方便的线路。

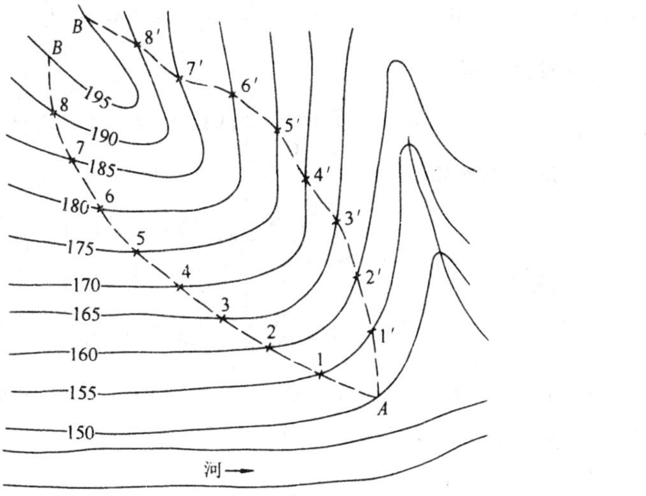

图 8-21　确定同坡度线路

（单位：m）

（七）面积量测

在进行工程项目规划设计和经费预算时，离不了在地形图上进行面积量测与土方计算工作。例如，土地平整时，计算填、挖土方的土方量需要计算面积；设计水库库容量时，要计算水库的汇水面积；计算矿产储量时，需要计算矿区的面积；道路设计时，要计算线路的纵、横断面的面积等。现将面积量测的几种常用方法介绍如下：

1. 方格网法

在透明纸或透明膜片上绘出或刻出 1～2 mm 标准的小方格网，为了便于计数，每 5 mm 或 10 mm 纵横线加粗一根，如图 8-22 所示，面积量测时，将透明方格网覆盖在欲量算的图斑（形）上，先数出完整的大小方格数，然后，将不完整的小方格用目估合并成整方格数。

2. 平行线法

如图 8-23 所示。将透明纸或透明膜片绘成 1～2 mm 间隔的平行线。量测时，将透明平行线膜片覆盖在欲量算的图斑（形）上，则所量图形的面积等于若干个等高梯形的面积之和。此法可以克服方格网膜片边缘方格的凑整太多的缺点。图中平行虚线是梯形的中线。量测出各梯形的中线长度，则图形面积为：$S = H(ab + cd + ef + \cdots + yz)$，$H$ 为平行线间隔长度。

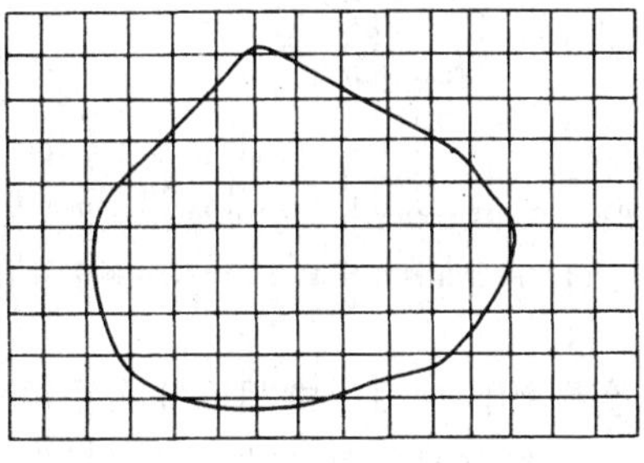

图 8-22　方格网法求面积

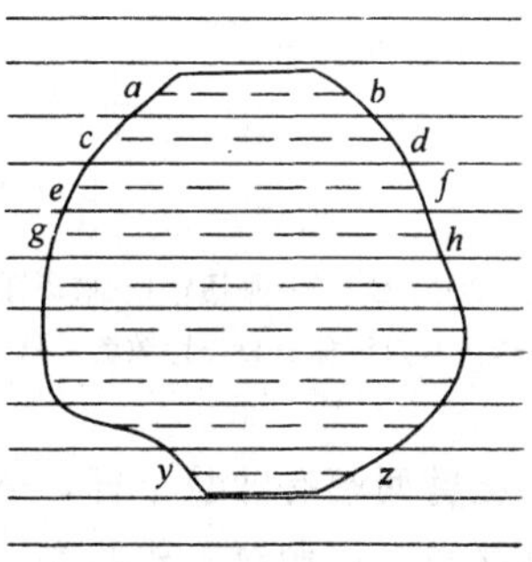

图 8-23　平行线法求面积

3. 坐标解析法

坐标解析法是根据已知几何图形各顶点坐标值进行面积计算的方法。

设四边形 $ABCD$ 四个角点的坐标值分别为 (x_1, y_1)、(x_2, y_2)、(x_3, y_3)、(x_4, y_4)，由图 8-24 知其面积 S 为梯形 $123'1'$加梯形 $234'3'$减去梯形 $142'1'$与梯形 $434'2'$，即

$$S=\frac{(y_2-y_1)}{2}(x_2+x_1)+\frac{(y_3-y_2)}{2}(x_3+x_2)-\frac{(y_4-y_1)}{2}(x_4+x_1)-\frac{(y_3-y_4)}{2}(x_3+x_4)$$

整理后得

$$S=\frac{1}{2}[x_1(y_2-y_4)+x_2(y_3-y_1)+x_3(y_4-y_2)+x_4(y_1-y_3)]$$

推广至 n 边形

$$S=\frac{1}{2}\sum_{i=1}^{n}x_i(y_{i+1}-y_{i-1})$$

或

$$S=\frac{1}{2}\sum_{i=1}^{n}y_i(x_{i-1}-x_{i+1})$$

式中：i 为各顶点的序号，当 $i=1$ 时，$i-1=0$，这时 x_{i-1} 取 x_n；当 $i=n$ 时，$n+1$ 取 1。

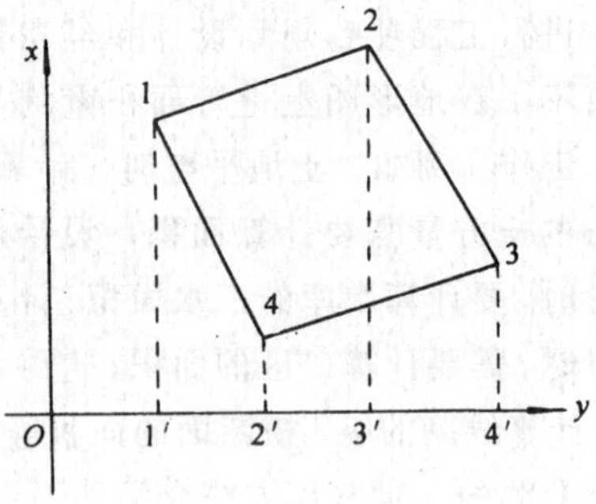

图 8－24　解析法求面积

4. 求积仪法

用求积仪量测面积，其法简便，速度也较快，且能保证一定精度。现将求积仪的使用方法介绍如下：

(1) 机械求积仪仪器结构。

求积仪是应用积分原理求面积的，其外貌如图 8－25 所示，其主要部件有：

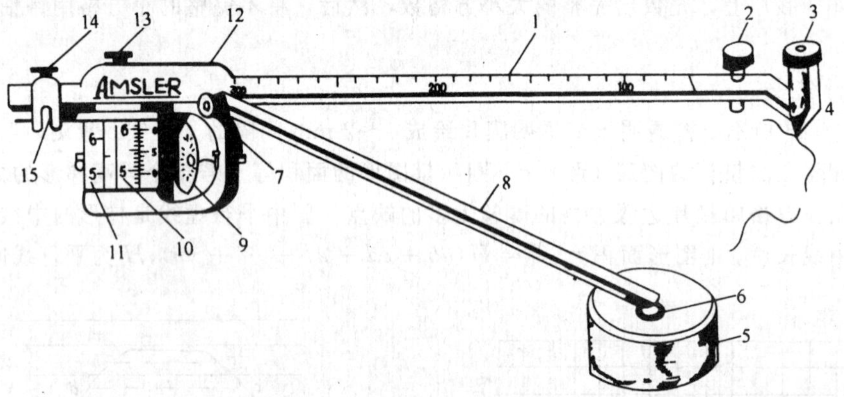

图 8－25　机械求积仪

1—描迹臂；2—支柱；3—手柄；4—描迹钎；5—重锤；6—重锤圆孔；7—接合套圆孔；8—极臂；9—测轮转盘；10—测轮读数盘及游标；11—计数盘；12—描迹臂读数游标；13、14—接合套制动螺旋；15—接合套微动螺旋

极臂：极臂两端有球状小杆，一端用以插入接合套圆孔内；另一端用以插入重锤中心孔内，这样便构成了求积仪工作状态。在重锤底部有短针，量测时借重锤的重量将短针刺入图纸，使之固定不动。重锤的中心位置，称为求积仪极点。

描迹臂：又称航臂。描迹臂上刻有分划线，量测时可按地形图比例尺决定其长度。描迹臂左端与接合套连接，借助游标读数以确定描迹臂的长度；其右端有一描迹针，针的旁边装有一支柱。转动支柱螺杆可调节描迹针与图纸之间的间距，以使针尖在描绘时既不戳破图纸，又便于对准目标。

计数机件：是附在接合套上的读数装置，它由计数盘、测轮和游标组成。

计数盘上共分 10 格，注有 0 至 9 数字。计数时，以左边指标线为准读取指标下部（或正对指标）的数字。测轮分为 10 大格，注有 0 至 9 个数字，每 1 大格又分为 10 小格，即测轮共计有 100 小格，可读出 1/100 的数字。测轮上还附有游标，利用游标又可读出测轮上 1 小格的 1/10。当手持求积仪的手柄移动描迹臂时，测轮随之转动，测轮转一周，计数盘则移动 1 格，因此，从计数器上可读出四位数字。

读数时，首先从计数盘上读得千位数；然后在测轮上读取百位数和十位数（以游标 0 线为准）；最后从游标上读取个位（读取游标某一分划与测轮某一分划相重合处的游标格数）。图 8－26 所示读数为 0306。

（2）求积仪的使用。

若要在比例尺为 $1/M$ 的地形图上求图形 P 的面积。先把描迹臂长度固定在某一位置上，并把求积仪的极点固定在图形 P 以外，再把描迹针对准图形轮廓线上的一点（要作记号作为量测的起点），记下起点处读数 n_1，然后以均匀的速度使描迹针沿图形轮廓线绕行一周，回到起点位置，并记下读数 n_2。如果用 k 表示游标读数一个单位所代表的面积，则面积 P 为

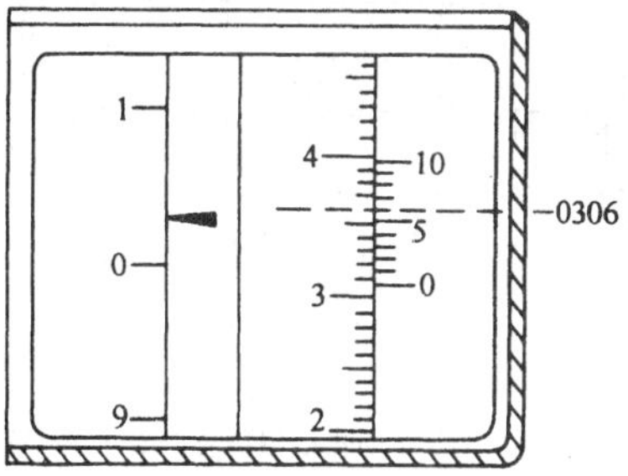

图 8－26　求积仪的读数

$$P = k(n_2 - n_1)$$

对于特定的求积仪来说，分划值 k 是描迹臂长的函数。仪器说明书中通常给出相应描迹臂长的 k 值，将 k 值代入上式计算得 P，然后将 P 乘以比例尺分母 M 的平方，即得实地面积。

为保证量测的精度和可靠性，必须注意以下要点：

①图纸应平整地固定在光滑的平板或桌面上。

②根据待测图形的大小，确定描迹臂的长度，当图形很小时，其长度应缩短。

③极点应选在待测图形的对称轴上，且使描迹针绕行整个图形时，描迹臂和极臂的夹角尽可能在 30°～150°之间变化。为了消除测轮平面不垂直于描迹臂轴线的仪器误差，可将极臂置于描迹臂之左侧及其右侧两个位置，各测一次，取其平均数。

④描迹针移动时，一定要保持均匀的速度，快慢一致，不可中途停顿。

⑤当量测大块图形描迹臂长度不够时，可将图形分块进行量测，面积取分块之和；也可将求积仪极点安放在图形内量测，但须按下式计算面积

$$P = k(n_2 - n_1) + C$$

式中：C 为仪器加常数，可从仪器说明书中查得。

分划值 k 是求积仪的一个重要常数，可按下式求出

$$k = \frac{P}{n_2 - n_1}$$

测定时，可精密地画一个 10 cm×10 cm 的小方格作为已知面积，也可使用求积仪所附的检验尺为半径作圆。

（3）电子求积仪。

电子求积仪是按照积分原理制造的，其作业程序大致于机械求积仪相同：用描迹臂上的放大镜中心来代替机械求积仪的描迹针绕图形一周求面积。其不同点在于读数设备使用电子装置，使用前输入比例尺和计量单位，量测完后，面积大小直接在显示屏上数字显示，如图

8－27 所示。此外，面积量测设备还有光电扫描仪和图形数字转换仪等，这里就不作介绍了。

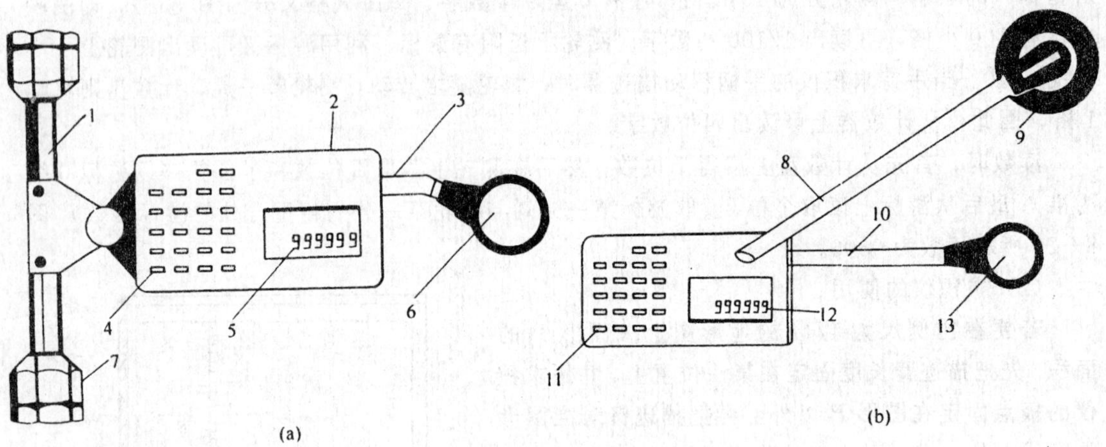

图 8－27　电子求积仪

(a) 动极式；(b) 定极式

1—动极轴；2—交流转换器插座；3—跟踪臂；4—机能键；5—显示部；6—跟踪放大镜；7—动极；8—基极臂；9—基极；10—跟踪臂；11—机能键；12—显示窗；13—跟踪放大器

复 习 题

1. 什么是地图投影？地图投影有哪些变形？它们各有什么特点？

2. 高斯投影是属于哪类地图投影？它有什么特征？

3. 高斯投影为什么要分带进行？6°带和 3°带投影是如何进行的？

4. 高斯平面直角坐标系是如何建立起来的？若某点的坐标为 $X=3\ 112$ km，$Y=21\ 257$ km，试说明其坐标值的含义。

5. 已知某点的大地坐标为 $L=109°15'$，$B=30°40'$，高斯平面坐标为 $x=3\ 395\ 385.8$ m，$y=-167\ 726.4$ m。试求该点 6°带的通用坐标值。

6. 新旧两种地形图分幅与编号各有什么特点？

7. 已知某图幅的旧编号为 $H-49-51$，试求该图幅四个图廓点的经纬度。

8. 试按 1991 年国家新的地形图分幅与编号的方法，求某点 $L=109°17'$，$B=30°41'$ 在各种比例尺的图幅编号。

9. 图 8－28 为 1∶2.5 万地形图中局部，已知 AB 直线的磁方位角为 169°，子午线收敛角 $\gamma=-2°30'$，量得 $\beta_1=100°$，$\beta_2=90°$，试求：

(1) 此图所属高斯投影分带中央子午线经度；

(2) 直线 AB 的真方位角，CD 的磁方位角；

(3) B 处的磁偏角；

(4) D 点的高斯平面坐标。

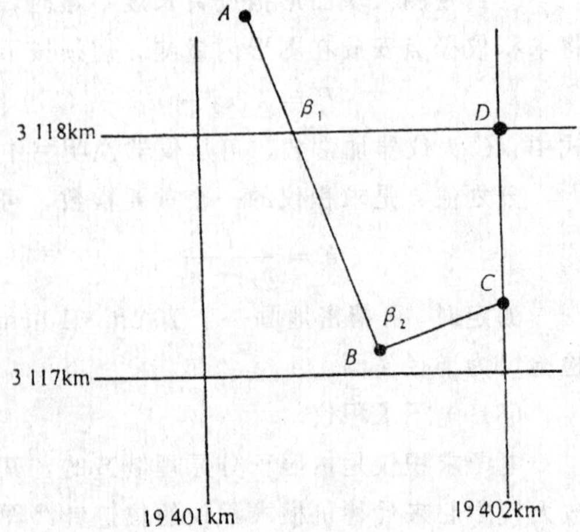

图 8－28　第 9 题图

10. 图 8 - 29 中等高距 $h=10$ m，根据等高线的高程，勾绘 AB 直线方向的剖面图。

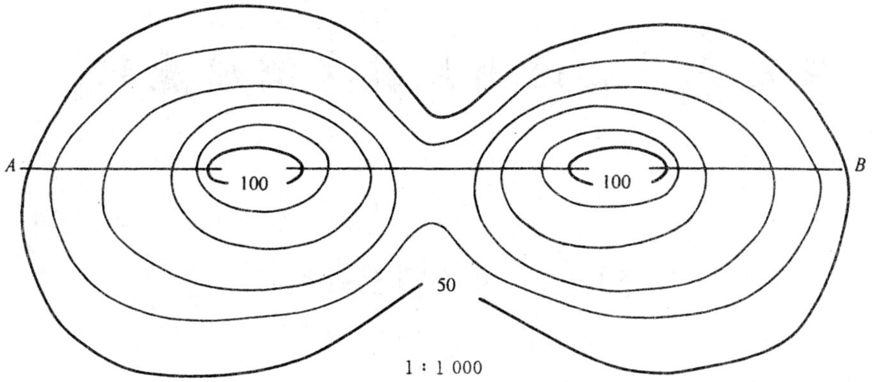

图 8 - 29　第 10 题图

第九章　大比例尺数字测图原理

§9-1　数字测量概述

一、数字测图的概念

传统的地形测图一般有两种模式，一是野外白纸测图，二是室内光学影像测图，这两种模式的产品均是一种固定比例尺的地形和地物的几何符号加文字的描述，即线划图。

数字测图也有两种模式，即野外数字测图和数字影像测图，是以数字形式来描述空间特征的现代测图方法，不论是空间信息采集，信息处理，还是对空间特征的描述，都是数字形式。

二、数字测图的特点

测图数字化实现了数据采集、记录、处理和成图的自动化，大大地降低了劳动强度，有效地减少了人为差错。

测图数字化，使得其产品多样化成为可能。测绘产品的需求来自于国土资源的调查和开发，城乡建设的规划与管理，自然灾害的监测和防治，各项重大工程的论证、设计和施工，各级政府部门的管理决策等等，要求能方便从测绘产品中提取多种具有必要精度的专题信息，这对于传统的测绘产品是较难满足的。然而，对基于数字测图而建立的地理空间分层（专题）数据管理系统则为满足上述要求提供了可能，其输出可以是数字形式，亦可以是线划图形式，既可输出反映多层空间信息的综合信息图，又可只输出反映某专题信息的专题图。

数字测量成果不受比例尺精度限制，其成果可满足不同比例尺精度要求，可以变比例尺输出。而传统的几何测图比例尺一经确定，其成果的数学精度和信息量就随之确定了，其成果尤其不能满足较之比例尺大的成图的要求。

数字地图便于地图更新。测绘成果的精度要求之一是现势性，因人类对自然的利用和改造一刻都没有停止，对于拥有 960 万平方公里国土的中国而言，地图更新是相当严峻的问题。若测绘的成果为几何图，更新测量意味着整幅图重测和重绘。这就是说，局部的更新，而实际工作量却是全局性的，对于数字地图的更新则不然，只须更新所变更了的数据部分，更新工作量是局部与局部的对等关系。此外，前者整个过程为手工操作，而后者可自动化。

数字地图实现了空间分析的自动化。要根据传统的测绘产品进行空间分析，如求坐标、方位、坡度、面积、容积等，都得人工在地形图上量测，对于数字地图而言，这些工作均由相应的软件自动完成。

三、数字测图系统

数字测图（Digital Surveying and Mapping，简称DSM）系统是以计算机为核心，由地形数据采集设备和成果输出设备而组成，在软件的支持下，对地形空间数据进行采集处理，编辑成图，输出和管理的测绘系统（图 9－1）。

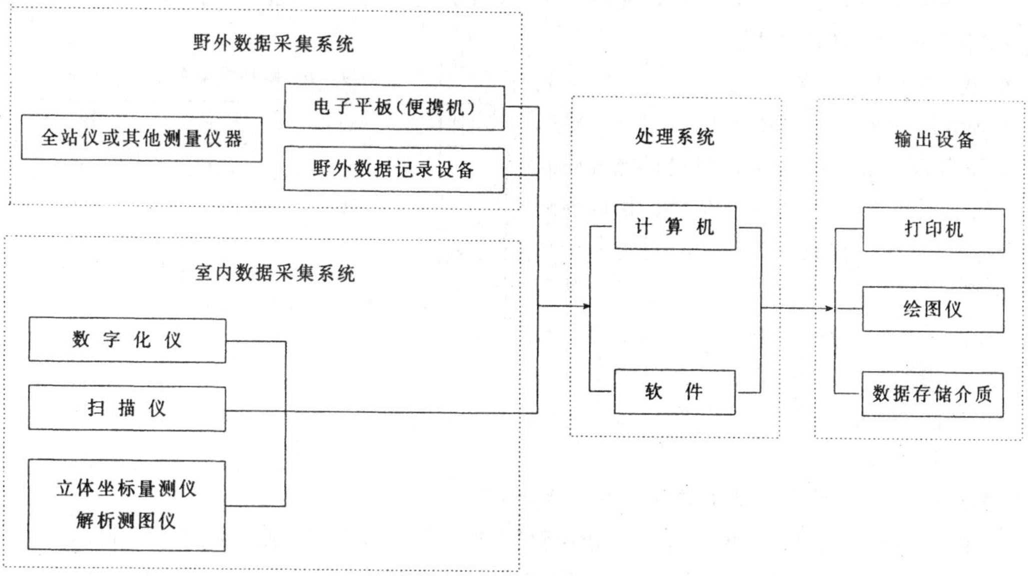

图 9－1　数字测图系统构成

野外数字测图已由野外测记和成图内外业分开模式发展到内外业一体化模式。内外业成图一体化的作业模式有全站仪-便携机和 GPS -便携机两种。全站仪或 GPS 采集的空间几何数据连同属性数据和关系数据传输给便携机，在便携机的屏幕上就可实时地绘出所测地形和地物。

室内数字测图一般指原始资料是影像或数字影像（称为影像数字化测图）。对于前者，需利用扫描仪进行影像数字化而获数字化影像。影像数字化测图是利用计算机对数字影像或数字化影像进行处理，由计算机视觉（其核心部分是影像匹配与影像识别）代替人眼的立体量测与识别，完成影像几何与物理信息的自动提取。本章主要介绍野外数字测图的基本原理及方法。

§9－2　野外数字测图数据构成

一、野外数字测图数据构成

传统野外白纸测图借助合适的测量仪器，通过测量水平角、竖直角和水平距离来测定碎部点的位置，作业员据此将碎部点展绘到图纸上，然后对照实地绘制成图。就成图而言，需要三种信息，即定位信息、绘图信息和属性信息。定位信息用于确定空间物体在图上的位置，指点的 X、Y、H，绘图信息指明了各点之间的连接关系，属性信息则告诉绘图者测绘的是什么，在图上用什么图例符号表示。对于野外数字测图而言，只不过是由计算机来替代人的工作，所以，绘图信息、属性信息、定位信息就构成了野外数字测图数据采集的主要内容。

二、属性信息编码

使计算机识别测点属性特征，用什么图式符号来表示，通常是对测点的属性进行编码来实现。属性编码的方法很多，如拼音编码、三位、四位、五位、六位、七位数字编码等。这里仅介绍三位数字编码方法。

表 9-1 属性编码举例

属性类	编码	地物名	图式
测量控制点	000		★
	001	三角点	◬
	⋮	⋮	
	006	埋石导线点	⊡
	⋮	⋮	⋮
居民地	100	一般房屋	▭
	⋮	⋮	⋮

在我国出版的《1∶500、1∶1 000、1∶2 000地形图图式》(GB9729—87）一书中，对地形要素作了统一的归类，规定了地形图式符号410多个，独立要素600余个，用以描述地形地物的属性。在数字测图中，对每一个地形图式符号都用一个三位整数进行编号，从而建立编码与图式符号一一对应的关系，这样计算机就可根据输入的编码在建立的计算机符号库中查找相应的图示符号或符号的绘制方法，实现地形图的自动绘制。

GB9729—87标准中，地形要素分为十大类：

①测量控制点；②居民地；③工矿企业建筑物和公共设施；④独立地物；⑤道路及附属设施；⑥管线及垣栅；⑦水系及附属设施；⑧境界；⑨地貌与土质；⑩植被。依次用000～099、100～199，…900～999表示10个大类中各地形元素符号编码（表9-1)，每类最多可容纳100个元素（种地物），如006，第一个数字“0”为大类编号，即控制点类，“06”则为埋石导线点符号在图库中的序号，“006”为埋石导线点。

三、连接信息

所测的点为线状地物上的点或面状地物的边界点时，需要明确测点与哪个点相连，以什么线型相连。点的连接线型有三种：直线、曲线和圆弧线。为便于计算机识别，线型也须编码。如1为直线，2为曲线，3为圆弧，空为独立点。如图9-2，在C站测了41，42，…，46，…点，在E站上测84，85，…点，其测点连接数据文件如表9-2。

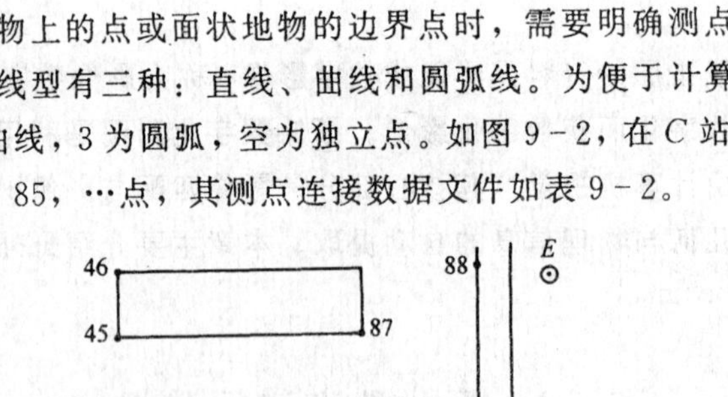

图9-2 C、E站野外测图情况

表 9-2　测点连接数据文件

点号	编码	连接点	连接线型
	…	…	…
…	518		1
41	518	41	1
42	101		1
43	101	43	1
44	101		1
45	101	45	1
46	…	…	…
…84	518	42	2
85	518	84	2
86	101	44	1
87	101	45	1
88	518	85	1
	…	…	…

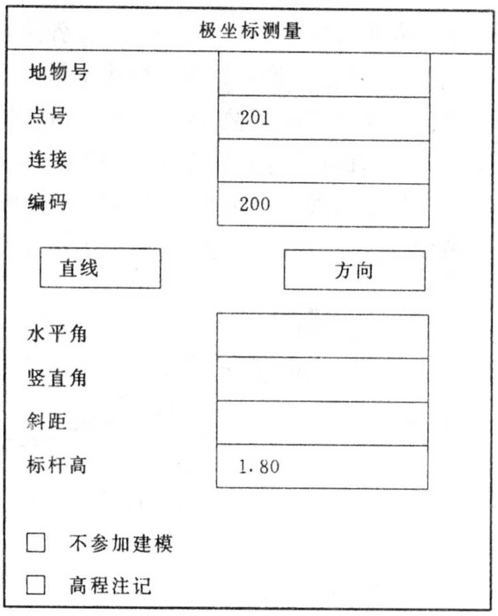

图 9-3　碎部点数据采集对话框

四、碎部点数据的野外采集

野外数字测图数据采集格式同传统方法外业记录格式相仿，如图 9-3。图中点号为测点的序号，系统可生成；编码、目标高、连接点和连接线型由观测者通过键盘输入；水平角、竖直角、斜距由全站仪测定后自动记录或传输给便携机。图 9-3 为电子平板测绘系统碎部点数据采集对话框，碎部点采集有多种模式：如极坐标测量、坐标测量等。

§9-3　计算机绘图的基本方法

地图以数字形式描述虽有诸多优点，但没有模拟产品——线划地形图直观，所以在应用时，数字地图往往要以模拟图形式输出（显示）。本节主要介绍有关计算机绘图的基本方法。

一、绘图基本算法

虽然自然空间非常复杂，但以平面形式来描述立体空间的地形图主要由点、直线、曲线（圆弧）等基本图形元素组合而成，所以了解这些基本图形元素的计算机实现方法是最基本要求。

目前，各种计算机系统中都开发出了功能强大的图形软件开发工具，在应用中，只要给定所绘图形的必要参数，调用相应函数就可绘出相应图形。如给出直线两端点坐标、线型（虚线、点划线等），颜色、线号（粗细）等，再调用画直线函数，就可输出相应的直线，在这些参数中，除了构成图形的点的坐标不能人为任给外，其他参数根据需要或规范可人为设定。

1. 曲线拟合

如图 9-4，被测地物为 $y=f(x)$，野外测量时，仅测定了该曲线上的一些特征点，若绘图时，仅将相邻的测点用直线相连，则 $y=f(x)$ 变成了折线，背离了真实形状。传统的野外测图是由绘图员对照被测物将 P_1，P_2，…，P_n 用光滑的曲线连接起来。这一过程实质可认为是：绘图员在图纸上 P_1，P_2，…，P_n 各测点之间内插了许多点，使之成为一条光滑而与 $y=f(x)$ 相近的曲线，这一过程，称为曲线拟合。计算机拟合（或曲线光滑）就是利用曲线上的少量特征点建立模拟函数 $y=g(x)$，用以恢复（确切地说是逼近）原曲线 $y=f(x)$，根据函数 $y=g(x)$ 就可求得曲线上加密点的坐标，当点加密到相当的密度时，就形成了一条光滑的曲线。常用于曲线光滑处理的函数有：分段三次多项式、正轴抛物线加权平均函数式，张力样条函数式、三点法、五点法求导分段三次多项式等。

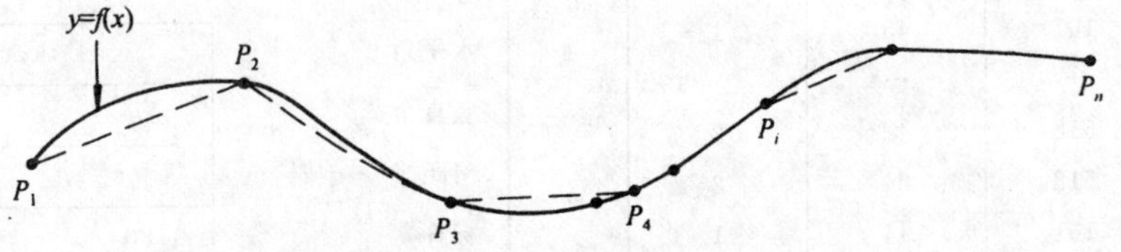

图 9－4　野外采集曲线上的特征点

2. 区域符号填充

地图上通常将植被、地貌类型符号按某种要求填充在其分布范围线内，用以说明区域的属性。区域符号填充有规则和非规则两种。

（1）规则填充：规则填充有品字型和平行线型等。经济作物规定用品字型，如图 9－5(a)所示。依比例尺表示的街区等用平行晕线，如图 9－5(b)所示。

（2）非规则填充：地形图上大面积的竹林和灌木林等，规定用不规则填充，如图 9－6 所示。

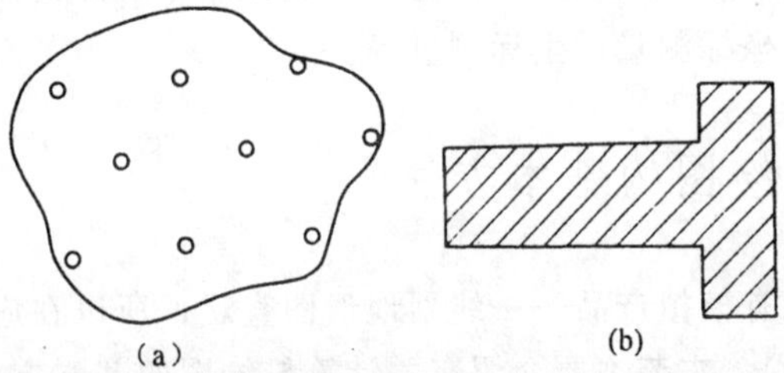

(a)　(b)

图 9－5　区域符号规则填充

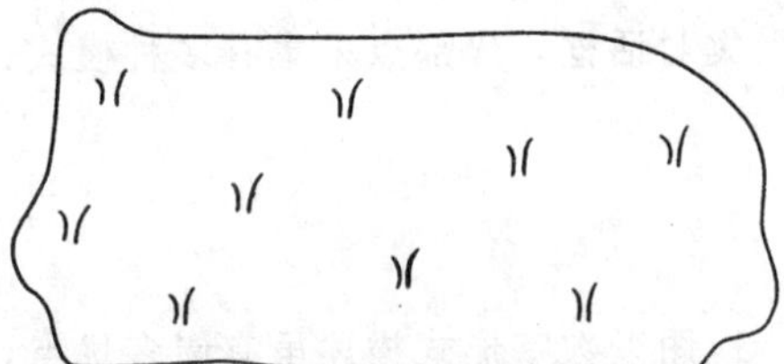

图 9－6　非规则填充

3. 填充符号位置的计算

（1）将轮廓点化至区域符号坐标系。

区域符号坐标系 $Ox'y'$ 原点为区域轮廓线点列中最小 x 值和最小 y 值点 O（x_0，y_0），其 x' 轴与图幅坐标系的 x 轴夹角为 α，α 是符号填充行与 y 轴的夹角。则图幅坐标系中各轮廓点（x，y）在区域符号坐标系中的坐标为

$$\begin{bmatrix} x' \\ y' \end{bmatrix} = R_\alpha \begin{bmatrix} x - x_0 \\ y - y_0 \end{bmatrix} \tag{9-1}$$

$$R_\alpha = \begin{bmatrix} \cos\alpha & \sin\alpha \\ -\sin\alpha & \cos\alpha \end{bmatrix} \tag{9-2}$$

（2）符号填充行与轮廓线交点。

如图 9－7 所示，在区域符号坐标系中，符号填充行与 y' 轴平行，则方程式为

$$x_i' = i \cdot b \tag{9-3}$$

式中：x_i' 为第 i 行的纵坐标，$i=1$，2，…，m_1；m_1 为符号填充行数；b 为符号行填充间隔。

由此可知，要求第 i 行与轮廓线的交点，实质只求交点的纵坐标 x'。直线（9-3）式与轮廓线的交点必包含在由组成轮廓的 m 个轮廓点，按相邻的两点，$P_j(x_j', y_j')$、$P_{j+1}(x_{j+1}', y'_{j+1})$（$j=1$，2，…，$m$，当下标为 $m+1$ 时，令下标为 1）来构成的 m 条直线，与直线（9-3）式的交点之中。事实上并不必要对 m 条直线都求交点，因为有许多交点并不在轮廓线上，这样的直线的交点不必求，由图 9-8(a)知，相邻两点所构成的直线与直线（9-3）式的交点在轮廓线上必满足

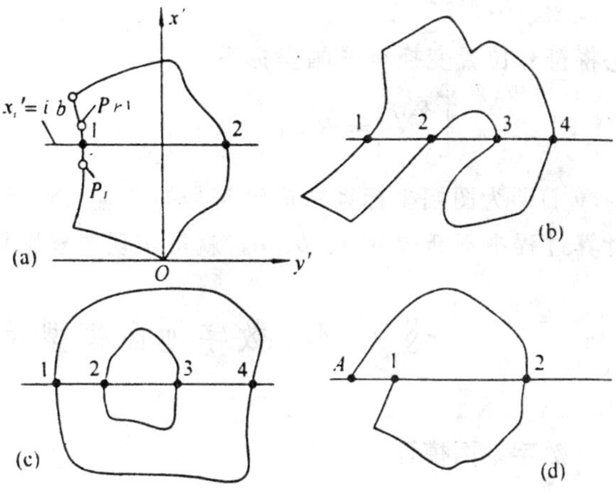

图 9-7　符号填充行与轮廓线相交的几种情况

$$x_{j+1}' \geqslant x_i' > x_j'（或\ x_{j+1}' > x_i' \geqslant x_j'） \tag{9-4}$$

这就是说，只须对满足（9-4）式的相邻点构成直线求交点。

图 9-7 给出了填充行与区域轮廓线相交的所有情况，图 9-7(a)填充行与轮廓线只有两个交点 1、2，在两点的连线间要填充区域符号；图 9-7(b)和(c)填充行与轮廓线有 1、2、3、4 个交点，其中 1、2 和 3、4 之间填充的是同种符号，而 2、3 之间不填充或填充的是另一种符号；图 9-7(d)与轮廓线除有交点 1、2 外，与轮廓线相重合 A—1 段，A—1 段是不填充部分，因为符号只能填充在轮廓线范围内。换句话说，不求 A—1 直线与直线（9-3）式的交点。

即满足条件

$$x_{j+1}' = x_i' = x_j' \tag{9-5}$$

相邻两点间亦不求交点。

那么怎样的交点之间才需填充符号呢？若第 i 填充行与轮廓线有 n 个交点，按 y' 坐标大小依次用 1，2，3，…，n 编号，由图 9-7 知，由奇数到偶数号相邻两点间应填充符号，反之，偶数号到奇数号相邻两点间不能填充符号。

（3）第 i 行上每个符号填充位置的计算。

①计算配置列的数量

$$m_2 = (y_m' - y_L')/a \tag{9-6}$$

式中：y_m'、y_L' 分别为填充行与轮廓线交点中最大 y' 坐标和最小 y' 坐标；a 为符号填充的列间隔。

②计算符号在一行中的最大填充个数

$$N = m_2/k \tag{9-7}$$

式中：k 为填充符号的间隔列数。

③计算符号在区域符号坐标系中的坐标

$$\left.\begin{aligned} x'_{i,j} &= b \cdot i \\ y'_{i,j} &= y'_L + \frac{a}{2} + j \cdot k \cdot a \end{aligned}\right\} \tag{9-8}$$

$j=0，1，2，\cdots，N-1$。

④将符号位置变换至图幅坐标系

$$\begin{bmatrix} x_{x,j} \\ y_{i,j} \end{bmatrix} = R_a^{-1} \begin{bmatrix} x'_{i,j} \\ y'_{i,j} \end{bmatrix} + \begin{bmatrix} x_0 \\ y_0 \end{bmatrix} \tag{9-9}$$

点$(x_{i,j}, y_{i,j})$即为图幅坐标系中应绘符号的位置。对于非规则配置区域符号填充位置计算，只要在计算过程中不断改变 a、b、α，就可实现非规则填充。

§9-4 数字地面模型及等高线的绘制

一、数字地面模型

数字地面模型（Digital Terrain Model，简称 DTM）由美国麻省理工学院 Miller 教授于 1956 年提出，并用于高速公路的自动设计，此后被用于面积、体积、坡度的计算，绘制等高线图、坡度坡向图、剖面图等。数字地面模型 DTM 是地形表面形态等多种信息的数字表示，当数字地面模型只包含地形形状（即高程）信息时，则称为数字高程模型（Digital Elevation Model，简称 DEM）。

DEM 的数据结构主要有两种，即规则的矩形格网与不规则三角网。其地形数据是各格网点的坐标及其高程（如图 9-8）。

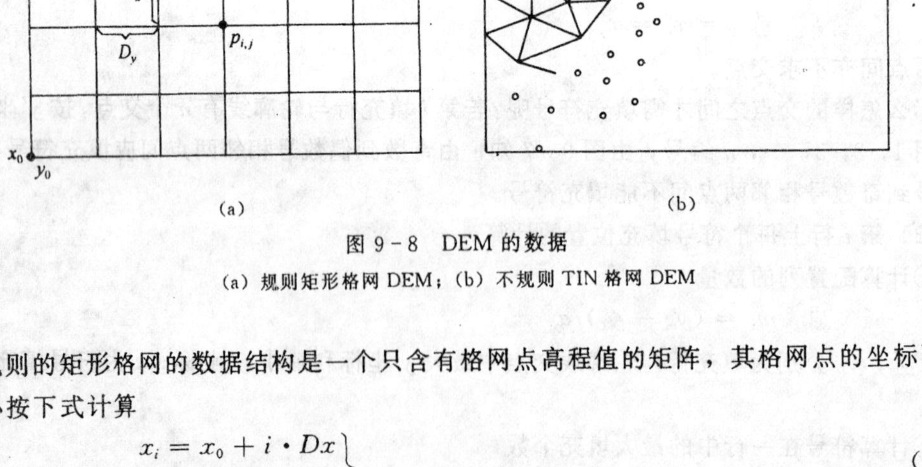

图 9-8 DEM 的数据

(a) 规则矩形格网 DEM；(b) 不规则 TIN 格网 DEM

规则的矩形格网的数据结构是一个只含有格网点高程值的矩阵，其格网点的坐标可由格网大小按下式计算

$$\left.\begin{aligned} x_i &= x_0 + i \cdot Dx \\ y_j &= y_0 + j \cdot Dy \end{aligned}\right\} \tag{9-10}$$

式中：i、j 为高程值所在的行列号。

由于野外测量的地形点是非规则分布，建立数字高程模型需依据野外测得的数据内插算出这些规则格网点的高程值。

矩形格网结构的最大优点是数据结构简单，存贮量小，管理方便。缺点是有时不能准确表示地形的结构与细部特征，因此基于 DEM 描绘等高线时不能准确地表示地貌，为此，一般采用附加地形特征数据，如山脊线、山谷线等。

若将野外采集的地形特征点按一定的规则连接成覆盖全区且不重叠的许多三角形，构成不规则的三角网 TIN（Triangle Irregular Network）[如图 9-8（b）] 通常称为三角网 DEM 或 TIN。其优点是不须内插计算，能较好地反映地形特征，缺点是数据量大。因每一个三角格点都有 x、y、z（H）三个数据，数据结构复杂，管理也较复杂。

构成矩形网的内插算法有有限元法内插、移动曲面拟合内插、多面函数法内插、最小二乘法内插等。构成三角网的算法有泰森多边算法、最近距离法、最小边长法等。这里仅简单说明构成不规则 TIN 的最近距离算法原理。

最近距离算法生成 TIN 时，先在地形数据中找到两个距离最近的点，以这两点的连线为基础，寻找与此线段最近的离散点构成三角形，然后再根据这个三角形的三条边按同样准则进行扩展，构成新的三角形。如此反复，直到没有可扩展的离散点或者所有的三角形的边都无法再构造出新的三角形为止。

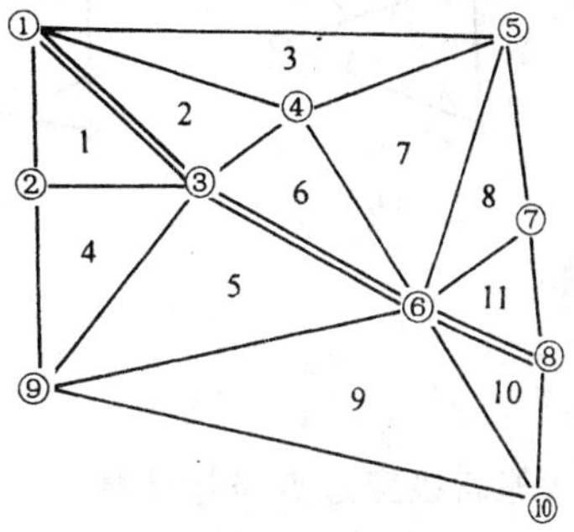

图 9-9　TIN

判断距离大小是依据离散点与线段端点构成的角度的大小，实际中采用角度的余弦值最小的离散点来构成的三角形。三角数字高程模型 TIN 的数据包括每个网点的高程、平面坐标、网点连接的拓扑关系、三角形及邻接三角形等信息。常用的 TIN 存贮结构有直接表示网点邻接关系；直接表示三角形及邻接关系；混合表示网点及三角形邻接关系。如对图 9-9TIN 所对应的直接表示三角形及邻接关系的数据结构如表 9-3、表 9-4、表 9-5 所示。

表 9-3　坐标与高程表

NO	X	Y	Z
1	80.0	10.0	43.5
2	55.8	10.8	66.2
…	…	…	…
10	5.4	85.6	81.4

表 9-4　三角形表

NO	P_1	P_2	P_3
1	1	2	3
2	1	3	4
3	4	5	1
…	…	…	…
11	6	7	8

表 9-5　邻接三角形表

NO	Δ_1	Δ_2	Δ_3
1	2	4	
2	1	3	6
3	2	7	
…	…	…	…
11	8	10	

二、等高线的绘制

等高线的绘制主要包括两个步骤：首先利用 DEM 格网点的高程内插出格网边上等高线通过的点，并将这些等高线点按顺序排列（即等高线跟踪）；然后利用这些顺序排列的等高线上的点的平面坐标 x、y 进一步加密出等高线点，并绘制成光滑的曲线（等高线光滑）。不论是基于规则矩形格网 DEM 还是基于 TIN。等高线的绘制原则基本类似，这里不仿以基于 TIN 为例。其主要步骤如下：

（1）设立三角形标志数组，初始值为零，每一元素与一个三角形对应，凡处理过的三角形将所对应的元素值置为 1，以后不再处理，直至绘制下一高程等高线。

(2) 依三角形顺序判断每一个三角形的边中是否有等高线穿过。

①三角形内等高线的判定。

设等高线高程为 H_i，三角形顶点为 P_1（x_1，y_1，z_1）、P_2（x_2，y_2，z_2）、P_3（x_3，y_3，z_3），则格网点高程 Z 与等高线高程 H_i 之间的关系如图 9-10。图 9-10(c)、(d)没有等高线穿过，图 9-10(a)、(b)有等高线穿过，且有两条边均有等高线穿过。

若
$$(z_1-H_i)(z_2-H_i)<0 \tag{9-11}$$
则该边有等高线穿过，反之
$$(z_1-H_i)(z_2-H_i)>0 \tag{9-12}$$
则该边无等高线穿过。

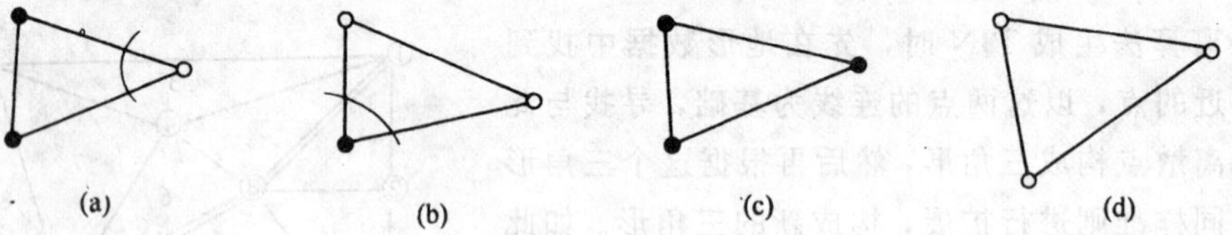

图 9-10　三角形内等高线的判断

●大于 H_i；○小于 H_i

②等高线穿过点坐标计算。

穿过点的平面坐标（x，y）依线性内插按下式计算

$$\left.\begin{aligned} x&=x_1+\frac{x_2-x}{z_2-z_1}(H-z_1)\\ y&=y_1+\frac{y_2-y_1}{z_2-z_1}(H-z_1)\end{aligned}\right\} \tag{9-13}$$

把搜索到的第一个等高线点称为搜索起点，相应的边称为等高线进入边。

(3) 依上法在剩下的两边中，搜索该等高线在该三角形的离去边（也是下一个被搜索三角形的进入边），并内插其平面坐标。

(4) 进入相邻三角形，重复第（3）步，直至离去边没有相邻三角形（此时等高线为开曲线，即在图内不闭合）或又回到起点所在三角形（此时等高线为闭曲线，即在图幅内已闭合）时为止。

(5) 对于开曲线，将已搜索到的等高线点顺序倒过来，并回到起点向另一方向搜索，直到边界（即离去边没有相邻三角形）。

(6) 当一条等高线全部跟踪完后，对等高线进行曲线光滑处理，以便能输出光滑的等高线，因为上述搜索到的等高线上相邻点间隔较大，逐一相连只能得到一条折线。

(7) 继续在剩下没有搜索的三角形中搜索该高程的等高线，直至全部三角形搜索完毕，再改变等高线高程，重复以上过程，直到完成全部等高线的绘制为止。

复　习　题

1. 数字测图有几种模式？数字测图有哪些特点？
2. 野外数字测图要采集哪些信息？
3. 数字地面模型数据结构主要有哪几种？各自的优缺点是什么？
4. 等高线绘制的基本原理是什么？

第十章 GPS测量的原理

§10－1 GPS系统组成

美国国防部于1973年正式批准建立导航卫星定时和测距全球定位系统（Navigation Timing and Ranging Global Positioning System，简称GPS，全球定位系统），历时20年，耗资100余亿美元，于1994年建成并正常工作，向全球提供连续、实时、高精度的三维位置、三维速度和时间信息。GPS系统由空间系统、地面监控系统和用户系统三部分组成。

一、空间系统

空间系统由21颗工作卫星和3颗备用卫星组成，均匀地分布在倾角为55°的6个轨道（如图10－1）上，各轨道面之间的交角为60°，卫星距地球约20 200 km，运行周期为11 h 58 min，在全球任何地区任何时间都可以同时接收至少4颗卫星信号，每颗卫星上装有原子钟（2台铯钟、2台铷钟）、微型计算机、电文接收存储和信号发射设备，并由太阳能电池提供电源。还备有少量燃料，用来调节卫星的轨道和姿态。

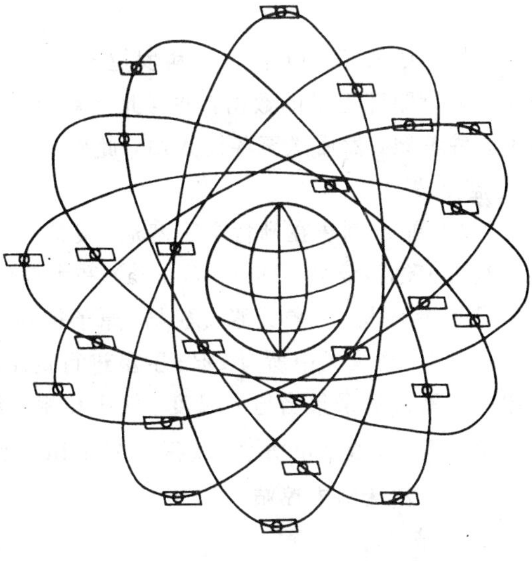

图10－1 GPS星座图

GPS卫星的主要作用在于：接收地面各注入站发送来的卫星星历（卫星在某时刻的位置）、钟差信息和信号的大气传播改正等信息，并连续不断地向用户发送含有上述信息的导航定位电文。每颗卫星用两个L波段频率发射载波无线电信号（L_1=1 575.42 MHz，λ_{L_1}=19 cm；L_2=1 227.60 MHz，λ_{L_2}=24 cm），向用户发送P码（精码，码长约30 m）和C/A码（粗码，码长约300 m），P码只供美国军方和受权用户使用。C/A码的测距精度可达到20～24 m。

二、地面监控系统

地面监控系统由1个主控站，5个监控站和3个注入站组成。地面监控系统工作原理如图10－2。

1．主控站

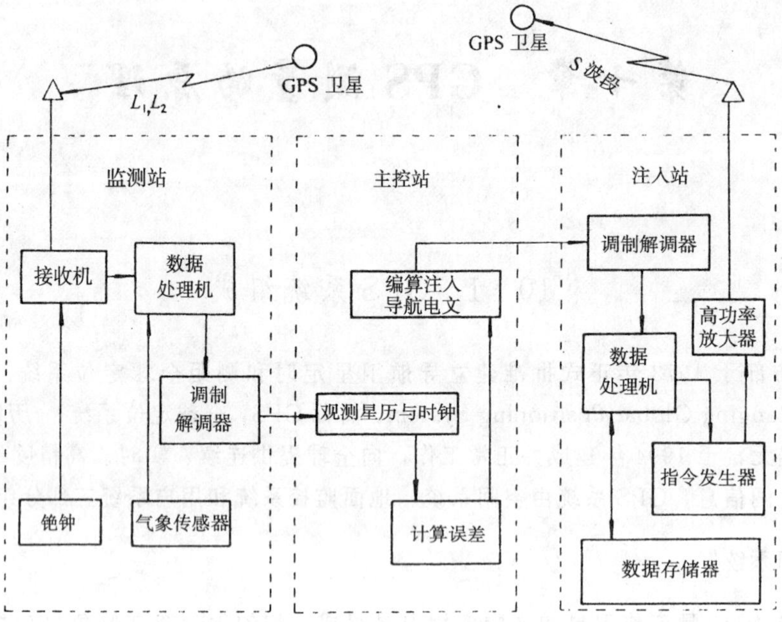

图 10-2　监控系统工作原理图

卫星操控中心（CSOC）位于科罗拉多斯普林斯附近的佛肯空军基地，其任务是收集各监控站送来的所跟踪卫星的数据，并据此计算卫星轨道、钟差参数和外推出未来 26 h 的卫星轨道和卫星钟参数，然后送至各注入站，此外还诊断卫星工作状态，调整卫星姿态和调度卫星。

2. 监控站

5 个监控站分别建在佛肯空军基地、夏威夷群岛、太平洋的长瓦加兰岛（Kawajalein）、印度洋的狄哥·伽西亚岛（Dingo Garcia）和大西洋的阿森松岛（Ascension）。每个监控站装配有双频 GPS 接收机、气象元素传感器、原子钟和微机。监控站是无人值守的 GPS 卫星跟踪站，在微机控制下，对视场中所有 GPS 卫星进行伪距测量，为了对观测值进行对流层延时改正，借助气象传感器自动采集当地的温度、气压和相对湿度，并将每隔 1.5 s 的观测结果，根据电离层和气象数据，采取平滑方法，获得每 15 min 的结果数据，并将这些数据发送到主控站。

3. 注入站

分布在长瓦加兰岛、狄哥·伽西亚岛和阿森松岛的 3 个注入站，接收主控站发送来的卫星星历和钟差信息。当某颗 GPS 卫星飞越注入站上空时，用 10 cm（s）波段的微波作载波，将该卫星的导航电文发给该卫星。

三、用户系统

用户系统通常称为 GPS 接收机，一般由天线单元和信号接收单元两部分组成（如图 10-3）。

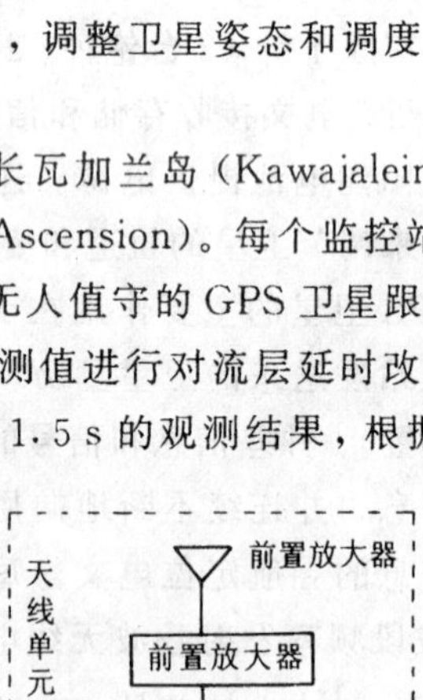

图 10-3　GPS 接收机的基本结构

天线单元由接收天线和前置放大器两个部件组成，当微弱的 GPS 信号到达接收天线后，天线将电磁波能量转化为电流，送到前置放大器予以放大。天线单元可分高放式天线单元和外差式天线单元，高精度 GPS 定位均采用后者，这种天线单元除了信号放大功能外，还兼有变频功能，将接收的高频信号变为中频信号。

1. 接收单元

接收单元的核心部件是信号通道。不同类型的接收机通道数不同，一般有 1～12 个不等，每个通道可跟踪一颗卫星。实践证明，多通道平行跟踪全部可见卫星的成果精度明显优于采用少通道序贯跟踪的接收机。信号通道的作用是，搜索并跟踪卫星；经处理获得纯净的数据码，进而解译出 GPS 卫星所发送的导航电文；进行伪距码测量和载波相位测量。

微处理器是 GPS 接收机工作的灵魂，GPS 接收机其他各部件的工作都是在其指令统一协同下进行的。

2. GPS 接收机的主要任务

可概括为：当 GPS 卫星从用户的地平线升起时，能够捕获跟踪所选择的待测卫星，对所接收到的微弱卫星信号，进行变换、放大和处理，以测量出 GPS 信号从卫星到接收天线的传播时间，解译出 GPS 卫星所发送的导航电文，实时计算出测站（天线相位中心）的三维坐标，并根据预设置的更新率，不断更新计算点位坐标；通过面板键盘的控制，可以显示所需要的数据信息。

GPS 定位因具有实时、全天候、测站间无须相互通视、操作简单方便等诸多特点，其技术发展相当迅速。按接收机用途可分导航型、授时型和大地型。大地型定位精度高，主要为各种精密测量而用。大地型 GPS 有单频接收机和双频接收机两种，在 20 km 的范围内，单频与双频具有同等测量精度，但对于长距离测量而言，双频接收机测量精度要高于单频接收机（表 10 - 1 列出了几种单频 GPS 接收机指标），美国现已推出了测量精度为 $1+10^{-6}$ 的高精度 GPS 接收机，继 1995 年俄罗斯宣布由 24 个卫星组成的 GLONASS 系统成功之后，目前全世界有 4 个厂家生产能同时接收 GPS 系统和 GLONASS 系统的双星系统接收机，该接收机最多可同时接收 24 颗卫星。

表 10 - 1　几种单频接收机的性能指标

型号		GN8L12	Novatel 3151	Ashtech stepl	Trimble 4600LS	Leica 200S	Sokkla GSSiA
产　地		加拿大	加拿大	美　国	美　国	瑞　士	日　本
通道数（个）		8（12）	12	12	8	6	8
功耗（W）		2.0	6	3.5	2	6	7.4
工作环境（℃）		−30～65	−40～85	−20～55	−40～65	−20～50	−20～50
体积（cm^3）		375	1 911	744	4 526	1 000	6 645
精度	静态	10＋2ppm	10＋2ppm	10＋1ppm	5＋1ppm	10＋2ppm	5＋1ppm
	快速静态	20＋2ppm			20＋2ppm		20＋2ppm

注：1 ppm＝10^{-6}。

GPS 接收机就结构而言，有分体式和一体化两种。前者，接收机、天线、控制器和电池四部分相互分离，后者则将其构成一个体整。

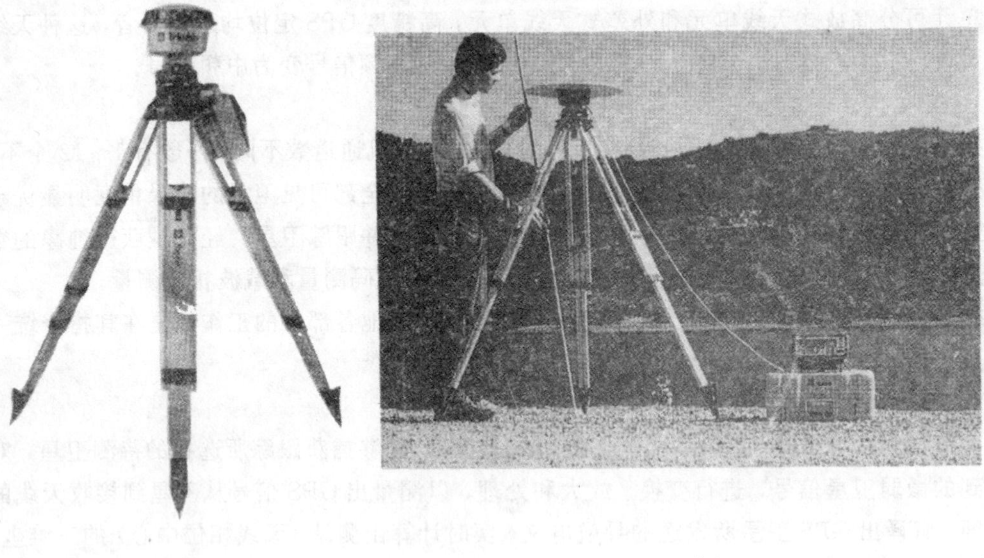

(a) (b)

图 10-4 GPS 接收机

(a) 一体化 GPS；(b) 分体式 GPS

§10-2 GPS 定位原理

一、伪距测量原理

GPS 定位的基本观测量是测站至观测卫星的距离。设卫星发射的电磁波信号在大气中的传播速度为 c，由安置在地面待定点上的 GPS 接收机测得某观测卫星从发射信号到接收该信号所经过的时间（称为时间延迟）为 Δt，则卫星至地面接收天线间的距离为

$$\rho = \Delta t \cdot c \tag{10-1}$$

式中：$\Delta t = t - T$，T 为由卫星钟所记录的卫星发送信号的时刻，由卫星电文中给出；t 为地面接收机钟所记录的接收信号的时刻。

由此可见，伪距测量就是用卫星信号到观测站的传播时间乘以光波在大气中的传播速度来求卫地距离。

事实上（10-1）式中所求得的 ρ 是有误差的。首先，卫星钟和地面钟均有误差，称为钟差，分别记为 δT 和 δt；其次，信号在传播过程中要受到对流层和电离层的影响而产生时间延迟 $\delta\tau_{\mathrm{trop}}$ 和 $\delta\tau_{\mathrm{ion}}$，因此正确的卫地距离为

$$\rho = c[t + \delta t - (T + \delta T) - \delta\tau_{\mathrm{trop}} - \delta\tau_{\mathrm{ion}}]$$

上式中，卫星钟差可根据被观测卫星发送的导航电文提供钟差修正参数求得，$\delta\tau_{\mathrm{trop}}$ 和 $\delta\tau_{\mathrm{ion}}$ 可选定相应的对流层模型和电离层修正模型求得，因而上式中实质上只有接收机钟差 δt 为未知数，将上式简记为

$$\rho = \bar{\rho} + c\delta t \tag{10-2}$$

式中：$\bar{\rho} = c(t - (T + \delta T) - \delta\tau_{\mathrm{trop}} - \delta\tau_{\mathrm{ion}})$。

GPS 的定位原理是空间后方交会。如图 10-5 所示，设 $O-zxy$ 为 WGS-84 地心坐标系，

被跟踪卫星在发送信号时刻的坐标（x_K^S，y_K^S，z_K^S）可由接收机接收到的导航电文中获得，故为已知。设待定点上GPS接收机天线相位中心的坐标为（x_G，y_G，z_G），显然有

$$\rho=\sqrt{(x_G-x_K^S)^2+(y_G-y_K^S)^2+(z_G-z_K^S)^2}$$

顾及（10－2）式有

$$\overline{\rho}=[(x_G-x_K^S)^2+(y_G-y_K^S)^2+(Z_G-Z_K^S)^2]^{\frac{1}{2}}-c\delta t \qquad (10-3)$$

上式中，有待定点坐标未知数 x_G、y_G、z_G 和接收机钟差未知数 δt 共4个，所以只要在待定点同时跟踪4颗以上的卫星就能求解上述4个未知数，从而求得待定点在WGS－84坐标系中的三维坐标。然后根据WGS-84坐标系与大地坐标系之间的转换关系就可得到待定点的大地坐标。

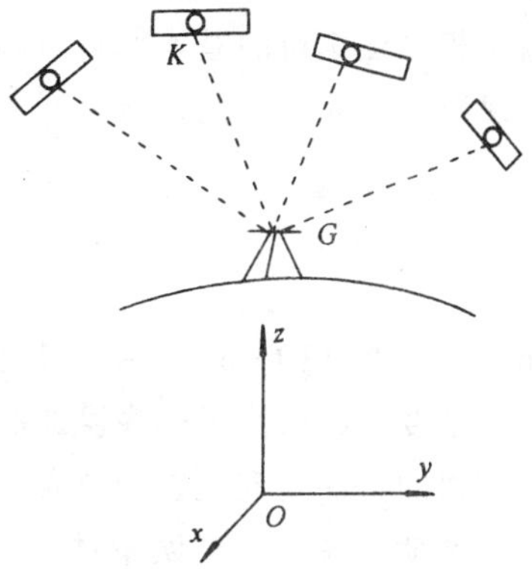

图10－5　GPS定位原理

二、载波相位测量原理

伪距测量是全球定位系统的基本测距方法，然而由于测距码的码元长度较大（C/A码293 m，P码29.3 m），测量精度大约为码元长度的1/100，加之美国对P码加密，不提供民用，所以伪距测量不能满足一些高精度测量的需要，载波相位测量技术就是在这种背景下提出的。在全球定位系统中，载波是用来运载测距码和卫星电文的，为了消除电离层延迟误差，GPS同时使用了两种不同频率的载波 L_1 和 L_2。若按1/100的测相精度，那么载波相位测量的精度可以达到毫米级至亚毫米级。

载波相位测量是利用接收机测定GPS卫星自发送信号时刻到接收到该信号 L_1 载波（或 L_2）的相位变化数 φ，依式

$$\rho=\lambda\varphi/2\pi \qquad (10-4)$$

来求卫星至测站的距离。

如图10－6所示。设在 t_0 时刻发送的信号经过 Δt 后被地面接收，其相位变化为

$$\varphi_0=N_0 2\pi+\Delta\varphi_0$$

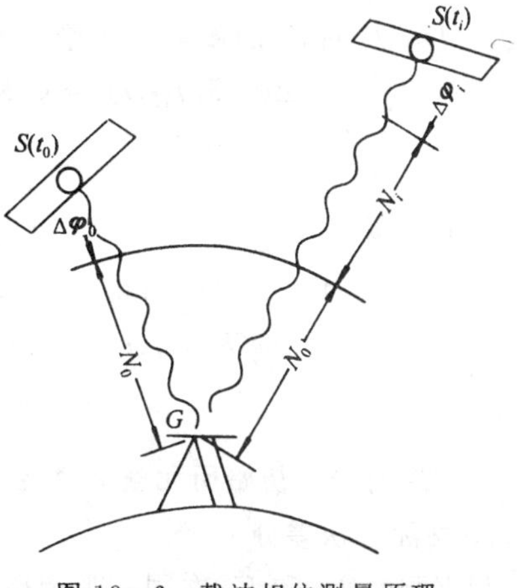

图10－6　载波相位测量原理

在上式中，当接收机初次收到某卫星的信号时，t_0 时刻发送的信号到达接收机载波相位变化的整周数 N_0 是不可测的（称为整周模糊度），而只能测出不足整周的 $\Delta\varphi_0$。但是，只要卫星从 t_0 到 t_i 卫星信号没有失锁（中断），则整周模糊度 N_0 就为常数，t_i 时刻卫星到接收机载波的相位变化为

$$\varphi_i=N_0 2\pi+N_i 2\pi+\Delta\varphi_i$$

N_i 为 t_0 时刻到 t_i 时刻变化的整周数，这里 N_i 和 $\Delta\varphi_i$ 接收机可测得，即为已知。那么，对任一时刻 t_i，卫星至接收机的距离为

$$\rho_{ti}=\lambda(N_0+N_i+\Delta\varphi_i/2\pi)$$

显然有方程

$$\lambda(N_0 + N_i + \Delta\varphi_i/2\pi) = [(x_G - x_{ti}^S)^2 + (y_G - x_{ti}^S)^2 + (z_G - x_{ti}^S)^2]^{\frac{1}{2}} \quad (10-5)$$

上式就是相位法定位的基本原理方程，其中 N_0、x_G、y_G、z_G 为未知数，只要在测站上对同一颗卫星观测至少 4 个历元，就可联立求解进行测站定位。

§10－3 相位差分测量原理

事实上，在（10－5）式中，有卫星钟钟差、接收机钟差、卫星轨道误差等的影响。为了保证定位精度，必须修正这些误差的影响，因此，实用的观测定位方程要比（10－5）式复杂得多，常用的方法是建立差分方程。其基本依据是，在上述诸影响因素中，有着良好的空间相关性，也就是说，上述误差对于两个相差不太远的测站而言，可认为相同，而对于同一测站而言，对于不同的星站间的影响或同一颗、不同历元的影响认为是相同的，因此对相位观测值进行线性组合，就可达到消除或削弱相关误差的影响，提高定位精度。相位差分有一次差分、二次差分和三次差分等方法，此外，又可依测站、卫星和历元三个要素求差。

一、一次相位差分

1. 星际一次差分

设在 K 测站上，在历元 i 对卫星 J_1 和 J_2 观测得相位变化分别为 φ（K，J_2，i）和（K，J_1，i），那么相应的星站距离为

$$\rho(K,J_2,i) = \lambda\varphi(K,J_2,i)/2\pi \text{ 和 } \rho(K,J_1,i) = \lambda\varphi(K,J_1,i)/2\pi$$

那么，卫星 J_2 对 J_1 的星际一次差分为

$$\begin{aligned}\Delta\varphi(K,J_{12},i) &= \varphi(K,J_2,i) - \varphi(K,J_1,i)\\ &= \frac{1}{\lambda}[\rho(K,J_2,i) - \rho(K,J_1,i)]\end{aligned} \quad (10-6)$$

2. 历元间一次差分

由 K 测站对 J 卫星的两相邻历元的相位观测值求差，即为历元间一次差分观测值。

$$\begin{aligned}\Delta\varphi(K,J,(i,i+1)) &= \varphi(K,J,i+1) - \varphi(K,J,i)\\ &= \frac{1}{\lambda}[\rho(K,J,i+1) - \rho(K,J,i)]\end{aligned} \quad (10-7)$$

（10－7）式消去了初始历元整周待定值，求差后可略去或抵消大部分的大气折射影响。

3. 站际一次差分

根据测站 K_1 和 K_2 在同一观测历元 i 对同一颗卫星 J 的相位观测值求差，即获得站际一次差

$$\begin{aligned}\Delta\varphi(K_{12},J,i) &= \varphi(K_2,J,i) - \varphi(K_1,J,i)\\ &= \frac{1}{\lambda}[\rho(K_2,J,i) - \rho(K_1,J,i)]\end{aligned} \quad (10-8)$$

二、二次差分

一次差分是分别按测站、卫星和历元之一求差，若在此基础上对另一元素求差，就得到二次差分。

1. 站际、星际二次差分

站际、星际二次差分也称为双差分，由卫星 J_1 和 J_2 的站际一次差分观测值求差

$$\Delta\Delta\varphi(K_{12},J_{12},i)=\Delta\varphi(K_{12},J_2,i)-\Delta\varphi(K_{12},J_1,i) \qquad (10-9)$$

2. 星际、历元间二次差分

在相邻历元 i，$i+1$ 之间在某测站 K 对 J_1、J_2 两卫星的星际一次差分再次求差

$$\Delta\Delta\varphi(K,J_{12},i,i+1)=\Delta\varphi(K,J_{12},i+1)-\Delta\varphi(K,J_{12},i) \qquad (10-10)$$

3. 站际历元间二次差分

对站际一次差分再按相邻历元求差即为站际历元二次差分，其观测值为

$$\Delta\Delta\varphi(K_{12},J,i,i+1)=\Delta\varphi(K_{12},J,i+1)-\Delta\varphi(K_{12},J,i) \qquad (10-11)$$

类似地，将上述的三种二次差分值中的任一种，再次按三个要素求差，即得到三次差分量。

§10-4 GPS 定位误差

GPS 定位测量的误差不仅影响定位精度，而且也影响模糊值解算。模糊值解算正确与否，又直接影响观测成果的可靠性。

GPS 定位测量的各种误差可归纳为三类：

第 1 类：同卫星有关的误差包括卫星轨道误差和卫星钟差；

第 2 类：同观测有关的误差包括电离层误差、对流层误差、周跳、接收机噪声和多径误差；

第 3 类：同测站有关的误差包括接收机钟差和基地站（起算点）WGS-84 坐标的误差。

一、轨道误差

轨道误差来源于广播星历（BE）中轨道信息的不定性。此不定性是由于 BE 的精度低及 SA 政策。检验证明：无 SA 政策时轨道误差为 10～50 m，有 SA 政策时可超过 100 m。由于多数用户是利用 BE 定位，故 BE 的不定性将导致定位测量误差。

由几台接收机进行相对定位，能显著削弱轨道误差。但基线增长时，残余的轨道误差将随之加大，也使解算模糊值更困难。

轨道误差 $\mathrm{d}r$ 对所测基线 b 的影响 $\mathrm{d}b$ 为

$$\mathrm{d}b=\mathrm{d}r\cdot b/\rho$$

式中：ρ 为卫星至接收机的距离（≈20 000 km）。

如果基线误差允许到 1 cm，则可得出表 10-2。

表 10-2 基线限差 1 cm 时的轨道限差

基线长（km）	轨道限差（m）
0.1	2 500.0
1.0	250.0
10.0	25.0
100.0	2.5

由表 10-2 可见，点间距离越大，要求轨道精度就越高。

二、卫星钟差

卫星钟差的影响主要来自 SA 政策。同一卫星信号到达地面两台接收机的时间差极小；卫星钟在短时间内的漂移也很小，两者均可忽略不计。在双差观测值中，卫星钟差的高阶项也可忽略。此外，卫星钟差的残余误差也不影响模糊值解算。

三、接收机钟差

尽管在开始观测时，各接收机已设定为同步，实际上精密同步是困难的。此外，接收机钟在同步之后也会发生漂移。然而，在双差观测值中，卫星钟差及接收机钟差几乎能完全消

除。对于多数接收机而言，接收机钟差及其漂移对解算模糊值的影响可忽略不计。

四、电离层误差

电离层时延大小取决于频率。就GPS频率而言，电离层时延对一次测距的影响，最大时达150 m；最小时也有5 m。

电离层效应具有两大特性：一是扩散性，二是互补性。电离层的扩散性意味着时延大小取决于频率。这是一大优点。例如：将双频GPS接收机的相位观测值加以线性组合，可基本消除电离层效应。

根据无线电波传播原理，电离层对GPS码观测值的影响的第一阶项为 $40.3/f^2\int_S n_e \mathrm{d}S$，对相位观测值的影响则为 $-40.3/f^2\int_S n_e \mathrm{d}S$。由此可见，电离层对这两种观测值的影响，数值相等，符号相反。这就是电离层效应的互补性。美国学者B.W.雷蒙迪利用此互补性首创“码载波相位扩散技术”（简称为CCD技术），削弱电离层效应，使单频接收机的测程戏剧性地扩大到300 km。

边长短于10 km时，两台接收机之间的电离层效应可通过双差观测值予以基本消除。但是，电离层的影响随着边长的增加而急剧加大。因此在能够解算模糊值的情况下，电离层效应是限制边长的主要因素。

五、对流层效应

电波在对流层中的传播速度同频率无关，但其折射作用造成信号传播的时延。通常采用Hopfield模型顾及此时延。如果边长较短，高差又小，则未模拟的对流层影响将强相关。采用求差法可将其消除。但是，当两点间的距离或高差较大时，地方大气层将有较大差异，相关性也随之减弱，难以采用适当模型予以顾及。对流层改正不准确也是导致GPS高程误差较大的原因之一。

六、多径误差

在GPS的各种应用中，多径误差几乎难以避免。多径误差对码观测值和载波相位观测值均有较大影响。前者的多径误差可达一个波长（29.3 m）。后者的多径误差可小于载波波长（29.3 m）的1/4。单频接收机的多径误差一般小于20 m。采用窄距相关技术后，C/A码的多径误差可降到亚米级。

七、周跳

周跳来源于外因和内因。外因是由于障碍物、信号噪声大、卫星高度较低和动态应用中的天线倾斜等所引起。内因是由于接收机内信号处理技术不完善所造成。

在许多应用领域，特别是静态定位中，不难探测出周跳。一旦出现小周跳，甚至1/2周跳或1/4周跳，则使探测和修复发生困难。接收机本身产生周跳数的多少，是评定接收机质量的重要标准之一。能否探测和修复全部周跳，又是评定软件质量的一条重要标准。

八、接收机噪声

伪距观测值的噪声，C/A码约为1 m，P码约为0.3 m。但较好的第三代接收机C/A码的伪距噪声只有10 cm。载波相位观测值的精度可达毫米。观测量增加后，精度还可提高。但其他误差（例如多径误差）远远大于测量噪声。一般认为：评定观测成果质量的重要标准应该是载波相位观测值的稳定性。如果接收机经常发生周跳，甚至出现更坏的半周跳或1/4周跳及不正常的观测值，则难于正确解算模糊值，严重影响所测成果的可靠性。

九、起算点 WGS-84 坐标的误差

起算点 WGS-84 坐标的误差将直接传播给全网各点。此项影响同轨道误差相似，但更具有系统性。因此，起算点 WGS-84 坐标的精度应当高于轨道精度。如 BE 的误差为 20 m，则起算点 WGS-84 坐标的精度应高于 20 m。

复 习 题

1. GPS 定位的基本原理是什么？
2. 差分的作用是什么？其理论依据是什么？
3. GPS 定位的主要误差来源有哪些？

第二篇　测量在工程中的应用

第十一章　施工测量基础

§11-1　工程测量概述

地面上的各种工程建设，一般都要经历总体规划、勘察设计、施工建设、竣工检查以及运营管理等几个阶段。在整个工程建设过程中，其每个阶段都需要进行各种不同目的、不同要求的测量工作。

工程规划设计阶段的测量工作，主要是为勘察设计提供各种比例尺的地形图以及为工程地质勘察、水文地质勘探提供所需要的测量。

施工建设阶段的测量工作，主要是要将图上设计的建筑物位置、形状、大小及高程运用必要的测量手段，标定于施工现场的地面（即放样），以便于施工。显然这一过程与测绘地形图的过程正好相反。

工程运营管理阶段的测量工作，主要是定期对建筑物的水平位移、沉降、倾斜及摆动等进行变形监测，以保证其安全运行。

以上这些为工程目的所从事的测量工作总称为工程测量。具体在工程施工建设阶段所从事的测量工作为施工测量。

工程测量服务的对象是各个具体的工程，因此，从事工程测量的测绘人员必须懂得一些工程建设方面的知识。在工程勘察设计阶段，测量人员应了解工程的目的、作用、总体规划及地理状况等；在施工建设阶段，测量人员应了解工程的结构，能根据设计施工图找出所需要测设的点位的内部联系及其与周边控制点的关系计算放样元素；在变形监测时，变形监测点位的确定也需要测量人员对构筑物的结构非常熟悉，才能保证变形监测点位布设的合理性。

§11-2　施工测量的基本工作

对于工程设计而言，一般是在设计图上首先设计出整个工程的场区主轴线，再以场区主轴线为准设计出各建（构）筑物的主轴线，最后根据各建（构）筑物的主轴线设计出各建（构）筑物的内部轴线及细部。

工程建筑物的放样程序，也应与设计过程一样，采用“先整体后细部”的原则，即先测设出施工场区主轴线，再测设场区内各建（构）筑物主轴线，最后测设其内部轴线及细部。

大中型项目的主要轴线及部分细部点的测设，需要在专门为施工测量建立的施工控制点上进行，而建筑物的细部一般是尽可能地根据它们的轴线进行放样。

由上可知，施工测量可概括为施工控制测量和施工放样两个主要过程。

一、施工控制网建设

1. 施工控制网特点

测图控制网是为了满足规划设计时所需地形图的测图需要而布设的，一般说来，点位较稀，点位布设及精度上也难以满足施工测量的需要，因此，在施工测量时，必须布设专门的施工控制网。

施工控制网的控制范围一般较小，使用也比较频繁，且容易受到施工场地的施工机械及施工人员的遮挡而影响通视，故而，施工控制点的位置应布设恰当，密度也应较大，以便于使用时能有所选择。

施工平面控制点的布设，一般采用两级布网方式：第一级施工平面控制网主要用于场区主轴线的放样及各建筑物主轴线的放样；第二级则主要用于测设建筑物细部。由于各构筑物内部的相互轴线关系及构筑物细部与各构筑物之间的轴线关系相比更为重要，精度要求更高，因此一般说来，第二级施工平面控制网的精度比第一级施工平面控制网的精度要求更高。这与测图控制网正好相反。

施工高程控制点的布设，一般也是采用两级布网方式，布满整个施工场区的基本高程控制网及根据施工各阶段放样需要布设的高程加密网。

2. 施工平面控制网坐标系统的建立及换算

对于大、中型建筑项目而言，大部分建筑物的轴线与场区主轴线平行或垂直。为了施工计算、放样及检核的方便，施工坐标系一般都是采用与场区主轴线方向一致的设计坐标系作为独立的施工坐标系。

施工坐标系通常与高斯坐标系(有时是独立坐标系)不一致，如果工程需要，就应进行两种坐标系间的换算，以保证坐标系的统一（见图 11－1）。

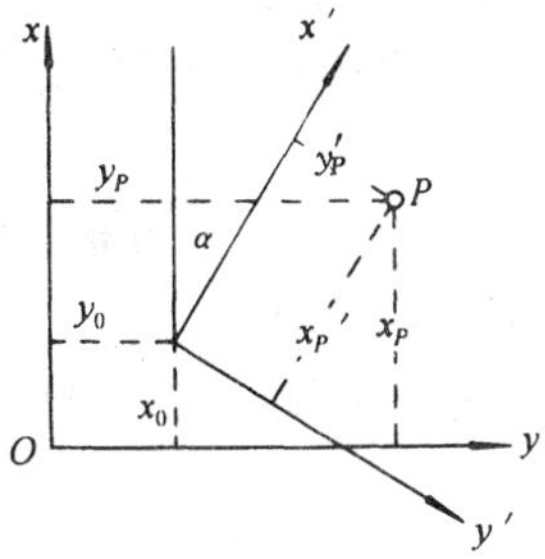

图 11－1　两种坐标系的换算

设 P 点在高斯坐标系中的坐标为（x_P，y_P），在施工坐标系中的坐标为（x'_P，y'_P），其换算关系如下：

（1）施工坐标换算成高斯坐标。

$$\begin{cases} x_P = x_0 + x'_P \cdot \cos\alpha - y'_P \cdot \sin\alpha \\ y_P = y_0 + x'_P \cdot \sin\alpha + y'_P \cdot \cos\alpha \end{cases} \tag{11-1}$$

（2）高斯坐标换算成施工坐标。

$$\begin{cases} x'_P = (x_P - x_0) \cdot \cos\alpha + (y_P - y_0) \cdot \sin\alpha \\ y'_P = -(x_P - x_0) \cdot \sin\alpha + (y_P - y_0) \cdot \cos\alpha \end{cases} \tag{11-2}$$

（11－1）式和（11－2）式中的参数值 x_0、y_0、α 由工程设计单位负责提供。

3. 施工平面控制网的布设

施工平面控制网的布设形式应根据具体工程的具体需要进行布设，各种工程项目的施工控制网的布设方法将在后续章节中予以介绍。

二、施工放样的基本方法

（一）已知角度的测设方法

1. 正倒镜投点法

如图 11-2 所示。已知 OA 方向，现要求在地面上测设给定的 β 角。方法是在 O 点安置经纬仪，以正镜（盘左）位置照准 A 点，使水平盘读数为零度，然后顺时针转动照准部，使度盘读数为 β，在视线方向上定出 P' 点，为了消除经纬仪视准轴误差的影响，倒转望远镜，重新照准 A 点，并读数，设为 $\beta_{右}$（此时 $\beta_{右}$ 一般不等于 180°），逆时针转动照准部，使度盘读数为 $\beta_{右}+\beta$，在视线方向上定出另一点 P''。取 $P'P''$ 的中点 P，即得 β 角。

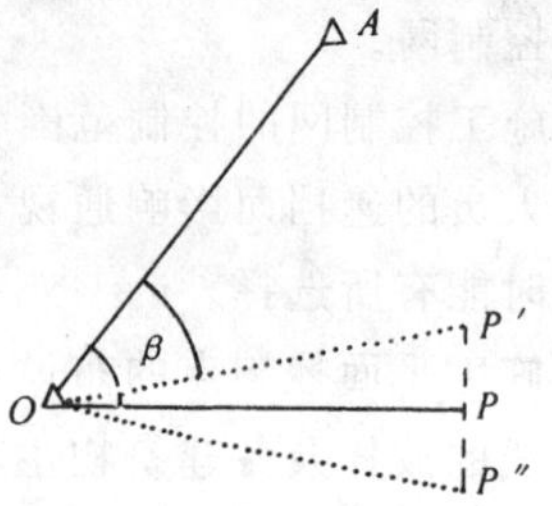

图 11-2 正倒镜投点法

2. 精密角度放样法

为了提高 β 角的放样精度，可先用正镜测设 β_1 角，得 P' 点，然后用经纬仪测角 $\angle AOP'$ 若干测回，最后取其平均值，仍用 β_1 表示。将 β_1 与 β 进行比较，求出差值 $\Delta\beta=\beta_1-\beta$。见图 11-3。测量 OP' 的长度，再根据 OP' 的长度和 $\Delta\beta$ 值计算垂距 $P'P$。

$$P'P = OP' \times \tan\Delta\beta \approx OP' \times \Delta\beta/\rho'' \tag{11-3}$$

式中 $\rho''=206\,265''$。它是一个弧度的秒值。

例如：设 $\Delta\beta=-30''$，$OP'=50.00$ m，则 $P'P=-30\times 50/206\,265=-0.007$（m）

从 P' 点沿 OP' 的垂直方向向外量 0.007 m，定出 P 点，则 $\angle AOP$ 就是所要测设的 β 角。

（二）已知长度的测设方法

已知长度的放样分钢尺量距法和测距仪（或全站仪）测距法。

1. 钢尺量距测设法

设有一倾斜场地，如图 11-4 所示。在施工图纸上量得某一要测设的长度，其平距为50 m。

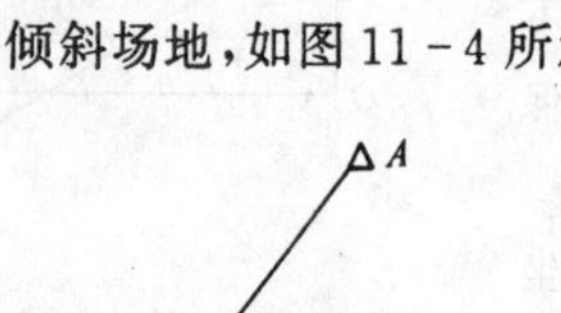

图 11-3 精密角度放样

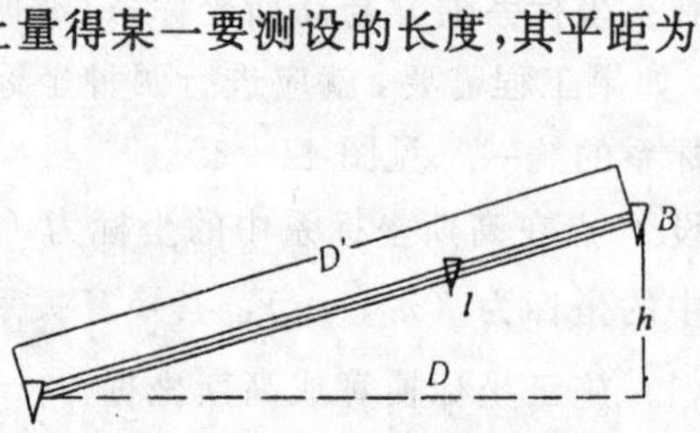

图 11-4 钢尺量距测设法

现用名义长 l_0 为 30 m 的钢尺进行测设，设钢尺在温度 $t_0=20$℃ 时检定的长度 l 为 30.003 m，膨胀系数 $\alpha=12.5\times10^{-6}$，测设时的温度 t 为 10℃，线段两端点 AB 间高差 $h=1.2$ m。钢尺量距的测设步骤如下：

（1）在直线的起点 A（或控制点）上安置经纬仪。

（2）照准另一控制点，在地面上标定出将要测设的长度的直线方向（直线定线），在地面上打入尺段桩1和终点桩 B，并在桩面上刻划十字标志。

(3) 测定直线的高差或每个尺段桩的高差、温度，按以下步骤计算丈量的距离。设 AB 两点正确的水平距离为

$$D = D' + \Delta l + \Delta l_t + \Delta l_h$$

则测设时，AB 总的实际的斜距为

$$D' = D - \Delta l - \Delta l_t - \Delta l_h$$

其中尺长改正 $\Delta l = \dfrac{l - l_0}{l_0} D = 50 \times \dfrac{30.003 - 30.000}{30.000} = +0.005(\mathrm{m})$

温度改正 $\Delta l_t = D \times \alpha(t - t_0) = 50 \times 12.5 \times 10^{-6} \times (10 - 20) = -0.006(\mathrm{m})$

高差改正 $\Delta l_h = -\dfrac{h^2}{2D} = -\dfrac{1.2^2}{2 \times 50} = -0.014(\mathrm{m})$

将上述各项改正数代入斜距公式，就可得到实际的斜距

$$D' = 50.000 - 0.005 + 0.006 + 0.014 = 50.015(\mathrm{m})$$

(4) 将上述计算结果与已知长度比较差值，在终点桩上修正初步标定的刻线，若差值较大，点位落在桩外时，则须再打入终点木桩。

2. 光电测距仪或全站仪测设法

测距仪或全站仪一般具有放样功能，测设步骤为：

(1) 在直线的起点 A（或控制点）上安置仪器，对中、整平。

(2) 照准另一控制点，在地面上标定出将要测设的长度的直线方向，固定仪器照准部。

(3) 将放样距离 D_0 输入仪器中，然后在此直线方向上，竖立反光镜，测定仪器到反光镜的距离 $D_{测}$，仪器自动计算出放样差值（$D_{测} - D_0$），仪器观测者根据放样差值指挥立镜者在直线方向上前后移动反光镜，测量放样差值直至等于零，即可确定终点 B 的位置。最后在地面上打入刻有十字标志的终点桩 B。

（三）点的平面位置的测设方法

测设一点的平面位置，可根据不同的实际情况，采用方向线交会法、直角坐标法、极坐标法或角度交会法等。

1. 方向线交会法

方向线交会法是利用两条方向线相交来定出放样点。当需要放样的点和线较多时，可建立矩形的格网，用此法进行放样速度较快。

如图11-5所示。L、O、M、N 为控制点，已知 LA 和 OB 的距离为20 m，NJ 和 LK 的距离为20 m，p 为要在地面上测设的基础桩点。方法如下：从控制点 L 向点 N 方向丈量20 m的距离，得 A 点；同法得 B 点；在 A 点上安置经纬仪，照准 B 点上的标志，得方向线 AB。沿此方向线在基础 p 的挖土范围以外，设立 a、b 两点，并打入木桩，用十字标定两点。为了消除仪器误差的影响，用正镜定点位后，还要用倒镜再进行定点。如果两次所定的点位不重合，应取平均值。用上述同样方法，在 JK 方向上定出 c、d 两点。施工人员即可根据 a、b、c、d 四点用拉线方法交会出基础中心 p 点来，并放样出基础轮廓。a、b、c、d 四点又称“骑马桩”。

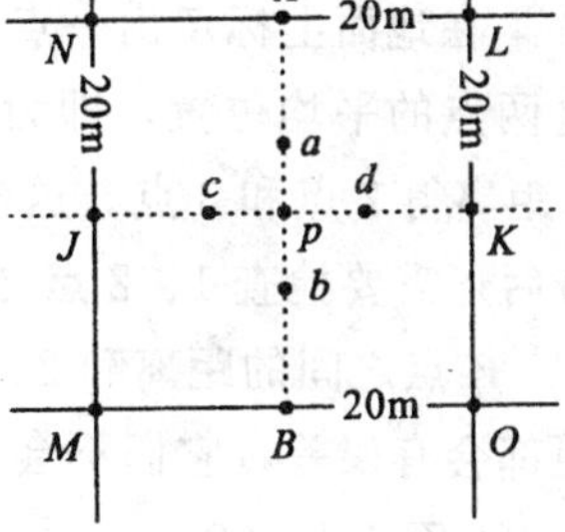

图11-5 方向线交会法

2. 直角坐标法

直角坐标法可以是根据与坐标轴平行的控制线进行，这时，先沿着控制线量出放样点的横坐标或纵坐标，然后在该点位置且垂直于控制线的方向上，放样出该点的纵坐标或横坐标，如图 11－6 所示。也可以是根据与建筑物的边线平行的主轴线进行，见图 11－7。这种方法只需量距和测设直角，工作比较简单。当建筑场地的施工控制网为矩形格网或轴线形式时，采用此法较为方便。

如图 11－6 所示。N、M、O 为控制点，控制线 MN 和 MO 分别平行于施工坐标系的纵横轴，现欲在地面上测设一点 K。方法是：首先根据 K 点的坐标计算（或图上量）出该点相对于直线 MO 和 MN 的坐标差；然后沿 MO 边量取 MA 使之等于 K 点的横坐标差 Δy，再将经纬仪安置在 A 点上，用正倒镜投点法定出 MO 的垂线 AK，并在垂线上量取 AK 使之等于 K 点的纵坐标之差 Δx，则 K 点即为所求的点。

例如图 11－7 中，OM、ON 是两条相互垂直的主轴线，O 点的坐标为（$x=0.00$，$y=0.00$），它们的方向与厂房的两个方向平行。厂房 4 个角点的设计坐标如图所示，试在现场标定出厂房。放样方法如下：

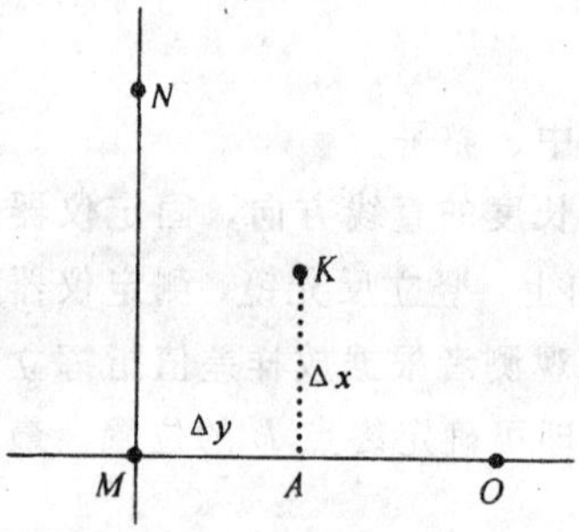

图 11－6　直角坐标法（1）

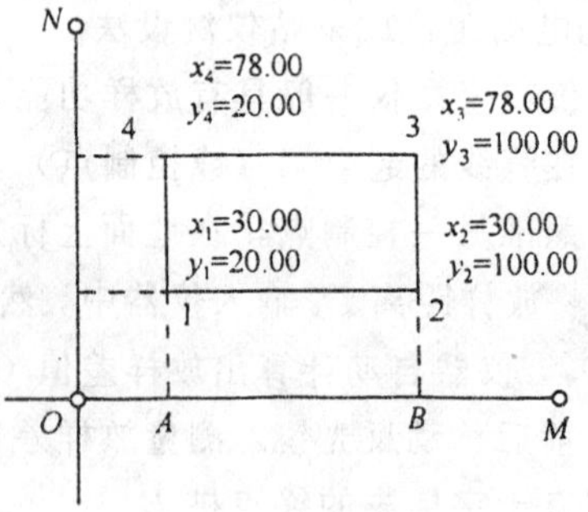

图 11－7　直角坐标法（2）

（1）在现场找到 O、M、N 三点，在 O 点安置经纬仪，照准 M 点，在此方向上从 O 点向 M 量距 20.00 m 和 100.00 m，在地面分别标定出点 A 和 B。搬仪器至 A 点，照准远点 M（因为远点定向精度比近点高），配置度盘读数为 0°00′00″，转动照准部使度盘读数为 270°00′00″，在地面上标定出一点，倒转望远镜，用同样方法在地面上又标定出一点，用望远镜照准这两点的平均位置，即为要测设的方向。在此方向上从 A 点分别量取 30.00 m 和 78.00 m 的距离得 1 点和 4 点。

（2）再将仪器搬至 B 点，照准远点 O，配置度盘读数为 0°00′00″，转动照准部使度盘读数为 90°00′00″，在地面上标定出一点，倒转望远镜，用同样方法在地面上又标定出一点，用望远镜照准这两点的平均位置，即为要测设的方向。在此方向上从 B 点分别量取 30.00 m 和 78.00 m 的距离得 2 点和 3 点。这样就把厂房的四个桩标定在地面上了。

（3）最后还需要检查 1、2 点之间的距离和 3、4 点之间的距离，它们应等于厂房的长度 80.00 m；1、4 点之间的距离和 2、3 点之间的距离，它们应等于厂房的宽度 48.00 m。由于测角和量距都会有误差，它们不会完全相等。对不同放样精度要求的厂房，其相对误差一般要求在 1/2 000 至 1/5 000。

3. 极坐标法

如图 11－8 所示，极坐标法就是在一个控制点上架设经纬仪，根据放样点的坐标计算出该点相对某一已知方向的角度和到测站点的距离，然后进行测设。因此在测设前，必须根据放样点的坐标计算放样要素 β 和 D。

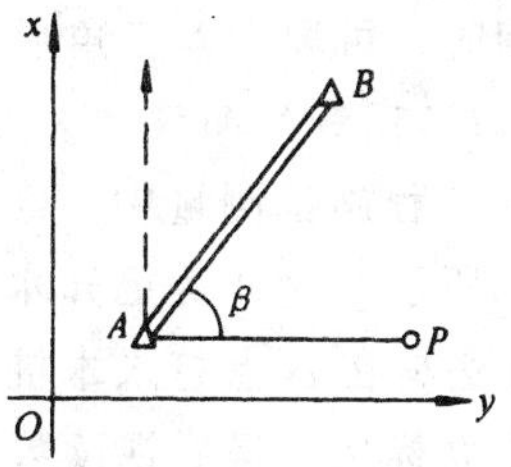

图 11－8　极坐标测设法

$$\alpha_{AB}=\arctan\frac{y_B-y_A}{x_B-x_A}$$

$$\alpha_{AP}=\arctan\frac{y_P-y_A}{x_P-x_A}$$

$$\beta=\alpha_{AP}-\alpha_{AB}$$

$$D_{AP}=\sqrt{(x_P-x_A)^2+(y_P-y_A)^2}=\frac{x_P-x_A}{\cos\alpha_{AP}}=\frac{y_P-y_A}{\sin\alpha_{AP}} \tag{11-4}$$

有了 β 和 D_{AP}后，将经纬仪安置在 A 点上，照准 B 点，按正倒镜投点法在地面标定出 AP 方向线，按长度测设法测定 AP 的距离，即得 P 点的位置。

例如：已知 $x_A=300.00$ m，$y_A=1\ 000.00$ m；$x_B=200.00$ m，$y_B=1\ 200.00$ m；放样点 $x_P=300.00$ m，$y_P=1\ 200.00$ m；现以 A 点为测站，在地面上标定出 P 点。

步骤如下：

（1）计算放样元素。

$$\alpha_{AB}=\arctan\frac{y_B-y_A}{x_B-x_A}=\arctan\frac{1\ 200.00-1\ 000.00}{200.00-300.00}=116°33'54''$$

$$\alpha_{AP}=\arctan\frac{y_P-y_A}{x_P-x_A}=\arctan\frac{1\ 200.00-1\ 000.00}{300.00-300.00}=90°00'00''$$

$$\beta=\alpha_{AB}-\alpha_{AP}=116°33'54''-90°00'00''=26°33'54''$$

$$D_{AP}=\sqrt{(x_P-x_A)^2+(y_P-y_A)^2}$$

$$=\sqrt{(300-300)^2+(1\ 200-1\ 000)^2}=200.00(\text{m})$$

（2）点位测设。

有了放样数据后，就可以进行点位测设工作。若使用全站仪测设，只需将 P 点坐标和控制点 A、B 点坐标输入仪器中，仪器会自动计算出放样数据水平角 β 和水平距离 D_{AP}。测设时，在 A 点上安置全站仪，照准 B 点，转动照准部，按正倒镜投点法在地面标定出角度为26°33′54″的方向线 AP，按长度测设法测定 AP 的距离，即得 P 点的位置。

4. 角度交会法

当不便量距或测设的点位远离控制点时，采用此法较为适宜。如图 11－9 所示。根据控制点 A、B、C 的坐标及 P 点的设计坐标，计算放样角度 α_1、β_1、α_2、β_2 的角值。然后将经纬仪分别安置在 A、B、C 三个控制点上，测设 α_1、β_1、α_2、β_2 各角，方向线 AP、BP、CP 的交点即为所求的 P 点。

放样时，先需要在控制点 A、B、C 各处安置一台经纬仪，按 α_1、β_1、α_2、β_2 各角交会出 P 点概略位置，在此位置上打入一个顶面积为 10 cm×10 cm 的大木桩，然后再在桩顶平面上精确放样。精确放样时，由仪器观测者指挥放样员用铅笔尖在桩顶面上分别在 AP、BP、CP 方向线上各标志出二个点，将各方向上的二点连接起来，就得方向线 AP、BP、CP，三个方向在理论上应交于一点；但实际上存在放样误差的影响，将会出现一

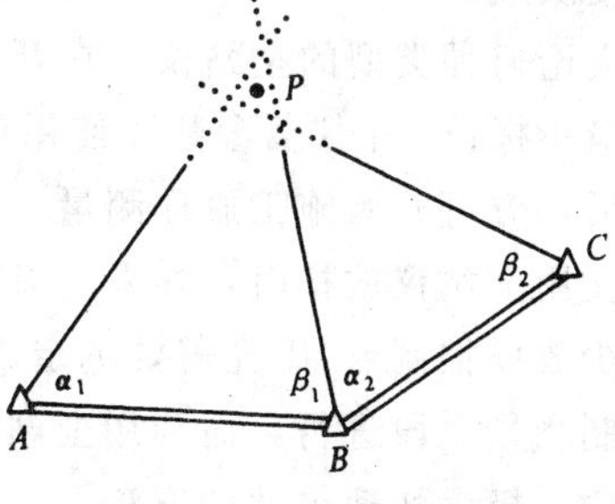

图 11－9　角度前方交会

个很小的误差三角形。当误差三角形的边长不超过精度（例如桥墩放样时不应大于 2 cm）要求范围时，可取误差三角形的中心作为 P 点的点位，否则应重新交会。

（四）高程的测设

在工程施工测量中，经常要在地面上和建筑物上设置一些给定高程的点（或线）。如图 11-10所示。设 A 为已知水准点，其高程为 H_A，今欲在地面（或墙上）测设高程为 H_B 的 B 点。方法是在 B 点打入木桩（墙壁则无需打入木桩），并将水准仪安置于 A、B 两点间，先在 A 点上立标尺，得后视读数为 a，然后按下式计算出前视读数 b

$$b = H_A + a - H_B = H_i - H_B \tag{11-5}$$

H_i 为仪器的视线高程，在 B 点木桩侧壁升高或降低标尺，使前视读数等于 b，紧靠尺底在木桩侧壁（墙上一般用红油漆画一倒三角形"▼"）画一横线，这就是 B 点的高程位置。

在高程放样工作中，常遇到放样点的高程高于仪器视线高程的情况。这时，可根据现场条件，将尺子倒立，使视线对准 B 尺上的读数 b，则尺子零点的高程即为放样点的高程。

如果 H_i 与 H_B 的高程数值相差太大，欲测设的已知高程点 B 在较深的基坑内时，或从地面上放样高层建筑物，可采用悬挂钢尺和两台水准仪，按图11-11所示的方法进行测设。

当钢尺的零点在下端时，基坑底的水准尺读数为

$$d = H_A - H_B + a - (b - c) \tag{11-6}$$

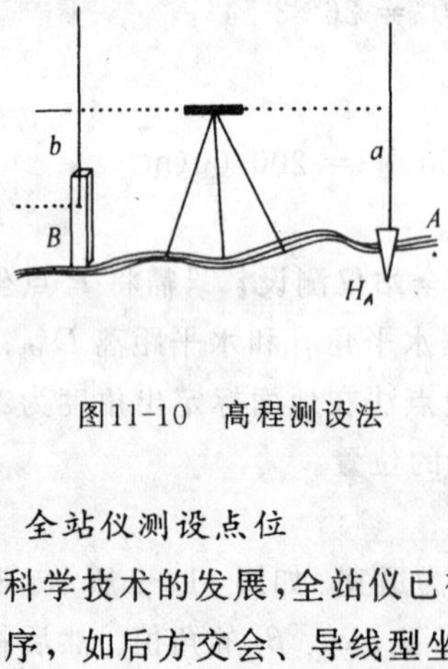

图11-10　高程测设法

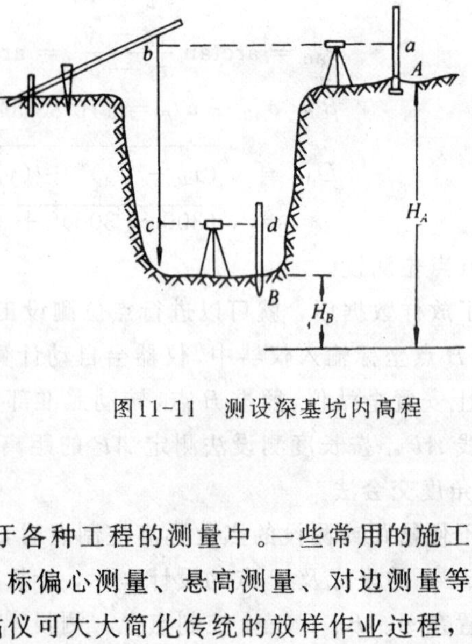

图11-11　测设深基坑内高程

（五）全站仪测设点位

随着科学技术的发展，全站仪已被广泛应用于各种工程的测量中。一些常用的施工测量所需要的程序，如后方交会、导线型坐标测量、目标偏心测量、悬高测量、对边测量等已被固化在全站仪中，因此，在施工测量中，使用全站仪可大大简化传统的放样作业过程，提高放样精度及效率。

无论何种类型的全站仪，在开始测量前，都应该进行一些必要的准备工作，如水平及竖直度盘指标设置、仪器参数和使用单位设置、棱镜常数改正值和气象改正值设置等。准备工作完成后，方可开始施工放样测量。

使用全站仪放样时，如果已有放样控制点，就可在控制点上直接进行放样程序操作，如果缺少放样控制点，则先需要测定放样控制点。放样控制点的确定可采用前面章节所介绍的各种控制测量手段进行，而利用全站仪的后方交会固化程序进行放样控制点的测定，也是一种常用的、极为快速灵便的方法。

1. 全站仪后方交会

一般说来，全站仪后方交会既可只测角度也可边角同测。但全站仪种类繁多，随着生产厂家的不同，其后方交会的具体操作步骤也不一样。现以日本索佳 Set 2C 全站仪为例，简述其后方交会法确定测站点操作过程：

（1）依据施工要求，选择合理的测站点点位，架设全站仪，对中整平仪器。

（2）初始化全站仪，进行参数项设置，并输入仪器高。

（3）按 PROG 键，进入程序状态。

（4）选择 Resection，进入后方交会模式。

（5）按照全站仪的提示，依次输入所需观测的各后视点（施工控制点）的点号、N、E、Z 坐标值（分别对应坐标 X、Y 和高程 H）的目标高，并依观测需要，按 yes 或 no 回答仪器是否需要测边的提问，并输入后视点目标高。当然，这些值也可以事先输入。

（6）根据全站仪的提示，按设定顺序地依次观测选定的各施工控制点，待观测结束，全站仪即会立即显示计算出的后方交会点测站点的 N、E、Z 坐标，并将其作为测站点坐标自行输入全站仪中；其第一个观测的施工控制点坐标被作为定向点坐标，测站至定向点方向的坐标方位角被设置在仪器中。

在实际测量过程中，如果只测角度，则可能会出现危险圆的情况，此时就需要采取加测边长的办法来解决。另外，还应尽量避免交会角过小的情况出现，以免影响交会精度。

2. 全站仪水平角和距离放样测量

全站仪的水平角和距离放样，可以如普通经纬仪和测距仪，根据计算出的各放样元素采用拨角的方法放样，也可以在全站仪中安置测设数据，采用固定的程序放样，Set 2C 全站仪水平角和距离放样测量过程如下：

（1）在测站点上，架设全站仪，对中整平仪器。

（2）初始化全站仪，进行参数项设置。

（3）望远镜照准定向点，按 SHFT+OSET 键，设置定向点方向的方向值为 0°00′00″。

（4）进入距离和水平角放样数据输入模式，分别输入测设元素水平距离和水平角。

（5）望远镜照准在适当位置安放的反射棱镜，按 S－O 和经纬仪模式键，仪器会显示放样数据与照准方向的水平角差值“dHA”。向左或向右移动反射棱镜，望远镜随之照准，直至“dHA”值为 0°00′00″。

（6）按 S－O 和水平距离测量键，仪器显示测站至反射棱镜实测距离与欲放样距离之差 H。沿测站和定向点方向，前后移动反射棱镜，直至 H 为 0.000，此时棱镜杆所指即为放样点点位。

以上放样过程中，若 H 显示的是负值，则应向远离仪器的方向移动棱镜；H 为正值，则应向相反方向移动。

3. 全站仪点位坐标放样测量

全站仪可根据放样点的放样坐标，无须计算放样元素而直接进行放样。从而可避免放样元素的计算错误，这对大批量的点位放样尤为有利。

Set 2C 全站仪点位坐标放样步骤如下：

（1）输入测站点和定向点坐标。

①在测站点上，架设全站仪，对中整平仪器。

②初始化全站仪，进行参数项设置。

③进入坐标数据输入模式。

④选择 Station 模式和 Backsight 模式，分别输入测站坐标和定向点坐标。

⑤按 CE－CA 键，返回全站仪的基本模式。

测站点和定向点的坐标也可以事先在全站仪中设置，还可以预先输入在存储卡上，测量时在卡上调用。

（2）设置方位角。

①在全站仪经纬仪或基本模式下，精确照准定向点。

②按 SHIFT＋BS 键，则全站仪即将测站点至定向点的坐标方位角作为定向点方向安置在仪器中。

如果测站点是采用全站仪后方交会法确定的，则无须进行上述步骤的操作。

（3）坐标放样测量。

①在方位角设置后，由经纬仪或基本模式进入坐标数据输入模式。

②选择 S－O Point 模式，输入放样点坐标值。

③返回至基本模式，在适当位置安置反射棱镜，用望远镜照准其中心，按 S－O 和经纬仪模式键，仪器会显示放样数据与照准方向的水平角差值“dHA”。向左或向右移动反射棱镜，望远镜随之照准，直至“dHA”值为 $0°00'00''$。

④按 S－O 和水平距离测量键，仪器显示测站至反射棱镜实测距离与欲放样距离之差 H。沿测站和定向点方向，前后移动反射棱镜，直至 H 为 0.000，此时棱镜杆所指即为放样点点位。

⑤重复上述过程，就能放出其他放样点的点位。

如果在放样过程中，按仪器要求输入测站高程、仪器高和目标高，还可以同时进行高程的放样测量。

§11－3　施工场地平整测量

工程建设初期总是需要对施工场地按竖向规划进行平整，然后开挖基础进入正式施工阶段；工程接近收尾时，配合绿化还需要进行一次场地平整。

场地平整测量的主要内容有：实测场地地形，按土方平衡原则进行竖向设计，最后进行现场放线作为施工依据。常用以下三种方法进行场地平整测量工作。

一、方格法

此法适用于高低起伏较小，地面坡度变化均匀的场地。其施测步骤如下：

(1) 方格网的测设。按场地实际情况将方格网设计为 20 m×20 m、50 m×50 m 或 100 m×100 m 的方格，格网纵线或横线最好与施工场地主轴线平行。用普通测量方法以控制点或主轴线上的主点为基础，将设计好的格网测设于地面，用小红旗或木桩将方格顶点标定在地面，为便于计算，各方格顶点按纵、横行列编号，如图 11－12 所示。

根据场地内的水准点，测出各方格顶点的地面高程（取至厘米）。并按次序标注在方格网图上。

如有精度较好的场地大比例尺地形图，且场地现状变化不大时，可将方格网展绘到地形图上，按图上地形点高程或等高线内插出各方格顶点的高程。

(2) 地面平均高程的计算。在填挖方量平衡的条件下，欲将场地整平为某一高程的平地，则此设计高程应等于该场地的平均高程。

先把每一方格四个顶点的高程加起来除以 4，得到每一方格的平均高程，再把各个方格的平均高程加起来除以总方格数，即得场地的平均高程。因方格顶点在方格网中位置不同，计算每一方格平均高程时用到的次数也不相同。如果以四分之一方格为一单位，定其权为 1，则方格网中各点地面高程的权分别是：角点为 1（计算方格平均高程时只用到 1 次），边点为 2（用到 2 次），拐点为 3（用到 3 次），中心点为 4（用到 4 次），如图 11－12。这样就可以用加权平均值计算整个方格网点的地面平均高程 H_0

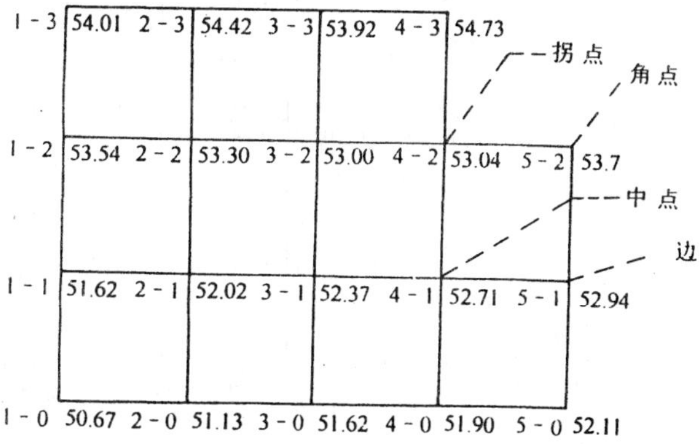

图 11－12　方格法

（单位：m）

$$H_0 = \frac{\sum P_i H_i}{\sum P_i} \tag{11-7}$$

式中：H_i 为方格顶点 i 的高程，P_i 为方格顶点 i 的权。

下面计算图 11－12 所示例子的平均高程。

为了计算简便，以高程 50.00 m 为准，求其以上的平均值。

5 个角点的 $\sum P_i H_{角} = 1 \times (0.67 + 2.11 + 3.70 + 4.73 + 4.01) = 15.22(\mathrm{m})$

8 个边点的 $\sum P_i H_{边} = 2 \times (1.13 + 1.62 + 1.90 + 2.94 + 3.92 + 4.42 + 3.54 + 1.62)$
$= 42.18(\mathrm{m})$

1 个拐点的 $\sum P_i H_{拐} = 3 \times 3.04 = 9.12(\mathrm{m})$

5 个中心点 $\sum P_i H_{中} = 4 \times (2.02 + 2.37 + 2.71 + 3.00 + 3.30) = 53.60(\mathrm{m})$

地面平均高程 $H_0 = 50.00 + \dfrac{\sum P_i H_i}{\sum P_i} = 50.00 + \dfrac{15.22 + 42.18 + 9.12 + 53.60}{1 \times 5 + 2 \times 8 + 3 \times 1 + 4 \times 5}$
$= 52.73(\mathrm{m})$

有了 H_0，在图上可内插出该等高线，它就是不填不挖的位置，把它在地面上标定出来，就是填、挖边界线。同样可根据 H_0 和各方格顶点的高程计算出填、挖高度，并标注在方格网相应顶点左上方。如图 11－13 所示。

若图 11－12 所示场地在施工中，因需要修建各种地下管道和基础工程，共要挖出 44 000 m^3的土方就地铺平，这时铺平后的平地高程应比原平均高程 H_0 增高了一个厚度，用 h 表示，则 h 等于挖土方量除以整个场地面积所产生的厚度。

设本例小方格的边长为 100 m，由图知，整个场地面积是 110 000 m^2，故将 44 000 m^3 的挖土平均铺到整个场地上，产生的厚度为 $\dfrac{44\,000}{110\,000}$ m。所以，考虑上述因素后的平均地面高程应为 52.73+0.40=53.13（m）。

当各方格网点的设计高程已知后，即可计算各点处的填高或挖深的尺寸，称为填挖数。

$$填挖数 = 地面高程 - 设计高程 \tag{11-8}$$

式中：填挖数为“＋”时，表示挖方；填挖数为“－”时，表示填方。

各点的填挖数可在图 11－13 中算得，并写在各点地面高程的下边。

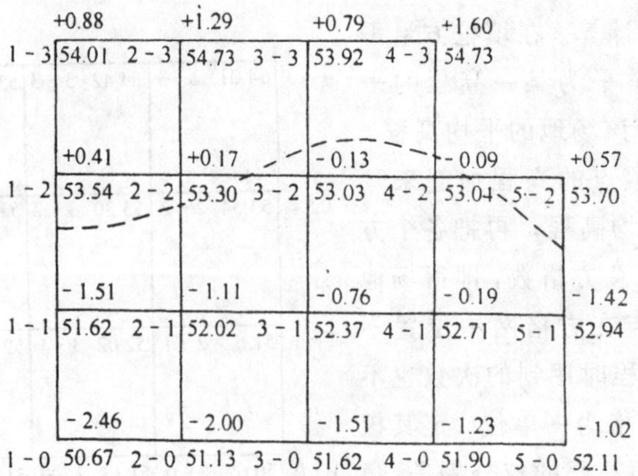

图 11－13　各点填挖数

（单位：m）

(3) 填挖边界和填挖方量的计算。如图 11－13 所示。设计高程 $H_0=53.13$ m，在方格的挖方点（如 1—1 点，－1.51 m）和填方点（如 1—2 点，＋0.41 m）之间，必定有一个不填不挖的点，即填挖边界点或称“零点”。把相邻的零点连接起来，就是填挖边界线或称“零位线”，即设计地面与地面的交线，图中虚线即为“零位线”。零点和填挖边界线是计算填挖方量和施工的重要依据。

计算零点位置，按等高线内插原理可算出 1—1 点至零点的距离

$$d=\frac{l}{|h_1|+|h_2|}\times|h_1| \tag{11-9}$$

式中：l 为方格边长；$|h_1|$、$|h_2|$ 为方格点填挖数的高差绝对值；d 为零点至填挖数方格点的距离。例如，求 1—1 点与 1—2 点间的零点位置。由图 11－13 可知，$h_1=-1.51$ m、$h_2=+0.41$ m、$l=100$ m，代入公式(11－9)得，$d=78.6$ m。

根据公式(11－9)，在各填方点与挖方之间，求出各零点的位置。然后在图 11－13 上，将相应各零点位置连接起来得到填挖边界线，然后计算填挖方量。

(4) 填挖土方量的计算。

角点：填(挖)高度 $h\times\frac{1}{4}$ 方格面积

边点：填(挖)高度 $h\times\frac{2}{4}$ 方格面积

拐点：填(挖)高度 $h\times\frac{3}{4}$ 方格面积

中点：填(挖)高度 $h\times$ 方格面积

最后再计算填方量总和与挖方量总和，两者应基本相等。但因计算方量中多使用近似公式，所以两者可略有出入；如相差较大时，说明计算中有错误，应查明原因，重新计算。

(5) 填挖边界和填挖数的测设。当填挖边界和方量计算无误后，可根据图 11－13，在现场由方格点相应量出各零点位置，然后用白灰线将相邻的零点连接起来就得到填挖边界线，并在各方格桩上注明填挖数，作为施工的依据。

二、等高线法

当现场地面高低起伏较大，且坡度变化较多时，用方格网点计算地面平均高程不但困难，

而且精度低。若改用等高线法效果较好，尤其是原有场地大比例尺地形图的等高线精度较高时，更为合适。此法的主要特点是根据等高线计算方量，其基本步骤和方格法大体相同。首先也是在现场测设方格网，并在现场校对原有地形图的等高线位置，然后根据校对后的等高线图，计算场地平均地面高程。计算的方法是先在地形图上求出各条等高线所围起的面积，乘上等高距，算出各相邻等高线间的土方量，并求总和，即为场地内最低等高线 H_0 以上的总土方量 V，则场地的平均地面高程 $H_{设}$ 为

$$H_{设} = H_0 + \frac{V}{P}$$

式中：H_0 为施工场地最低等高线高程；V 为场地内 H_0 以上的总土方量；P 为场地总面积，由场地外轮廓线确定。

例如，图 11－14 (a) 是场地等高线图，图 11－14 (b) 是 AA 方向的断面图，场地内最低点高程 H_0=41.20 m，场地总面积 P=120 000 m^2，根据图上等高线求场地平均地面高程。

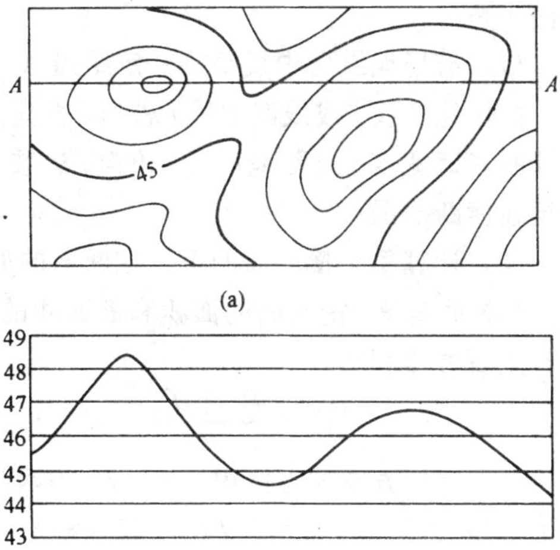

(b)

图 11－14

(a) 场地等高线图；(b) AA 方向断面图

用求积仪或其他方法求出图上各等高线图所围起的面积，列入表 11－1 中。

由表 11－1 中可知，最低点 H_0=41.20 m 以上的总土方量 V=497 760 m^3，则场地平均地面高程 $H_{设}$ 为：$H_{设}=H_0+\frac{V}{P}=45.35$ m。

表 11－1　等高线法计算土方量

高程 (m)	面积 (m^2)	平均面积 (m^2)	高差 (m)	方量 (m^3)
41.2	120 000			
42.0	118 400	119 200	0.8	95 360
43.0	114 000	116 200	1.0	116 200
44.0	105 400	109 700	1.0	109 700
45.0	77 000	91 200	1.0	91 200
46.0	13 000 21 000	55 500	1.0	55 500
47.0	2 700 6 500	21 600	1.0	21 600
48.0	300 3 100	6 300	1.0	6 300
49.0	700	1 900	1.0	1 900
总　计				497 760

当场地平均地面高程求出后，设计和计算场地的设计坡度与设计高程以及其他工作，仍按方格法中所述，在此不重复。

三、断面法

此法适用于场地为窄长的带状地区，如公路、铁路、水利、隧道等工程设计与施工。具体做法是：

(1) 沿场地纵向中线每隔一定距离（如 20 m 或 50 m）测一横断面图。根据纵断面设计图中的场地轴线（或线路中线）桩填、挖高度，将设计的场地宽度（或路基宽度、边沟、边坡）尺寸展绘在横断面图上。

(2) 计算每个横断面的填、挖断面的面积。

(3) 根据填、挖断面的面积和断面间的距离，计算土石方体积。

$$V = \frac{P_1 + P_2}{2} \times d \quad (11-10)$$

式中：V 为填方或挖方体积；P_1、P_2 为两相邻横断面的填方或挖方面积；d 为两相邻横断面的间距。

如图 11－15 所示，图中虚线为设计的公路横断面图。

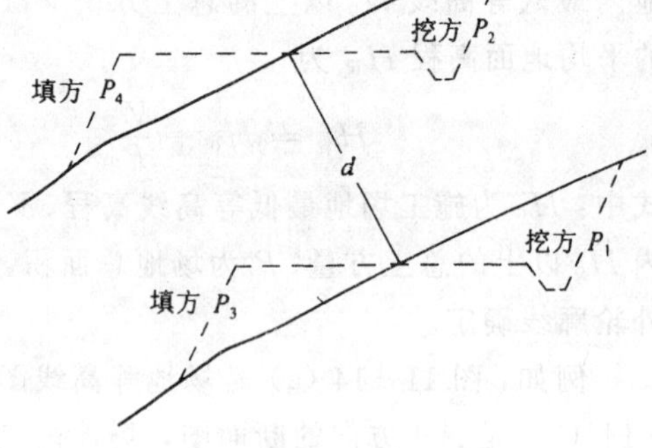

图 11－15　断面法

(4) 也可将实测的横断面图上的地形点，转绘到场地平面图上中线的两侧，则可根据横断面上的地形点勾绘出等高线，这样即可按等高线法平整场地。

复习题

1. 工程测量的主要任务是什么？

2. 试述全站仪测设点位的方法。

3. 施工放样与测绘地形图有哪些不同？

4. 测设点的平面位置有哪些方法？各适用于什么场合？

5. 简述极坐标测设法。

6. 设 A、B 为控制点，其坐标分别为 $X_A = 1\ 235.315$ m，$Y_A = 578.432$ m，$X_B = 1\ 200.543$ m，$Y_B = 529.402$ m。现采用极坐标法测设 1、2 两点的平面位置，其坐标分别为 $X_1 = 1\ 211.635$ m，$Y_1 = 582.741$ m，$X_2 = 1\ 185.403$ m，$Y_2 = 552.538$ m。以 A 点为测站，请计算放样数据及 1、2 两点之间的距离（距离计算至毫米，角度计算至秒）。

7. 设水准点 A 的高程 $H_A = 34.397$ m，今需测设 B 桩，使其高程 $H_B = 35.000$ m，仪器架设在 A、B 两点之间，读得 A 尺上读数为 1.447 m，B 桩上的读数应该是多少？如何在地面上测设 B 桩的高程。

第十二章　建筑工程测量

随着我国国民经济的发展，各式各样、用途各异的各种建筑已屡见不鲜，在这些建筑的建设过程中，无论是在其设计阶段，还是在其施工阶段，都需要测量人员的配合。

在设计阶段，一般都需要测绘诸如 1∶2 000 或 1∶1 000 或 1∶500 甚至或 1∶200 比例尺的地形图，以作为设计用底图；在繁华的城区，还应进行地下管线测量（地下管线测量在第十四章介绍）；同时，设计人员还应考虑地基的地质条件、楼层的负载等因素，这就要求测绘人员配合进行地质勘察（按设计值测设钻孔的孔位、测定孔口高程等）。

在施工阶段，测绘人员应根据设计要求及施工现场的实际情况，首先布设放样所需控制点；按设计图纸，进行建筑物轴线及可能需要的增加地基承载力的诸如挖孔桩、粉喷桩等各种桩位的放样。对于深基坑开挖工程，还需对深基坑本身及周边建筑物进行水平位移、沉降及土体位移监测，以保证施工安全。

总之，在建筑工程中，测量是必不可少的。

现在，我们将重点介绍建筑施工过程中的建筑施工测量。

§12-1　工业场地建设施工测量

一、建筑施工控制网布设

工业建设场地的施工控制网一般分厂区和厂房两级控制网布设。

厂区控制网的主要作用是用来放样厂房轴线及各生产车间之间的联系设备，如皮带运输机、管道等。场区控制网一般要布满整个施工场地。厂房控制网的主要作用是用来进行厂房主要生产设备的细部放样，为了放样方便，一般将它布设成矩形，故又称为矩形控制网。

（一）厂区控制网布设

厂区控制网根据建筑场地地形及建筑物分布情况可采用不同的布网方式。对于地势平坦、建筑物规则密集的场地，一般采用建筑物方格网布设以便放样；建筑物不规则一般采用布点灵活的导线网。另外，厂区控制网也可采用三角网等形式。

建筑方格网测设过程如下：

1. 建筑方格网设计

首先在建筑总平面上确定厂区主轴线，也称建筑基线。厂区主轴线 AB 应选在整个厂区的中部，与主要建筑的主轴线平行，短轴线 MN（见图 12-1）与主轴线垂直。应根据实际需要选取方格网

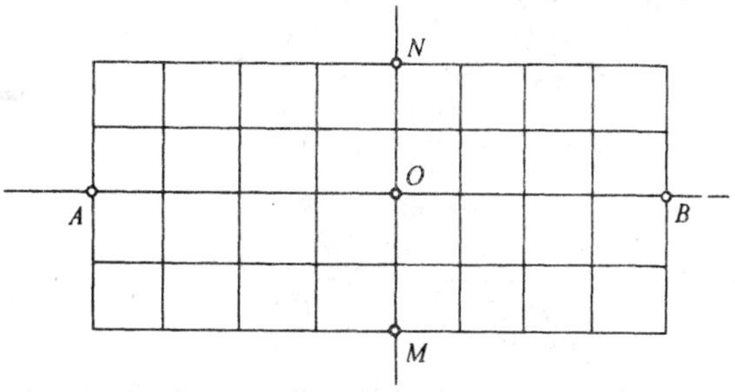

图 12-1　建筑方格网测设

边为 50～300 m 中的 50 m 的倍数值，并考虑相邻控制点通视情况。

2. 建筑方格网格网点初放

初步放样的目的是为了在所有格网点上埋设混凝土桩，以便为格网点的精确测设做好准备，其精度要求不是很高。初放过程可根据施工现场情况具体确定测设方法。建筑方格网所用的混凝土桩的顶部常设置一块 10 cm×10 cm 的铁板供调整放样点位使用，以利后续精确放样。

如使用全站仪。其初放过程如下（见图 12-1）：

(1) 选取两个相距较远的控制点，将控制点的高斯坐标和格网点的设计坐标（即施工坐标）换算到统一坐标系中。由于格网点较多，一般采取换算控制点高斯坐标为施工坐标。

(2) 在某一控制点上设站。以另一控制点定向，将测站点、定向点及所有待放格网点的施工坐标值输入全站仪，依次放出各格网点的点位，并打上带小钉的木桩。

(3) 在每个格网点四周打上四个小木桩（见图 12-2），钉上小钉，用细线连接 AC、BD 的小钉，使其正好通过格网点 O。

(4) 解开 A、B 小钉细线，拔掉网格点木桩，在其位置埋设带钢板的混凝木桩，再用 AC、BD 细线检查，调整混凝土桩钢板中心，使其在 AC、BD 细线交点上，最后拔掉 A、B、C、D 四个小木桩即可。

上述 A、B、C、D 四个小木桩又称“骑马桩”。

3. 建筑方格网的精确放样

(1) 方格网主轴线精确放样。可采用极坐标法、交会法或使用全站仪精确放样出主轴线上点 A、O、B 在施工现场的点位，并在混凝土钢板上刻出放样点 A、O、B 点位(见图12-3)。

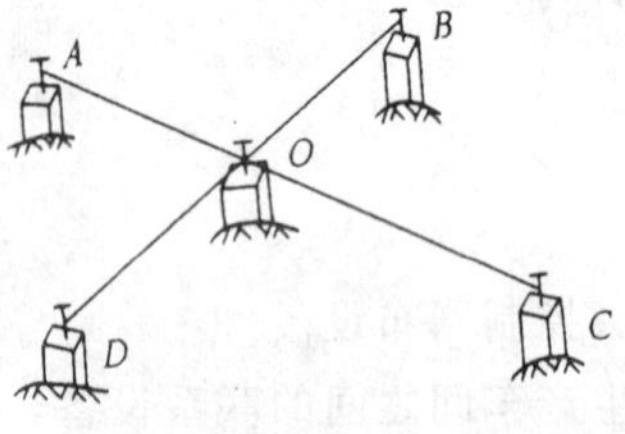

图 12-2 “骑马桩”法定点

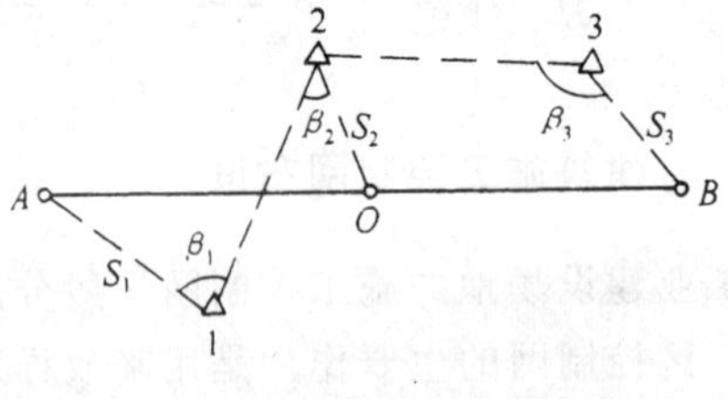

图 12-3 方格网主轴线放样

(2) 方格网主轴线调整。由于测量点误差的影响，A、O、B 不在同一直线上。测设时，在 O 点上架设经纬仪或全站仪，精确测定角度 β，量出 OA、OB 的长度 a、b，检查角 $\angle AOB$ 与 180°的差值是否在限差范围内，如超限，则需要进行调整。

由图 12-4 知

$$\varphi = \frac{2\delta}{a} \cdot \rho'', \quad \omega = \frac{2\delta}{b} \cdot \rho''$$

有

$$(\varphi + \omega) = \frac{2\delta}{ab} \cdot (a + b) \cdot \rho'' = 180° - \beta$$

所以有

$$\delta = \frac{ab}{(a + b)} \cdot \frac{(180° - \beta)}{\rho''} \qquad (12-1)$$

式中：$\rho'' = 206\ 265''$。

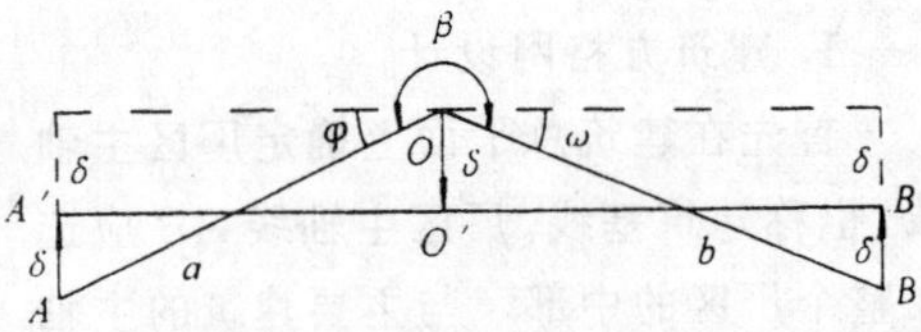

图 12-4 方格网主轴线调整

根据公式(12-1)计算出改正值 δ，将 A、O、B 分别据图中箭头所指方向进行点位调整。将上述过程反复至$\angle AOB$在限差范围内，以保证AOB在同一直线上即可。

随后精确放样OA、OB距离，确定A、B两点在$A'O'B'$直线上的具体点位，在钢板上用钢钻钻出A、B的正确点位。

(3) 方格网短轴线放样。在O点用精确角度放样法测定OM、ON的方向线，并测设距离，经调整后在混凝土钢板上刻出M、N点。

(4) 格网点放样。分别于M、N、A、B上设站，分别用角度交会法交出格网点1、2、3、4，并进行调整。再将上述所有格网点为基本方格网点，并以其为基础测设出建筑方格内所有格网点的位置，在混凝土钢板上刻划出格网点标记。

（二）*厂房控制网布设*

厂区控制网的精度和密度一般说来是无法满足厂房放样的需要的，这就要求在厂区控制网的基础上，按每栋厂房的具体需要，各自布设满足该厂房具体精度要求的厂房控制网，以用于厂房土建施工、结构安装以及厂房内大型设备基础的定位、定向等。

厂房控制网的布设方法一般有基线法和轴线法两种。基线法一般只适用于中小厂房的控制，其布网形式简单，精度较差。而轴线法一般适用于大型厂房的矩形控制网的布设，其精度高，但测设过程较为复杂。

厂房控制网的布设方案，需要根据厂区设计总平面图、厂区控制网分布图及厂区实际地形等进行设计，设计过程中，厂房控制网的网点应避开地上和地下管线，并布置在厂房柱子基础深度的1.5倍以外的空地上，一般是与建筑物基础开挖线保持1.5～4 m的距离，以保证控制点能长期保存。距离指示桩（一般采用顶部带有10 cm×10 cm钢板的混凝土桩）的间距一般应在所用钢尺的长度范围内，且为柱子间隔的整数倍，这样可使它们与柱子中心线重合，减少桩点，并方便量距。

基线法和轴线法的测设过程分别如下：

1. 基线法

基线法是先根据厂区控制网定出矩形控制网的一条边S_1S_2作为厂房控制网的基线。如图12-5所示。采用直角坐标法测设S_1、S_2、N_1、N_2，再在基线两端S_1、S_2测设直角并量距，精确测设矩形控制网的两条短边的端点N_1、N_2，检查$\angle S_1N_1N_2$及$\angle S_2N_2N_1$是否等于90°，S_1N_1及S_2N_2是否与设计长度符合。其限差要求应满足冶金建筑工程测量规范要求（见表12-1）。精度符合后，再行测设所有距离指示桩。

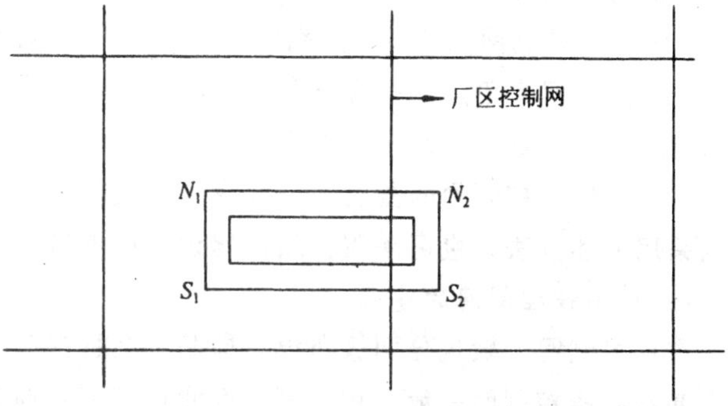

图12-5　厂房控制网基线法测设

2. 轴线法

轴线法与厂区建筑方格网的布设形式及方法都大致相同，都是先测设长主轴线，再由长主轴线测设短主轴线，进而测设矩形及距离指示桩。如图12-6所示。具体如下：

表12-1　测量规范要求

精度等级	边长相对中误差	测角中误差
一	1/30 000	$\pm 7''\sqrt{n}$
二	1/15 000	$\pm 15''\sqrt{n}$

注：n为建筑物结构的跨度。

(1) 主轴线测设。厂房控制网的主轴线应根据总平面图和厂房设计图选定，一般要与厂房主轴线或主要设备基础的轴线一致。其端点应布设在厂房施工开挖范围之外。

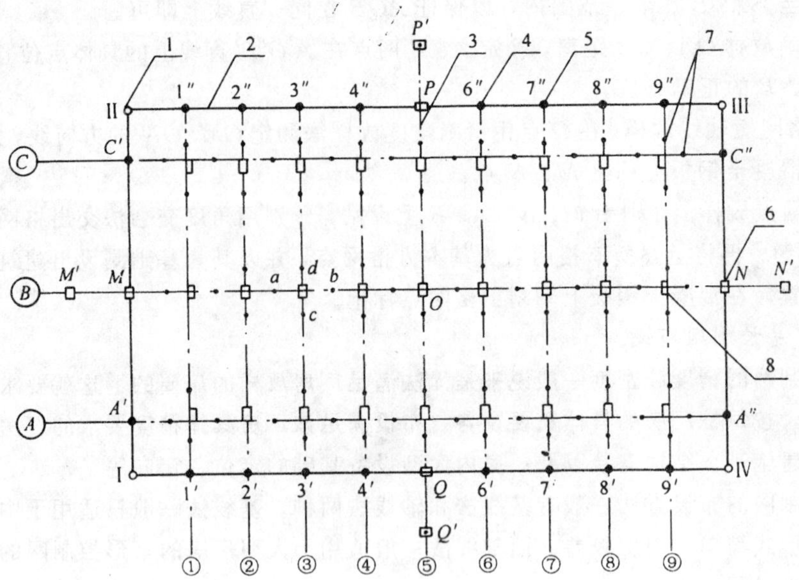

图 12-6 轴线法布设

1—矩形控制网角桩；2—矩形控制网；3—主轴线；4—柱列轴线控制桩；5—距离指示桩；6—主轴线桩；7—柱基中心线桩；8—柱基；①～⑨、Ⓐ～Ⓒ—建筑物柱列轴线

测设时，与厂区建筑方格网一样，先测设主轴点 O 及长主轴线端点 M、N，并按（12-1）式进行调整，以保证 M、O、N 为一条直线；再在调整后的 O 点设站，采用角度放样及距离放样法精确测设出短轴线端点 P、Q。

（2）厂房控制网点测设。分别以 M、N、P、Q 为基准点设站，以 O 点为定向点，测设出厂房控制网的四个角点，经检查合格后，测设出各柱列轴线间距整数倍的距离指示桩。再从距离指示桩起，量距测设出各桩列轴线桩。

另外，厂房控制网的测设，也应像厂区建筑方格网的测设一样，先进行初放，初放过程可以采用上述方法，也可采用全站仪测设，也可自己根据施工现场情况自行确定。

（三）高程控制网的建立

高程控制网一般也分两级布设，即基本高程控制网和加密网。

基本高程控制网一般采用三等水准测量施测，通常需要布满整个施工场地，水准点间距约 400～800 m。加密网是在各施工阶段根据施工放样需要在基本高程控制网上加密的。其密度一般是保证放样时只设一个测站，即能将高程传递到建筑物上。

此外，各平面控制网点一般均联测在高程控制网中，使其兼作高程控制点使用。

二、厂房施工放样

我国目前大多采用的是装配式厂房，厂房建筑的关键是柱子的吊装，因此应保证其安装精度。

（一）柱子基础测量

1. 柱基放样

柱基放样，即是在相应的柱列轴线桩上交会出柱子基础在施工现场的点位的测设过程。如

图 12－6 所示。将经纬仪架设在柱列轴线点 M 和 $3'$ 上，分别以 N、$3''$定向，交会出 M 轴与②轴交点的柱基点位。

同时，分别在 M 轴和③轴上放出 4 个定线小木桩，桩顶钉上小钉，要求每个定线小木桩离桩基点距离是柱子基础深度的 1.5 倍，以供修坑和立模使用。

在测设出的柱基点上依据基础平面图和施工大样图所注尺寸，用特制的角尺放样出基坑开挖线，并用白灰标出，以便开挖。

2. 基坑抄平

当柱子基坑挖到接近设计深度时，需要在基坑四周比基坑底部设计高度高 0.3～0.5 m 的地方打入几个水平桩（见图 12－7），以作为修坑、清底及控制垫层厚度的依据。

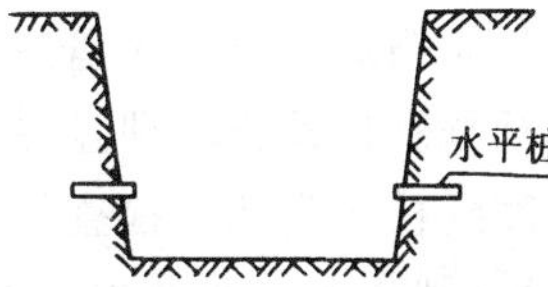

图 12－7　水平桩

3. 杯型基础立模测量

在基坑底部基础垫层打好后，从基坑边的 4 个定线小木桩上拉线吊垂球（或用经纬仪）将柱基垂线投测到基础垫层上，弹出墨线，画上红漆标记，并用角尺画出角点，以供立模和布置钢筋使用。

将基础底线对准垫层上的定位线，从定位小木桩上拉线吊垂球检查模板的垂直性，其后，用水准仪将杯型基础的杯口和杯底的设计标高测设至模板的内壁。

（二）柱子吊装测量

在杯型基础浇筑完毕且拆掉模板（又称拆模）后，即可进行柱子的吊装。即将浇铸好的柱子的底部插入杯型基础的杯口内。

1. 吊装准备

从轴线控制桩上将柱列轴线投测到杯型基础的顶面上（见图 12－8），弹上墨线，用红漆画上“▶”标志，并在杯口内壁用水准仪测设一条标高线，要求从此标高线向下量取一整分米高度后（一般取相对室内地坪±0，标高－0.6 m，而杯口标高一般为－0.5 m），即为杯底标高。

同时，在柱子的三个侧面上弹出柱子中心线，离柱子底端约 50 cm 左右在柱子中心线上画上“▶”标志；在柱子上，根据牛腿面的设计标高向柱子底端量出设计标高±0 点，画上“▼”标记，以供安装校正柱子使用。

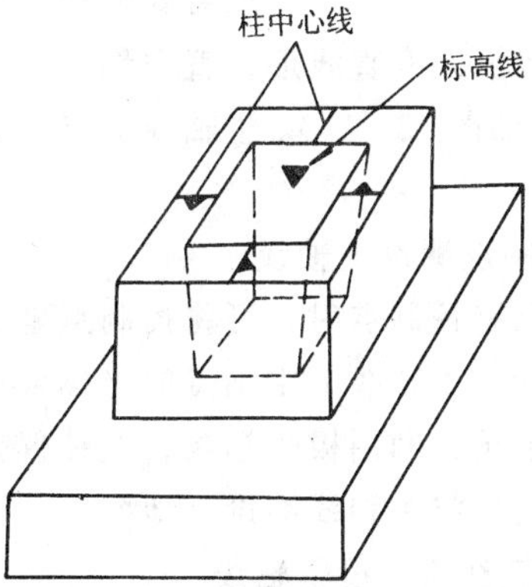

图 12－8　吊装准备图

2. 吊装测量

将柱子吊起后，将柱子底端垂直插入杯口，使柱子中心线对准杯口中心线，偏差不超过 5 mm。在杯口和柱子间打入木楔临时固定。用水准仪检查柱子上±0 标记，要求误差在±3 mm 以内，再进行柱子垂直校正。

柱子垂直校正是将两台经纬仪分别架在离柱子约 1.5 倍柱高的纵、横两条轴线上，各自照准底部中心线（见图 12-9），固定照准部水平制动，将望远镜徐徐向上照准柱子顶端，检查柱子顶端中心线与望远镜目镜十字丝是否重合。如两者不重合，则指挥吊装人员进行调整，直至柱子中心线垂直偏差在 1/1 000 的限差范围内为止。

柱子吊装完毕后，还应用盘左、盘右对柱子中心线进行垂直性检查。即盘左照准柱子上端一点，投测到柱子底端，检查是否偏离中心线。如有偏离，则用盘右照准柱子上端同一点，投测到柱子底端，量取两投测点中点至中心线距离，检查是否超限。若在误差容许范围内，即可浇灌混凝土固定。

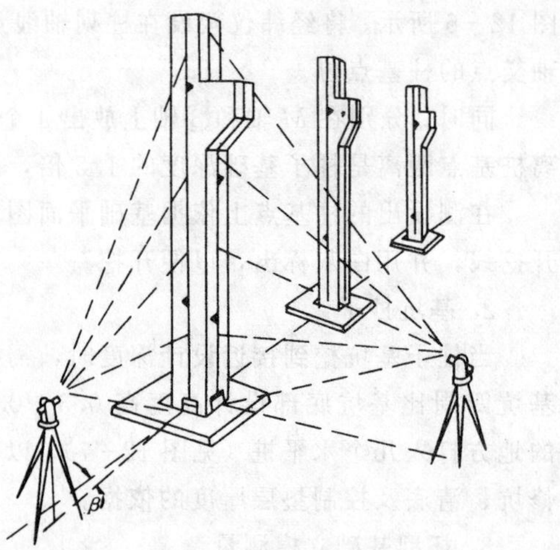

图 12-9　柱子垂直校正

§12-2　民用建筑施工测量

虽然各式各样、层次不等的民用建筑的放样方法和精度要求有所不同，但放样过程与工业场地建设过程一样，也需要先控制后放样。控制一般采用布设主轴线方式，只是当建筑物为大型建筑物时，为确保轴线控制桩的精度，通常在基础的开挖线以外约 4 m 左右测设一个与建筑物外墙轴线平行的矩形控制网，作为房屋定线和放样的依据。其方法与厂房矩形控制网的布设过程一样。

在测量作业开始之前，应先熟悉并核对设计图纸，了解对测量的精度要求，检核平面和高程控制点位数据，并根据施工现场具体情况，制定出合理的测量工作方案。

一、建筑物主轴线布设

建筑物主轴线的布设，一般需要根据建筑物的大小、形状、结构以及施工现场情况而具体确定。其一般形式有直线形、直角形、丁字形、十字形等（如图 12-10）。主轴线上点一般不少于三个。

1. 根据控制点测设主轴线

当建筑区已有控制点时，可将控制点坐标和平面图上设计的主轴线上主轴点的坐标换算到统一的坐标系统，利用极坐标法、经纬仪交会法或使用全站仪将主轴线测设至地面。

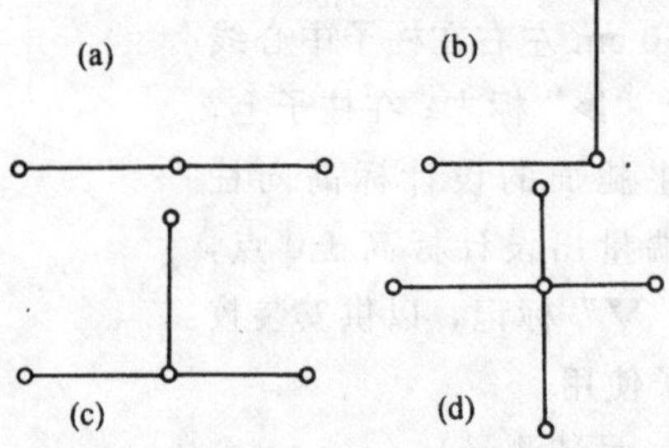

图 12-10　主轴线的布设形式

2. 利用建筑红线测设主轴线

如已有建筑红线上的边界点Ⅰ、Ⅱ、Ⅲ（见图 12-11），欲测设出主轴线点 A、O、B，可于Ⅱ点处架设经纬仪，沿Ⅱ、Ⅰ方向按距离 d_2 定出 D 点，沿Ⅱ、Ⅲ方向按距离 d_1 定出 C 点。再于Ⅰ点架设经纬仪，以Ⅱ点为零向测设 270°角值，并以距离 d_1 定出 A 点，同理于Ⅲ点定出 B 点。图中，$\angle AOB$ 应满足 ±20″的限差。

3. 根据已有建筑物测设主轴线

有时，设计单位并未提供建筑物具体的设计坐标，而是给出与某相邻旧有建筑物的关系。如图 12-12，待建建筑物 $OPQR$ 与旧有建筑物 $ABCD$ 平行，且两者纵横方向各相距 d、d'（此时应向设计单位询问清楚，BC 到底是轴线还是墙外边线，因两者相差半个墙厚），则可按下述方法测设待建建筑物主轴线 O_1R_1MN。

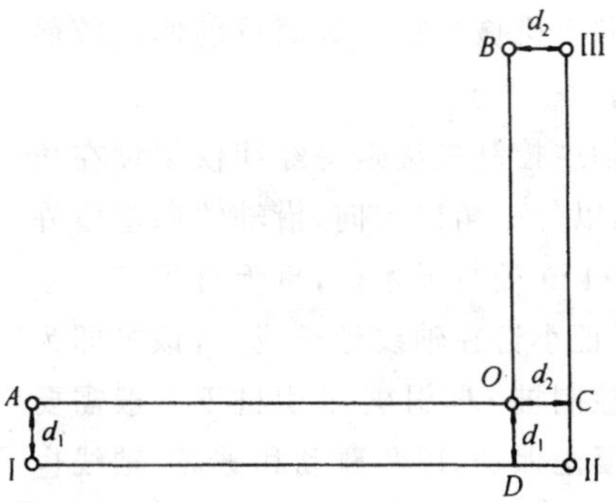

图 12-11　依据建筑红线测设主轴线

于墙角点 B、C 沿墙相向量距 d_2，定出 B_1、C_1 两点，按勾股定理有

$$MB_1 = NC_1 = \sqrt{d_1^2 + d_2^2}$$

根据 d_1 及 MB_1、NC_1，采用距离交会法交会出主轴线上点 M、N，这样可提高 BC 与 MN 的平行性精度。再于 M 点架设经纬仪，放样出主轴线上点 O_1R_1 即可。测设过程中，为减少 MN 不平行 BC 的误差，选取的 BC 间的间距应尽量长一些，即一般应选择建筑物的长边。

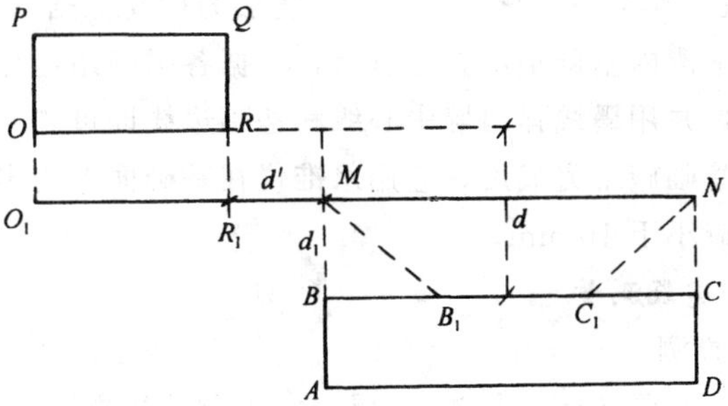

图 12-12　新建建筑物与旧有建筑物的关系

二、民用建筑施工放样

（一）基础施工放样

1. 建筑物轴线放样

建筑物轴线放样应根据设计总平面图及基础平面图上的尺寸进行，主要内容有外墙轴线交点桩（角桩）放样、轴线交点桩（中心桩）放样及轴线控制桩（引桩）放样等。

（1）外墙轴线交点桩放样。如图 12-13 所示。在基线 c、d 两点上架设经纬仪，测设角桩 F、G、H、I。检查角桩之间的间距，要求其值与相应设计长度的相对误差小于 1/2 000；同时，在角桩 F、G、H、I 上应分别测角，所测各直角角度与 90°之差的绝对值应小于 40″。

（2）轴线交点桩放样。分别于 F、G、H、I 四个角桩上架设经纬仪，进行方向和距离的测设，放样出建筑物各轴线交点桩 1，2，…，8。测设时，如用钢尺量距，应注意钢尺零点对准同一点，在钢尺上中分各轴线的间距。

（3）轴线控制桩放样。建筑施工时，将根据所测设的角桩及中心桩确定基槽开挖线。因此，基槽开挖后，角桩及中心桩将被挖掉。为了在后期施工中能方便地恢复各轴线的位置，就需要将各轴线引测到基槽开挖线外。建筑施工中，通常是将其引测到龙门板或轴线控制桩上。

由于龙门板占地面积相对较大，不十分利于机械开挖，故而目前使用较前为少。

轴线控制桩法是将经纬仪架设在角桩上，以另一角桩定向，沿轴线向基槽外侧 2～4 m 处打下木桩，再于桩顶钉一小钉，保证小钉在轴线延长线上，该桩即为轴线控制桩（即引桩）。引桩下一般需要用混凝土保护，以免碰动和破坏。轴线也可引测到周边相邻建筑物上，用红漆画上“▶”标志表示。

另外，为了确保引桩安全，可在引桩外再打一辅助桩（见图 12－13）。

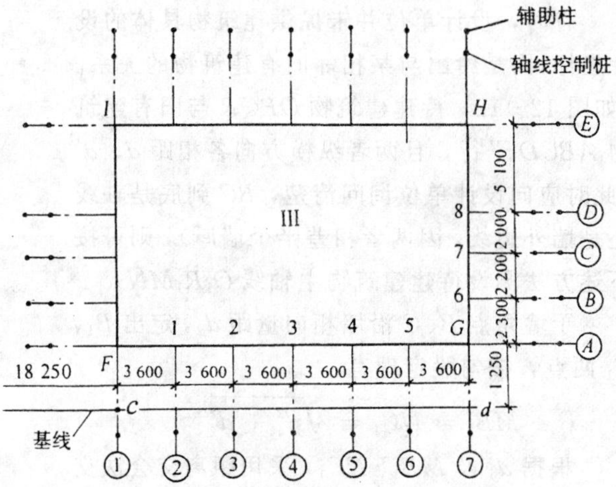

图 12－13　民用建筑物轴线放样

2．基槽测量

（1）槽底标高控制。在基槽开挖接近设计深度时，用水准仪在基槽壁及槽壁拐角处每间隔 3～4 m 测设一水平桩，作为清理槽底及打基础垫层的标高依据（见图 12－7）。

（2）中心线投测。基槽内基础垫层打好以后，根据各引桩用经纬仪或拉线吊垂球方法将轴线投测至基准垫层上，并用墨线弹出墙中心线和基础边线即可。

（3）基础面检查。基础施工完成后，应用水准仪在基础面上测出一系列点的高程，并与设计标高比较，其较差应小于 10 mm。

（二）多、高层楼房建筑测量

1．建筑物轴线竖向投测

民用建筑分为单层、低层（2～3 层）、多层（4～8 层）和高层（9 层以上）建筑，在建筑物的砌筑过程中，我们必须保证轴线位置向上的正确传递。以将底层轴线依次向上投测到各层楼面上，作为各层楼层砌筑的依据。向上传递建筑物轴线的方式有吊锤、经纬仪投测，经纬仪天顶测量及激光铅垂仪投测等。

（1）吊锤法。吊锤法适用于低层及多层建筑物轴线的竖向传递。吊锤一般选用特制的 10～20 kg 的重锤。此法简单易行，目前我国一般在多层及多层以下建筑中采用此法。但在楼层较高或风力较大时，该方法容易产生偏差，需要采取遮风措施。

（2）经纬仪投测法。将经纬仪安置在中部轴线延长线上的引桩上，严格整平后，照准外墙基础立面上的轴线标志，即底层轴线标点，用盘左盘右测设 180°角度的分中法（正倒镜定线法），将轴线向上投测到上面楼层边缘或楼顶上即可。

投测过程中，如果楼层较多，竖角过大，则需将引桩同样采用正倒镜定线法引测到距建筑物较远的地方或附近已建大楼的楼顶上后，再行投测（见图 12－14）。该法适用于多层及高层建筑的轴线竖向投测。

投测时，每层楼板应测设长轴线 1～2 条，短轴线 2～3 条。其轴线间距量测值与设计值较差的相对误差，在楼层层数较少时不得大于 1/2 000，而层数较高时则不得超过 1/5 000。只有在上述精度要求满足后才能分间弹线，继续施工。

（3）激光铅垂仪法。激光铅垂仪是专门用于投测铅垂线的激光仪器。其可自由摆动的激光管在静止时发出的激光束处于铅垂方向。因此，该法适用于高层建筑、电梯间、高烟囱及

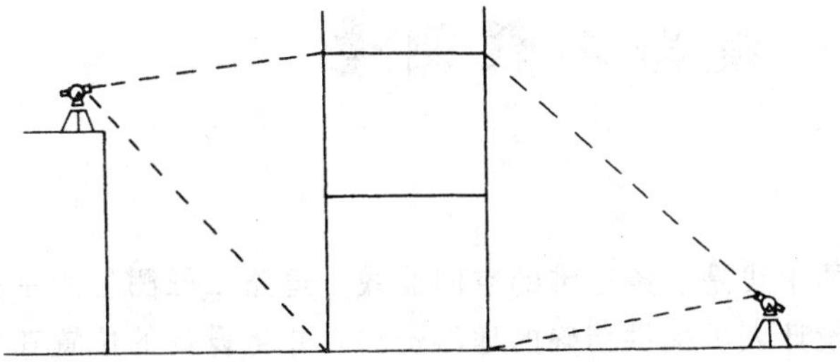

图 12-14　轴线竖向投测

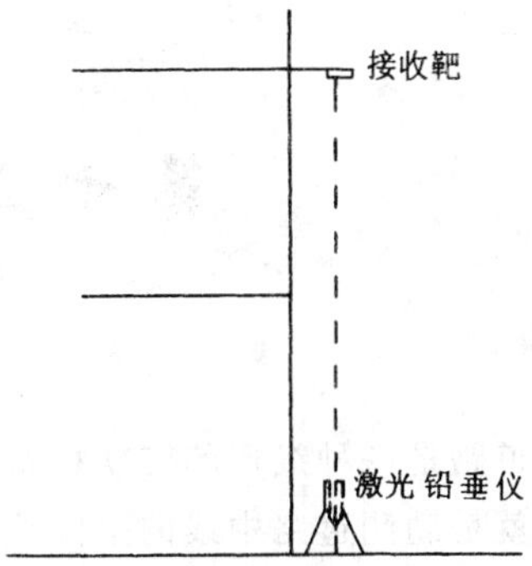

图 12-15　激光铅垂仪法投测

电视塔的施工。

如图 12-15。测量时，只需在构筑物高层建筑的 4 个墙脚轴线延长线外 1～2 m 处架设铅垂仪。在施工层面上相应位置安置接收靶，即可向上传递轴线并检查竖向偏差。

上述轴线竖向投测偏差各层为±6 mm，总数累计应在±20 mm 以内。

2. 建筑物标高传递

建筑物的标高一般是由基础标高线沿某一墙角或从楼梯口、电梯间用钢尺直接丈量，把标高传递上去。传递上时，注意每 2～3 层用整尺中分方式检查复核各楼层净高，并在每层利用水准仪测设出标高控制线及楼层传递水平线等。

复　习　题

1. 施工控制网有哪些主要特点？
2. 建筑方格网的布设有哪些要求？试简述其测设过程。
3. 试述轴线控制桩的作用及测设方法。
4. 民用建筑施工测量包括哪些主要工作，如何完成？
5. 多层和高层建筑物施工时，如何将底层轴线向上投测到各层楼层上？

第十三章　道路工程测量

道路是一种线形的带状构筑物，它的中线是一条三维的空间曲线。道路工程测量的主要任务就是勘测道路中线的空间位置，为设计人员提供精确的地形资料，并将设计的位置在实地标定出来。在具体工作中通常将道路的空间位置分解成平面、纵断面和横断面进行勘测，作为设计和现场施工的依据。其具体内容包括：平面高程控制测量、带状地形图测绘、选线、定线、中线测量、纵横断面测量和竖曲线放样。

§13-1　中线测量

中线测量是实地测设道路中线的平面位置，是道路工程测量的主要内容。在中线测量之前应先进行控制测量和带状地形图测绘。根据初选的道路走向，沿道路中线附近选择平面控制点和水准点，分别进行导线测量和水准测量，作为道路工程测量的平面和高程控制。并根据这些控制点测绘大比例尺的带状地形图，然后再进行中线测量。

一、定线

道路定线是根据道路的功能、性质及地形、地质条件，选择一条既能较好满足交通运输的需要，又达到路程短、线形平坦顺畅、工程造价低廉的线路，并准确地确定道路中线的平面位置。其具体工作一般是在带状地形图上进行反复比较，结合纵断面设计，并且要求到实地勘测核实优化，最终确定道路主点（包括起点、终点、转角点和交叉点）的平面位置 x、y 和曲线半径 R 及缓和曲线长 l_s。下面介绍四种常用定线方法。

1. 图上定线法

这种方法直接在大比例尺地形图上确定道路中线位置，在图上量测道路主点的坐标。如图 13-1 所示。设起点、终点坐标分别为（x_0，y_0）、（x_n，y_n），任一转角点的坐标为（x_i，y_i），则任一直线段 i、$i+1$ 的坐标方位角为

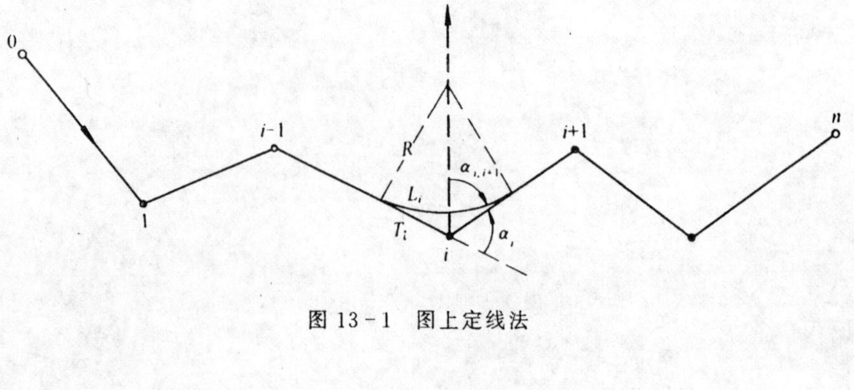

图 13-1　图上定线法

$$\alpha_{i,i+1} = \arctan\frac{y_{i+1} - y_i}{x_{i+1} - x_i} \tag{13-1}$$

任一转角点 i 的转角为

$$\alpha_i = \alpha_{i-1,i} - \alpha_{i,i+1} = \alpha_{后} - \alpha_{前} \tag{13-2}$$

当 α_i为正时左转，反之则为右转。相邻转角点的水平距离为

$$d_i = \sqrt{\Delta x_{i,i+1}^2 + \Delta y_{i,i+1}^2} \tag{13-3}$$

设线路上任一转角点 i 对应的曲线长为 L_i，切线长为 T_i，里程为 D_i，则转角点 $i+1$ 的里程为

$$D_{i+1} = D_i + d_i + L_i - 2T_i = \sum_{i=0}^{i} d_i + \sum_{i=1}^{i} L_i - 2\sum_{i=1}^{i} T_i \tag{13-4}$$

线路全长里程为

$$D_n = \sum_{i=0}^{n-1} d_i + \sum_{i=1}^{n-1} L_i - 2\sum_{i=1}^{n-1} T_i \tag{13-5}$$

2. 实测定线法

在现场先确定道路主点的地面位置，然后利用导线控制点测定这些主点的坐标 x、y，其计算公式同“图上定线法”。

3. 穿线定线法

由于受地物、地貌的限制，需要先确定中线上某一点的位置（或中线的方位角），再交会出另一转角点的平面坐标。如图 13－2 所示。设 $i-1$、$i+1$ 为已知的转角点，要求中线上的 P、Q 两点离永久性建筑物有足够的距离 d_P、d_Q。设两点的坐标分别为 $(x_P,\ y_P)$、$(x_Q,\ y_Q)$，则 $i-1$、P 和 $i+1$、Q 的方位角为

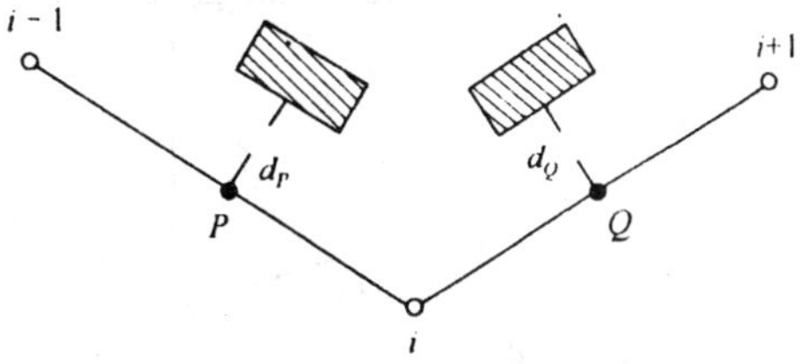

图 13－2　穿线定线法示意图

$$\left.\begin{aligned} \alpha_{i-1,i} &= \alpha_{i-1,P} = \arctan\frac{\Delta y_{i-1,P}}{\Delta x_{i-1,P}} \\ \alpha_{i+1,i} &= \alpha_{i+1,Q} = \arctan\frac{\Delta y_{i+1,Q}}{\Delta x_{i+1,Q}} \end{aligned}\right\} \tag{13-6}$$

则另一转角点 i 的坐标可用前方交会法的计算式计算

$$\left.\begin{aligned} x_i &= \frac{x_{i-1}\cdot\tan\alpha_{i-1,i} - x_{i+1}\cdot\tan\alpha_{i+1,i} - y_{i-1} + y_{i+1}}{\tan\alpha_{i-1,i} - \tan\alpha_{i+1,i}} \\ y_i &= y_{i-1} + (x_i - x_{i-1})\cdot\tan\alpha_{i-1,i} = y_{i+1} + (x_i - x_{i+1})\cdot\tan\alpha_{i+1,i} \end{aligned}\right\} \tag{13-7}$$

最后根据转角点坐标和设计半径推算曲线元素和中线里程。

4. 实地拨角，测距定线法

当没有大比例尺地形图和平面控制测量时，在现场根据相应的道路技术标准，结合地形、地质条件确定中线的位置（或转角点的位置），然后在转角点处测量道路转角 α_i 和相邻转角点之间的水平距离 d_i。最后根据设计半径 R 和 α_i、d_i 计算曲线元素和中线里程。

二、中线测量

中线测量是指沿道路中线全程，一般路段每隔 20～50 m，曲线或特殊路段每隔 5～20 m 在实地测钉一系列里程桩。本节着重介绍直线部分的中线测量，曲线部分将在下一节详细介绍。中线测量的常用测设方法是解析坐标法。

如图 13-3 所示，设 M 点为中线上任意一点，其里程桩号为 D_M，M 点到转角点 i 的距离（里程差）为

$$d_M = D_i - D_M \tag{13-8}$$

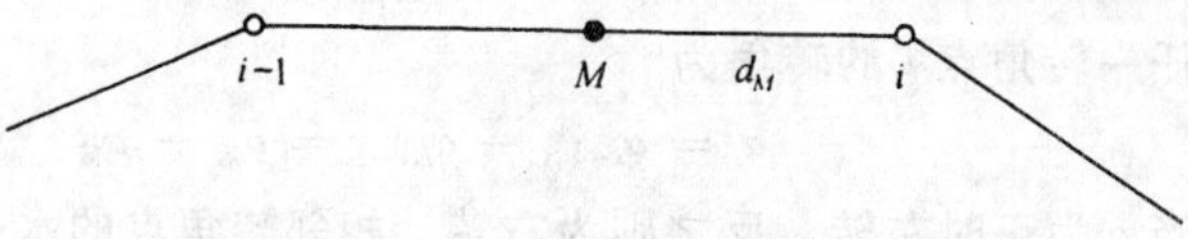

图 13-3 解析测设中线桩

则 M 点的坐标为

$$\left.\begin{aligned} x_M &= x_i + d_M \cdot \cos\alpha_{i,i-1} \\ y_M &= y_i + d_M \cdot \sin\alpha_{i,i-1} \end{aligned}\right\} \tag{13-9}$$

根据中线上任意点 M 的里程计算其解析坐标以后，就可根据 M 点附近的转角点或导线控制点用前面介绍的极坐标法、距离交会法、方向交会法、直角坐标法等将 M 点测设在地面上。

如果由于受通视条件限制或其他原因无法直接测设已知里程桩，可采用垂线法先测设中线桩，然后，再推算该中线桩的里程桩号。如图 13-4 所示，设 N 点为中线附近的导线控制点，α_{12}为中线的坐标方位角，K 点为 N 点到中线的垂足，则垂距和里程差的计算公式为

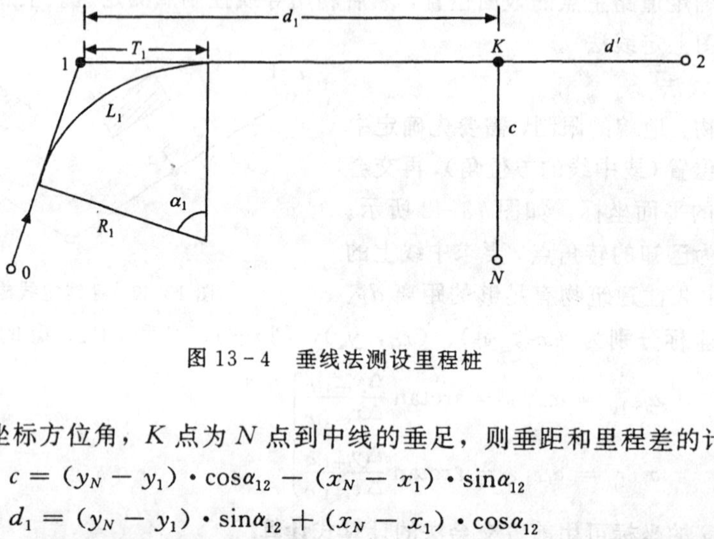

图 13-4 垂线法测设里程桩

$$c = (y_N - y_1) \cdot \cos\alpha_{12} - (x_N - x_1) \cdot \sin\alpha_{12} \tag{13-10}$$

$$d_1 = (y_N - y_1) \cdot \sin\alpha_{12} + (x_N - x_1) \cdot \cos\alpha_{12} \tag{13-11}$$

当垂距 c 为正值时，N 点在中线的右侧，当 c 为负值时，则 N 点在中线的左侧。

在导线控制点 N 上安置仪器，测设道路中线的垂线方向（NK 方向）和垂距 c，在实地测钉中线点 K，其里程桩号为

$$D_K = D_1 - 2T_1 + L_1 + d_1 = D_2 - d' \tag{13-12}$$

例 如图 13-4，已知 x_1=783.26 m，y_1=1 242.5 m，x_2=836.12 m，y_2=2 178.31 m，x_N=800.58 m，y_N=1 874.56 m，α_1=32°30′，R_1=300 m，转角点的里程 D_1=1+210.80，求算 K 的里程和垂距。

解 道路中线的方位角、转角点之间的水平距离 d_1 和曲线长、切线长分别为

$$\alpha_{12} = \arctan\frac{\Delta y_{12}}{\Delta x_{12}} = 86°46'04''$$

$$d_1 = 937.30\ \text{m}$$

$$L_1 = R_1 \cdot \alpha_1 = 170.17\ \text{m}$$

$$T_1 = R_1 \cdot \tan\frac{\alpha_1}{2} = 87.44\ \text{m}$$

转角点2的里程为

$$D_2 = D_1 + L_1 - 2T_1 + d_1 = 2 + 143.39$$

式中：2表示整公里数。

将已知数据代入(13－10)～(13－12)式，求得 N 点到道路中线的垂距 c，K 点的里程差 d 和里程 D_K 分别为

$$c = 18.34 \text{ m}$$

$$d = 632.03 \text{ m}$$

$$D_K = 1 + 838.12 \text{ m}$$

校核：

$$D_K = D_2 - d' = D_2 - (d_1 - d) = 1 + 838.12 \text{ m}$$

三、中线测量的精度要求

道路中线的位置是通过测设中桩来确定的。中桩包括公里桩、百米桩和加桩。按其桩号的里程数又分为“整桩”和“破桩”。此外还有转角点桩、平、竖曲线主点桩等。中线测量的中桩桩位精度应符合表13-1的要求。

表13－1　中桩桩位精度要求

道路等级	测距精度	纵向误差（m）		横向误差（cm）		曲线闭合差		曲线偏角闭合差
		平原、微丘	山岭、重丘	平原、微丘	山岭、重丘	平原、微丘	山岭、重丘	
等级道路	1/2 000	S/2 000+0.05	S/2 000+0.10	5	10	1/2 000	1/1 000	60″
一般道路	1/1 000	S/1 000+0.05	S/1 000+0.10	10	15	1/1 000	1/500	120″

注：表中 S 为量距长度。

四、中桩的断链处理

中线断链是指道路中桩的桩号里程与实际里程不相等的现象。主要原因是由于更改设计半径或改线及事后发现测距或计算错误引起的。断链应设在直线段上的百米桩上或整十米桩上，而不应设在桥、涵、立交、隧道和平曲线上。

断链有长链和短链之分，在断链桩上应注明来向、去向的里程和断链长度。当去向里程减来向里程为正时称为短链，反之则称为长链。如图 13－5 所示，来向里程为 K3＋135.4，去向里程为 K3＋160，则断链桩上注明为 K3＋135.4＝K3＋160，短链长 24.6 m，实际总里程为：终点桩里程＋（∑长链－∑短链）。

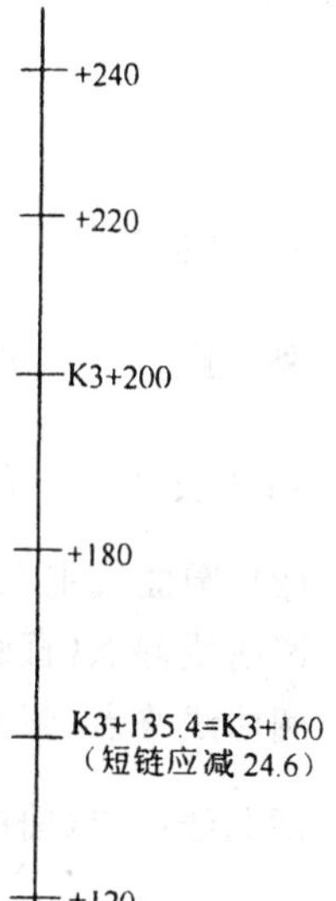

图 13－5　断链

§13－2　曲线放样

随着高等级道路的快速发展，要求行车速度得到不断提高。在道路设计时却要求增大曲线半径，因此曲线在道路平面线形中所占比例越来越大。特别是快速道路已趋于以曲线为主的平面线形设计。所以曲线的测设在道路勘测、设计和施工中起着非常重要的作用。道路曲线测设的主要工作内容包括曲线几何要素的计算、曲线主点的测设和曲线

的详细测设。

一、曲线主点的测设

道路曲线的种类很多，按曲线的几何特性可分为圆曲线、缓和曲线及其组合形式等。下面讲述两种常见曲线的计算和测设方法。

1. 圆曲线主点的测设

(1) 圆曲线元素（如图 13-6 所示）计算公式。

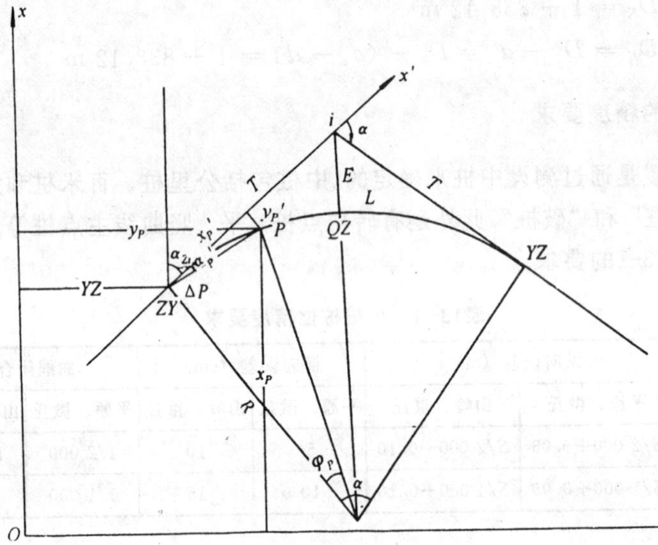

图 13-6 圆曲线元素图

$$
\left.
\begin{aligned}
&\text{切线长} \quad T = R \cdot \tan\frac{\alpha}{2} \\
&\text{外　距} \quad E = R\left(\sec\frac{\alpha}{2} - 1\right) \\
&\text{曲线长} \quad L = R \cdot \alpha \frac{\pi}{180}
\end{aligned}
\right\} \tag{13-13}
$$

(2) 圆曲线主点里程的计算。设转角点里程为 D_i，则主点里程为

$$
\left.
\begin{aligned}
&\text{圆曲线起点(直圆点)} \quad D_{ZY} = D_i - T_i \\
&\text{圆曲线终点(圆直点)} \quad D_{YZ} = D_{ZY} + L_i \\
&\text{圆曲线中点(曲中点)} \quad D_{QZ} = D_{ZY} + \frac{L_i}{2}
\end{aligned}
\right\} \tag{13-14}
$$

(3) 圆曲线主点的测设。根据圆曲线元素和主点里程可推算曲线主点的坐标，然后以曲线元素或主点坐标推算测设数据，在转角点上或曲线附近的导线点上安置仪器测设圆曲线主点。

2. 圆曲线设置缓和曲线后主点的测设

当道路等级较高、设计车速较快、平面曲线半径又不够大时，要求在圆曲线和直线之间设置缓和曲线（一般选回旋曲线）以满足快速行车的要求（如图 13-7 所示）。

(1) 曲线元素计算公式。

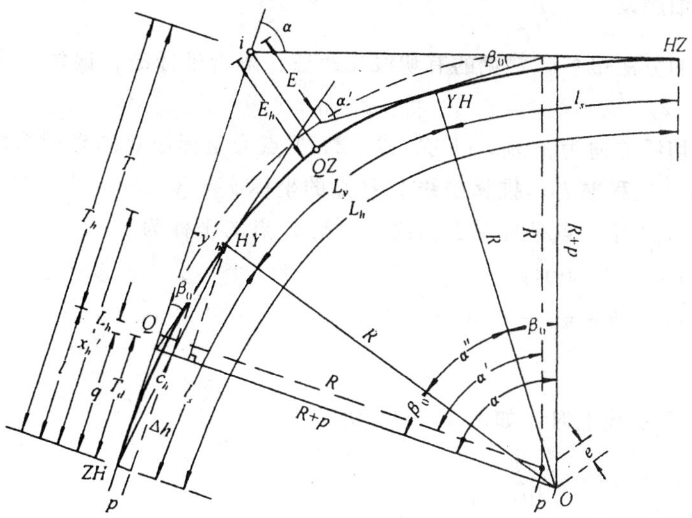

图 13-7 圆曲线设置缓和曲线元素图

$$
\left.\begin{aligned}
&\text{切线长}\quad T_h=(R+P)\cdot\tan\frac{\alpha}{2}+q\\
&\text{曲线长}\quad L_h=R\cdot(\alpha-2\beta_0)\cdot\frac{\pi}{180}+2l_s\\
&\text{外距}\quad E_h=(R+P)\cdot\sec\frac{\alpha}{2}-R\\
&\text{圆曲线长}\quad L_y=R\cdot(\alpha-2\beta_0)\cdot\frac{\pi}{180}\\
&\text{第一缓和曲线终点 }HY\text{(缓圆点)的直角坐标}\\
&\qquad x_h'=l_s-\frac{l_s^3}{40R^2},\quad y_h'=\frac{l_s^2}{6R}
\end{aligned}\right\}\qquad(13-15)
$$

式中：l_s 为缓和曲线长；

$$
\left.\begin{aligned}
q&=\frac{l_s}{2}-\frac{l_s^3}{240R^2}\\
P&=\frac{l_s^2}{24R^2}\\
\beta_0&=\frac{l_s}{2R}\cdot\frac{180}{\pi}
\end{aligned}\right\}\qquad(13-16)
$$

(2) 曲线主点里程计算。

$$
\left.\begin{aligned}
&\text{第一缓和曲线起点(直缓点)}\quad D_{ZH}=D_i-T_h\\
&\text{第一缓和曲线终点(缓圆点)}\quad D_{HY}=D_{ZH}+l_s\\
&\text{曲线中点(曲中点)}\quad D_{QZ}=D_{ZH}+\frac{L_h}{2}\\
&\text{第二缓和曲线起点(圆缓点)}\quad D_{YH}=D_{HY}+L_y\\
&\text{第二缓和曲线终点(缓直点)}\quad D_{HZ}=D_{ZH}+L_h
\end{aligned}\right\}\qquad(13-17)
$$

单圆曲线设置缓和曲线后主点的测设方法基本与单圆曲线主点测设方法相同。

二、曲线的详细测设

详细测设曲线的方法很多，常见的有切线支距法、解析坐标法、偏角法等。

1. 切线支距法

选择以曲线的切线方向为 x' 轴，以 ZY 或（ZH）点为坐标原点的坐标系统。根据曲线上的 P 点与坐标原点的里程差 l_P，推算曲线上 P 点的坐标 x'_P、y'_P。

如图 13-6 所示。当 P 点是在单圆曲线上，则 P 点的坐标为

$$\left.\begin{aligned} x'_P &= R\cdot\sin\varphi_P \\ y'_P &= R\cdot(1-\cos\varphi_P) \end{aligned}\right\} \tag{13-18}$$

式中：$\varphi_P=\dfrac{l_P}{R}$。

当 P 点是在缓和曲线上时，如图 13-8 所示。

$$\left.\begin{aligned} x'_P &= l_P-\frac{l_P^5}{40R^2l_s^2} \\ y'_P &= \frac{l_P^3}{6Rl_s} \end{aligned}\right\} \tag{13-19}$$

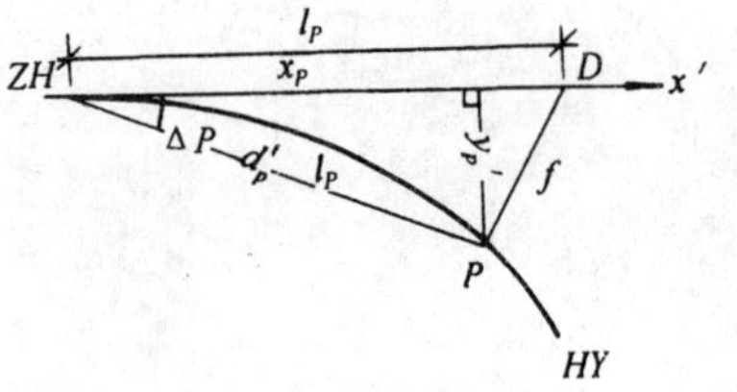

图 13-8　P 点在缓和曲线上

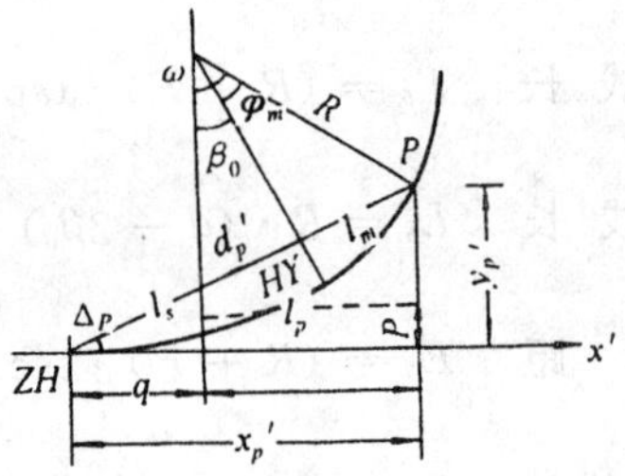

图 13-9　P 点在带有缓和曲线的圆曲线上

当 P 点是在带有缓和曲线的圆曲线上，如图 13-9 所示。

$$\left.\begin{aligned} x'_P &= R\cdot\sin\omega+q \\ y'_P &= R\cdot(1-\cos\omega)+p \end{aligned}\right\} \tag{13-20}$$

式中：$\omega=\varphi_m+\beta_0=\dfrac{l_P-l_s}{R}+\dfrac{l_s}{2R}$。

切线支距法是在 ZY（或 ZH）点和 YZ（或 HZ）点上设站，以切线为已知的方向，x'_P、y'_P 为已知测设数据，用直角坐标法将曲线上的点 P 标定在地面上。

2. 解析坐标法

如图 13-6 所示。设 P 点是圆曲线上的任意点，P 点与 ZY 点的里程差为 $l_P=D_P-D_{ZY}$，则 P 点在统一坐标系 xOy 的坐标值为

$$\left.\begin{aligned} x_P &= x_{ZY}+d'_P\cdot\cos\alpha_{ZP} \\ y_P &= y_{ZY}+d'_P\cdot\sin\alpha_{ZP} \end{aligned}\right\} \tag{13-21}$$

式中，

$$\left.\begin{aligned} d'_P &= 2R\cdot\sin\frac{\varphi_P}{2} \\ \alpha_{ZP} &= \alpha_{Zi}+\frac{\varphi_P}{2} \end{aligned}\right\} \tag{13-22}$$

若 P 点是在带缓和曲线的曲线上，则 P 点的坐标为

$$\left.\begin{aligned} x_P &= x_{ZH} + d'_P \cdot \cos\alpha_{ZP} \\ y_P &= y_{ZH} + d'_P \cdot \sin\alpha_{ZP} \end{aligned}\right\} \tag{13-23}$$

式中，

$$\left.\begin{aligned} d'_P &= \sqrt{x'^2_P + y'^2_P} \\ \alpha_{ZP} &= \alpha_{Zi} + \Delta_P \end{aligned}\right\} \tag{13-24}$$

$\Delta_P = \arctan \dfrac{y'_P}{x'_P}$，$x'_P$、$y'_P$ 可由(13－19)式和(13－20)式求得。

解析坐标法可以在转角点、曲线附近的导线点或曲线主点上设站，用极坐标或其他有效方法灵活方便地测设出曲线上的 P 点。

3. 偏角法

以曲线的切线方向为已知方向，根据里程差 l_P 推算弦切角 Δ_P 和弦长 d'_P，其测设数据计算公式如下：

当 P 点在单圆曲线上，如图 13－6 所示。

$$\left.\begin{aligned} \Delta_P &= \frac{\varphi_P}{2} = \frac{l_P}{2R} \\ d'_P &= 2R \cdot \sin\Delta_P \end{aligned}\right\} \tag{13-25}$$

当 P 点在缓和曲线上，如图 13－8 所示。

$$\left.\begin{aligned} \Delta_P &= \left(\frac{l_P}{l_s}\right)^2 \cdot \frac{\beta_0}{3} \\ d'_P &= l_P - \frac{l_P^5}{90R^2 l_s^2} \end{aligned}\right\} \tag{13-26}$$

当 P 点是在带缓和曲线圆曲线上，如图 13－9 所示。

$$\left.\begin{aligned} \Delta_P &= \arctan \frac{x'_P}{x'_P} \\ d'_P &= \sqrt{x'^2_P + y'^2_P} \end{aligned}\right\} \tag{13-27}$$

式中：x'_P、y'_P 可由（13－20）式计算。

偏角法是在曲线主点上设站，以曲线上的切线方向为已知方向，分别测设弦切角 Δ_P 和弦长 d'_P，将曲线上的 P 点标定在地面上。

§13－3　纵横断面测量

道路纵横断面测量是测定道路中线及其附近地面的高低起伏形态，以便为道路的纵断面设计和土、石方工程量计算提供依据。

一、纵断面测量

沿道路中线的剖面称为道路纵断面。根据道路中线附近敷设的水准点，用水准仪施测中线上里程桩和加桩的地面高程，然后根据所测的高程和对应的里程桩号，以中线的水平距离为横轴，地面高程为纵轴并选择适当的比例绘制道路纵断面图，纵断面图表示了中线的地形变化和地面坡度陡缓情况。

二、横断面测量

沿道路中线的垂线（或法线）方向剖面称为道路横断面。施测宽度一般要求比路幅宽度多 10～20 m，横断面测量包括定向测距，测地面高程，绘图等步骤。

道路中线的垂线（或法线）方向可使用方向架、方向盘、经纬仪、全站仪等确定；水平距离可用皮尺丈量、视距测量、光电测距仪等方法测定；高差可用水准测量、三角高程测量等方法测定。最后根据所测的距离和高差，按 1∶200 比例尺绘制横断面图表示横断面方向的地形变化和地面坡度陡缓情况。

§13-4　竖曲线的测设

根据纵断面测量数据绘制纵断面图（地面线）后，即可进行道路纵断面设计，其内容包括确定道路纵坡度、坡长、转坡处的竖曲线，各桩号的设计高程及施工高度等。道路中线的纵断面设计线是由许多不同坡度的纵坡线连接而成的。纵断面设计线上的坡度变化点称为转坡点。在一般情况下，当高等级道路的转坡值（或称转坡角）小于 0.005 时，应设置竖曲线，以改善行车的稳定性。竖曲线计算主要有以下两种。

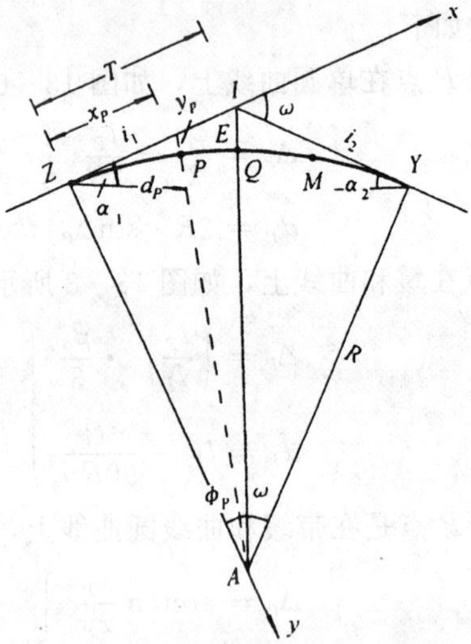

图 13-10　竖曲线元素图（近似）

一、竖曲线的近似算法

1. 竖曲线元素计算

如图 13-10 所示。设道路中线转坡点 I 的设计高程为 H_I，里程为 D_I，转坡点两侧的设计纵坡为 i_1、i_2，竖曲线设计半径为 R，则竖曲线元素分别为

$$\left.\begin{aligned}&\text{转坡角}\quad \omega=\alpha_1-\alpha_2\approx\tan\alpha_1-\tan\alpha_2=i_1-i_2\\&\text{切线长}\quad T=R\cdot\tan\frac{\omega}{2}\approx R\cdot\frac{\omega}{2}\\&\text{曲线长}\quad L\approx 2T\\&\text{外　距}\quad E=R(\sec\frac{\omega}{2}-1)\approx\frac{T^2}{2R}\end{aligned}\right\}\tag{13-28}$$

（注：α_1、α_2 的符号与 i_1、i_2 同）

2. 竖曲线主点里程和设计高程计算

主点里程

$$\left.\begin{aligned}&\text{曲中点}\quad D_Q=D_I\\&\text{直圆点}\quad D_Z=D_I-T\\&\text{圆直点}\quad D_Y=D_I+T\end{aligned}\right\}\tag{13-29}$$

$$\text{主点设计高程}\quad\left.\begin{aligned}H_Q&=H_I-E\\H_Z&=H_I-T\cdot i_1\\H_Y&=H_I+T\cdot i_1\end{aligned}\right\}\tag{13-30}$$

3. 竖曲线上任意点的设计高程计算

设凸形竖曲线上任意点 P 的里程为 D_P，与 Z 点的里程差为 $x_P = D_P - D_Z \approx d_P$，由图 13-10 可知

$$R^2 - x_P^2 = (R - y_P)^2$$

$$y_P = \frac{x_P^2}{2R - y_P}$$

在一般情况下由于 R 比较大，而 y_P 都很小，取 $2R - y_P \approx 2R$，则

$$y_P = \frac{x_P^2}{2R} \tag{13-31}$$

P 点的设计高程为

$$H_P \approx H_I - (T - x_P)i_1 - y_P \tag{13-32}$$

同法可推算竖曲线右侧上任意点 M 的设计高程。

对于凹形竖曲线同样可方便地计算任意点的设计高程。

二、竖曲线的精确计算方法

1. 竖曲线元素计算

如图 13-11 所示。在图中建立以过圆心 A 的水平线为横坐标轴 d，以过竖曲线起点 Z 的

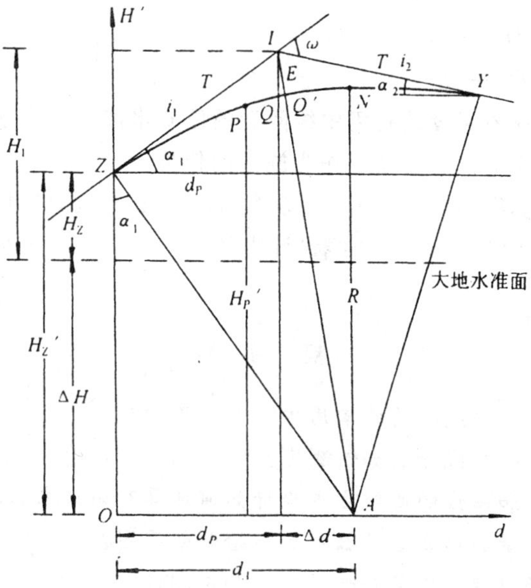

图 13-11　竖曲线元素图（精确）

铅垂线为纵坐标轴 H' 的 dOH' 直角坐标系；竖曲线圆心 A 的坐标为 $(d_A, 0)$，直圆点 Z 的坐标为 $(0, H'_Z)$，竖曲线各元素的计算公式如下

$$\left.\begin{aligned}
\alpha_1 &= \arctan i_1 \\
\alpha_2 &= \arctan i_2 \\
\omega &= \alpha_1 - \alpha_2 \\
T &= R \cdot \tan \frac{\omega}{2} \\
d_I &= T \cdot \cos\alpha_1 \\
d_A &= R \cdot \sin\alpha_1 \\
H'_Z &= R \cdot \cos\alpha_1
\end{aligned}\right\} \quad (13-33)$$

2. 竖曲线主点里程计算

$$\left.\begin{aligned}
D_Z &= D_I - d_I \\
D_Q &= D_I \\
D_N &= D_A = D_Z + d_A \\
D_Y &= D_Z + T(\cos\alpha_1 + \cos\alpha_2)
\end{aligned}\right\} \quad (13-34)$$

3. 竖曲线上任意点设计高程的计算

由图 13－11 可知，竖曲线在 dOH' 坐标系中的方程为

$$(d - d_A)^2 + H'^2 = R^2 \quad (13-35)$$

则竖曲线上任一与 Z 点的里程差为 d 的点的纵坐标值 H'、设计高程 H 和里程 D 分别为

$$\left.\begin{aligned}
H' &= \sqrt{R^2 - (d - d_A)^2} \quad (0 \leqslant d \leqslant d_Y) \\
H &= H' - (H'_Z - H_Z) \\
D &= D_Z + d
\end{aligned}\right\} \quad (13-36)$$

道路纵断面设计高程的测设是利用中线附近的已知水准点，用水准测量的方法将对应里程桩号的设计高程在地面上标志出来，作为施工的依据。

例 某道路变坡处其纵坡分别为 $i_1=1.5\%$，$i_2=-1.39\%$，转坡点的设计高程和里程为 $H_I=27.02$ m、$D_I=2+248.0$ m，竖曲线设计半径 $R=3\ 000$ m。其纵断面设计计算结果如图 13－12 所示。

复 习 题

1. 道路主点有哪些？中线测量的常用方法有哪几种？
2. 直线和曲线部分的中线分别如何测定？
3. 圆曲线及带有缓和曲线的曲线主点坐标如何计算？曲线主点和各碎部点如何测设？
4. 道路纵横断面测量的内容是什么？如何绘制断面图？
5. 竖曲线各主点的里程、高程如何计算，如何测设？

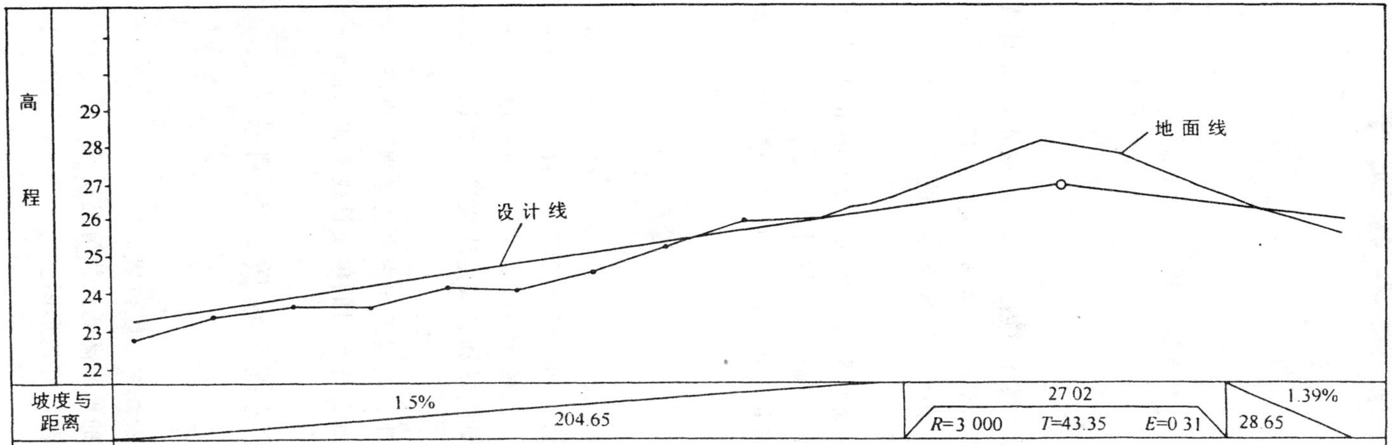

桩号	地面高程	设计路面高程	施工高度
2+00	22.83	23.3	0.47
020	23.40	23.6	0.20
040	23.70	23.9	0.20
060	23.75	24.2	0.45
080	24.18	24.5	0.32
2+100	24.01	24.8	0.79
120	24.62	25.1	0.48
140	25.32	25.4	0.08
160	25.95	25.7	−0.25
180	26.10	26.0	−0.10
2+200	26.71	26.30	−0.41
204.65	26.90	26.37	−0.53
220	27.45	26.56	−0.89
240	28.27	26.69	−1.58
248.0	28.07	26.71	−1.36
260	27.83	26.69	−1.14
280	27.03	26.55	−0.48
291.35	26.61	26.42	−0.19
2+300	26.37	26.30	−0.07
320	25.67	26.02	0.35

竖曲线

图 13-12　例题纵断面设计计算

（单位：m）

第十四章　管线工程测量

§14-1　概　述

一、管线工程测量的意义

管线工程是指上水、下水（污、雨水）、煤气、热力（蒸汽、热水）、工业管道（氧、氢、乙炔、石油、排渣等）、电力（供电、路灯、电车）、电信（电话、广播、各种专业通讯）等管（沟）道和电力、电信等直埋电缆工程。随着我国经济建设的飞速发展，各种管线越来越多，也越来越复杂。管线工程测量日显重要。

而今，由于缺乏管线资料或因工程施工部门对管线情况缺乏足够重视，致使全国范围内，因施工过程中，挖断各种管线而造成巨大经济损失的事故时有发生。

因此，为了各种管线的管理、维护的需要，也为了城市规划、建设的设计及施工的需要，应该加强对管线工程测量的管理。

二、管线工程测量的主要任务

在管线勘察设计阶段，设计部门首先是在设计区域已有1：10 000～1：1 000地形图及原有管道平面图、断面图等资料的基础上，进行初步设计工作。在此阶段的测量工作，主要是在初步设计的基础上，进行管线定线测量、纵横断面测量及管线带状地形图测量等。

管线施工阶段的测量工作，是根据设计要求和管线定线成果，测设出管线施工时所必须的各种桩位或测量标志。

为了在各种管线的使用期间及后期扩建、改建工作中方便管理、维修，管线敷设过程中及敷设后，应进行管线的竣工测量，以得到各种专门的单项管线图和综合管线图。

§14-2　管线定线及纵横断面测量

勘察设计阶段的测量工作包括：

（1）根据设计要求，在地面上测设出管线中心线位置；

（2）测绘管线中心线上及中心线两侧的地面高低起伏情况；

（3）实测管线附近的带状地形图或修测原有地形图。

一、管线定线测量

管线定线测量是要将图纸上初步规划设计的管线的起点、终点、转折点等管线的主点的位置及管线的中线方向测设至实地，以里程桩、加桩在地面上标示出来。其主要内容有管线主点的测设、线路转折角的测量、里程桩及加桩的测设和里程桩手簿的绘制等。

（一）主点的测设

在管线的设计过程中，设计人员已考虑到管线的各项具体精度要求。对于测设精度要求较高的管线，设计人员一般都在设计图上标注出了管线各主点的设计坐标，因此，测量人员可采用解析法进行管线主点的放样；而对于测设精度要求不高的管线，设计人员大多没有在管线设计图上标注出管线各主点的设计坐标值，这就需要测量人员采用图解法进行管线主点的测设。

1. 解析法

解析法是根据各主点的设计坐标及周围相关控制点的坐标计算出各放样元素进行放样。实际工作中，常采用的放样方法有极坐标法、角度交会法、全站仪法等。

如果控制点的密度不能满足管线主点的放样需要，一般是沿主点测设路线专门布置一条导线，用于管线主点的测设。

主点测设完毕后，一般采用下述两种方法进行检核：

(1) 用主点设计坐标计算出相邻主点间间距及管线总长，并于实地量测出主点间间距，两者进行对比检核。

(2) 如果主点附近有固定地物，可量出主点与地物间的距离进行检核。

2. 图解法

图解法是在设计图上图解出所需要的各主点的测设数据，再根据实际情况进行放样。

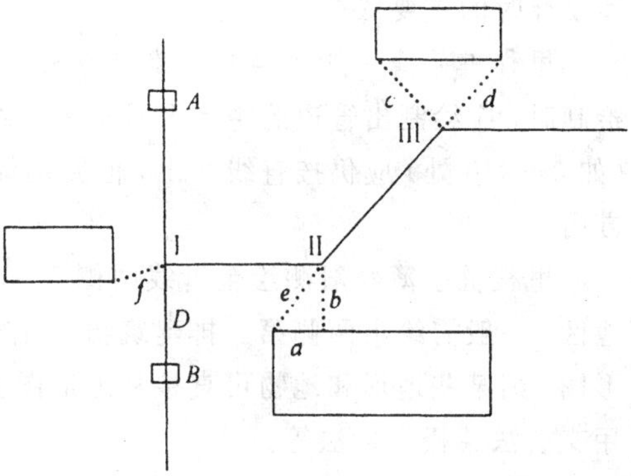

图 14-1　图解法主点测设

如图 14-1。A、B 是旧有管线，Ⅰ、Ⅱ、Ⅲ是新设计管线的主点。在图上量出 D、a、b、c、d、e、f 等各段距离，此即为管线主点Ⅰ、Ⅱ、Ⅲ的测设数据。

测设时，可采用直角坐标法测设管线主点Ⅰ、Ⅱ，采用距离交会法测设主点Ⅲ。

图中Ⅰ在根据 D 测设后，可根据主点Ⅰ与左边房子角的距离 f 进行检核。其Ⅱ、Ⅲ主点无检核条件，则可通过测设后重新量测距离 a、b、c、d、e 进行检核。

（二）里程桩和加桩的测设

里程桩是指从管线的起点开始，沿其中心线每间隔 100 m 所钉设的木桩。里程桩一般规定起点桩号为 0+000，其“+”号前面的数表示公里数，后面为米数。如 3+200 m，表示该里程桩距管线起点的距离为 3 200 m。

百米间如坡度发生变化或有铁路、公路、旧有管线等重要地物通过，需要加钉木桩指示，则该木桩称为加桩。加桩的编号如 0+152，表示距管线起点 152 m（见图 14-3）。

里程桩和加桩的桩号要用红油漆写在木桩的侧面，字面朝着管线的起始方向。

管线起点的确定，一般污水以下游出口为起点；给水管道以水源为起点；热力、燃气管道以来气方向为起点。

里程桩和加桩的测设一般在主点测设完成后进行，里程桩可采用在直线上测设已知长度的方法进行，加桩桩号可在直线定线后测定。当然，测设现场的具体情况各不相同，其每个桩位的具体测设方法应根据实际情况而定。

长度丈量时如采用钢尺丈量，为避免错误，一般应丈量两次。

（三）管线转折角测量

管线转折角常用偏角 $\alpha_{左}$ 和 $\alpha_{右}$ 表示，如图 14－2。偏角即是后一边方向线的延长线与前一边方向线之间的夹角。在实际工作中，经常用经纬仪测其右转角 β，则

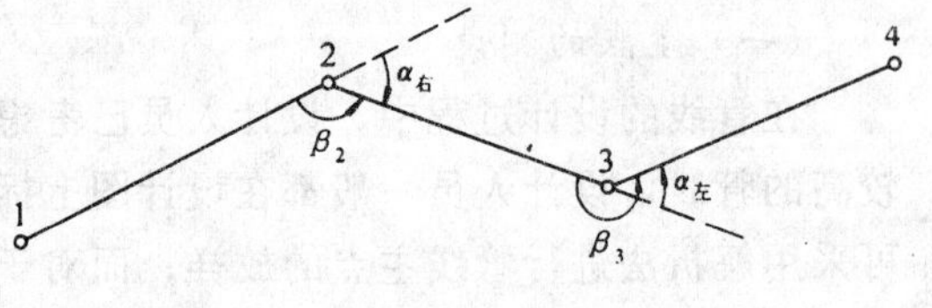

图 14－2　管线转折角测量

$$\alpha = 180^\circ - \beta \tag{14-1}$$

（四）纵横剖面测量及里程手簿绘制

纵横剖面测量已在道路工程测量中介绍，在此不再赘述。

在测设里程桩的同时，应现场测绘管线两侧带状区域的地物和地貌，这种带状图称为里程桩手簿。它是绘制纵断面图和设计时的重要依据。

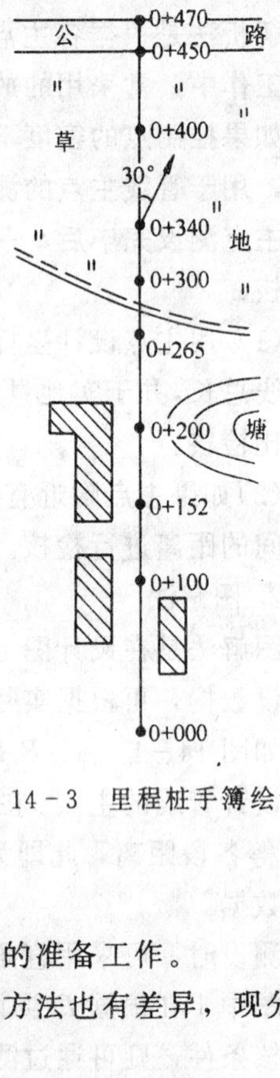

图 14－3　里程桩手簿绘制

里程桩手簿一般是绘制在毫米方格网纸上，如图 14－3。绘制时，应绘制出管道的主点及管道中心线。其转折后的管线（如 0＋340 处）应仍按直线绘出，但要用箭头表示管线转折的方向。

里程桩手簿一般测绘至管线两侧 20 m，如遇建筑物密集地区，一般需绘出两侧第一排建筑物。如测区已有大比例尺地形图，则某些地形和地物可直接从地形图上提取。测绘时可采用交会法、极坐标法等。

§14－3　管线施工测量

管线施工测量前，应首先熟悉并认真分析管线平面图、断面图及施工图等有关资料，核对有关测设数据，做好管线施工测量的准备工作。

由于地下管线与架空管线的施工方法不尽相同，故其施工测量方法也有差异，现分述如下。

一、地下管线施工测量

1. 主点桩的检查与测设

设计阶段所进行的管线定线测量，如其所定出的主点桩位与施工阶段的桩位一致，且主点桩在地面上完好，则只需进行桩位检查。否则就需要重新测设管线中线。

2. 检查井位的测设

表 14－1　地下管道井位布设距离

排水雨水井	40～100 m
排水排风孔	200～250 m
给　水　阀	400～500 m
煤气检查井（中压）	100 m
煤气检查井（低压）	200 m
暖气人孔	300～500 m
电信电缆检查井	150 m
电力电缆检查井	120～150 m

无论何种地下管线每隔一段距离都会设计一个井位以便于管理检查及维修。各种地下管道的井位的布设距离如表 14－1。测量人员应根据设计数据测设到实地，并用木桩在地面上标

定。

3. 控制桩测设

施工时，管道中线上的各种桩位将被挖掉，为了在施工开挖后方便地恢复中线和检查井的位置，应在管道主点处的中线延长线上设置中线控制桩，在每个检查井的垂直中线方向上，设置检查井位控制桩。如图 14-4。

控制桩的桩位应选择在引测方便，不易被施工破坏的地方。一般说来，为了施工方便，检查井控制桩离中线的距离最好是一个整米数。

4. 管道中线及高程施工控制

根据管径大小、埋深及土质情况，在地面上定出槽边线位置后，即可进行施工开挖。

施工过程中，管道的中线和高程的控制，可采用龙门板法。但因龙门板法耗费木材，且不便于机械施工，故在进行高程控制时也常使用水平桩法（即腰桩法）。

（1）龙门板法。龙门板由坡度板和高程板组成，一般沿中线每 10～20 m 和检查井处设置龙门板。中线放样时，根据中线控制桩，用经纬仪将管道中线投影至各坡度板上，以一小钉作为中线钉标记（如图 14-5）。在各中线连线钉上垂球，即可将中线位置投影到管槽底层。

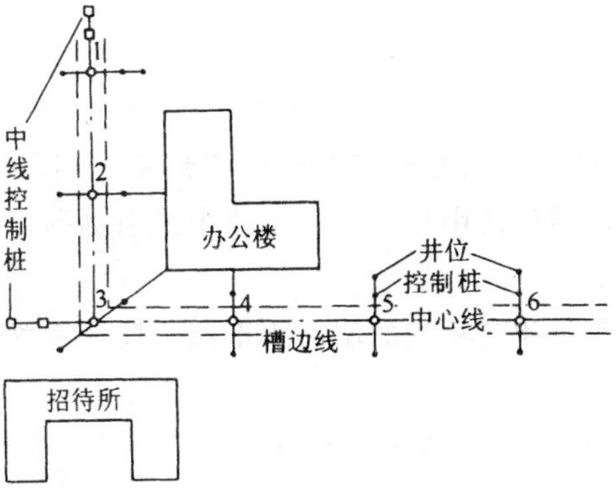

图 14-4　控制桩测设

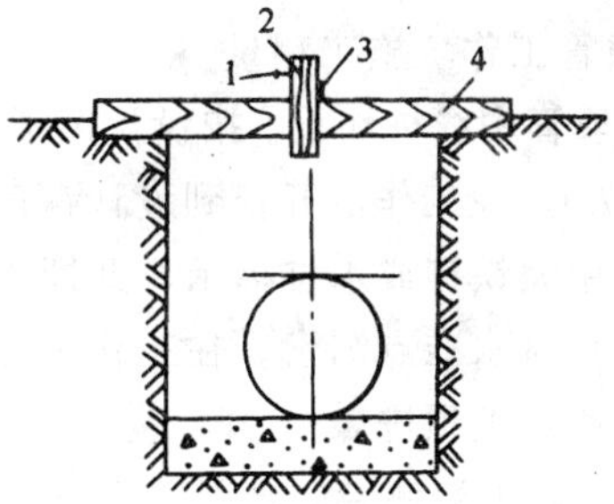

图 14-5　中线钉

1—坡度钉；2—高程板；3—中线钉；4—坡度板

管槽开挖深度的控制，一般是将水准点高程引测到各坡度板、顶。在根据管道坡度计算出所测之处管道的设计高程后，则坡度板顶与管道设计高程之差再加上管壁与垫层的厚度即为坡度板顶起算应向下开挖的深度，称为下返数。

由此计算的下返数一般是非整数，并且每个坡度板的下返数各不相同，不便于施工检查，故一般是使下返数为一预先确定的整数，由下式算出每一坡度板顶应向下量的调整数。

$$调整数＝预先确定的下返数－（板顶高程－管底设计高程） \qquad (14-2)$$

根据计算出的调整数，在高程板上钉上一小钉作为坡度钉，则相邻坡度钉的连线即与设计管底坡度平行。

在坡度钉钉好后，应重新用水准仪检查一次各坡度钉高程。龙门板的中线位置和高程都应作定期检查。

（2）水平桩法。在管槽挖到一定深度后，每隔 10～20 m 在管槽两侧和在检查井处打入带小钉的木桩，并用水准仪测出其高程。在竖直方向上量出与预先确定的下返数的差值，再钉上一带小钉的水平桩。各水平桩的连线应与设计管底坡度平行。

二、架空管道的施工测量

架空管道的施工测量的主要内容有主点的测设、支架基础开挖测量和支架安装测量等。其主点测设与地下管道相同，基础开挖中的测量工作和基础板定位与建筑高程测量中的桩子基础相同，在这里就不再赘述。

§14－4　顶管施工测量

当所铺设的地下管道需要穿过铁路、公路或重要建筑物时，一般需要采用顶管施工方法以避免因开挖沟槽而影响交通和大量拆迁工作。

一、顶管施工原理

如图14－6所示。在管道一端先挖好工作坑，再于坑内安置导轨，将管筒放在导轨上，用顶镐将管筒沿管线方向顶入土中，并挖出管内泥土，以此形成连续管道。因此，顶管施工测量的主要任务是控制管道顶进的中线方向、管底高程和坡度。

二、顶管施工测量

1. 顶管工作坑施工测量

(1) 顶管中线桩测设。按设计图纸要求，于工作坑前后测设两个中线控制桩（如图14－6中的 A、B），在工作坑开挖到设计深度后，再用经纬仪从中线控制桩上将中线引测到工作坑坑壁上，用大铁钉或木桩标示，此即为顶管中线桩。

(2) 临时水准点测设。在工作坑内布设两个可供相互检校的临时水准点，以控制管道按设计高程和坡度顶进。

(3) 导轨安装测量。导轨一般安装在木基础或混凝土基础上（如图14－7）。安装过程中，应采用在顶管中线桩上吊垂球的方法将管道中线投测到工作坑基础垫层上（如图14－6），再以垫层上的中线为依据安装导轨。导轨的纵向坡度，可采用临时水准点控制，以满足设计要求。

2. 顶管施工测量

(1) 中线控制。将经纬仪置于工作坑内距管口尽可能远的管线的中线上，定出管道方向

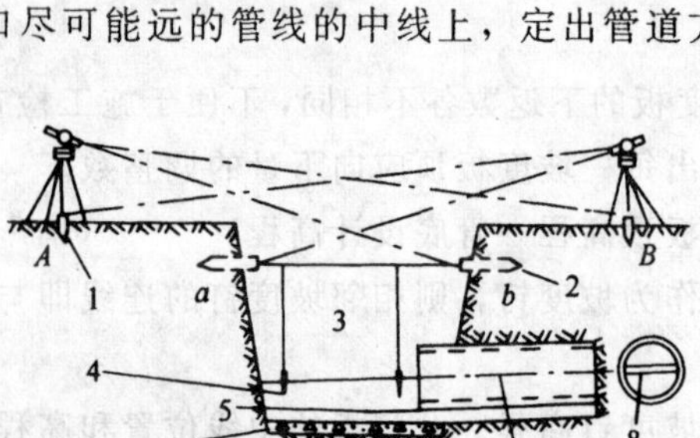

图14－6　顶管施工原理

1—中线控制桩；2—顶管中线桩；3—工作坑；4—垂球；5—导轨；6—垫层；7—顶管中心线；8—横尺

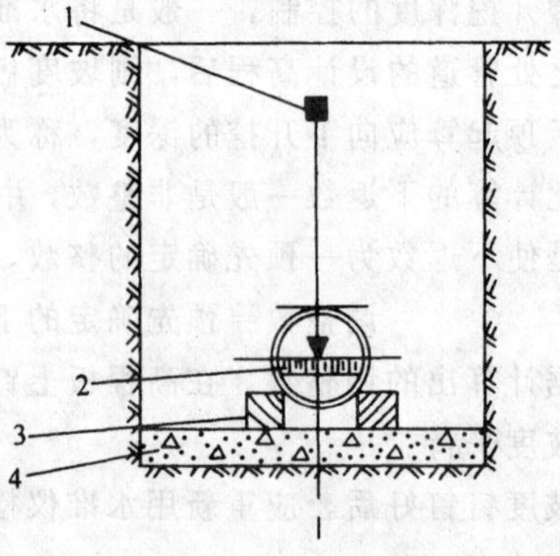

图14－7　导轨安装

1—顶管中线桩；2—木尺；3—导轨；4—垫层

线（也可用垂球吊线观察，但精度相对较低）。在管道内前端横放一长度等于或略小于管径的直尺，用管水准器将木尺置平。用望远镜十字丝检查管子中心线是否在管线的设计方向线上。其偏差值直接在木尺上读出。管子每顶进 0.5 m，应进行一次中线测量。当偏差超过±1.5 cm，就需对管子进行校正。

如需要穿越的长度超过 100 m 时，为保证贯通精度，需要在每 100 m 设一个工作坑，分段进行对顶施工。要求贯通对接时，管子错口不得超过 3 cm。

（2）管底高程测量。利用临时水准点，在顶管内待测点上用一根高度小于管子直径的标尺每顶进 0.5 m 测出管底的水准高程，将所测高程于管底设计高程进行比较，差值如超过 1 cm，就需对管子进行校正。

3. 机械化顶管施工测量

机械化顶管设备的前端装有掘进机头，能自动挖掘前进（如图 14－8 所示）。掘进机头上

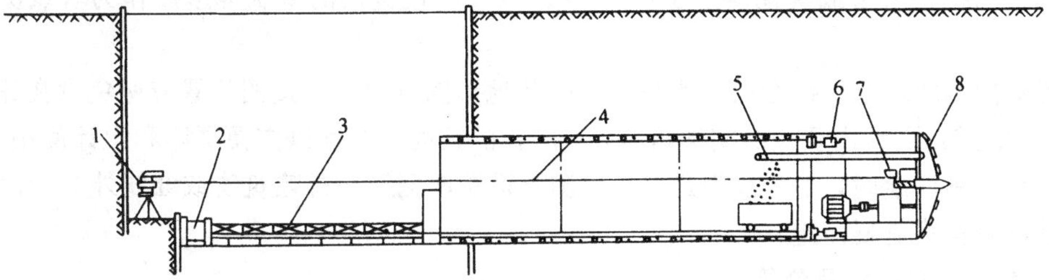

图 14－8　机械化顶管设备

1—激光水准仪；2—顶进千斤顶；3—顶铁；4—激光基准线；5—输土机；6—校正千斤顶；7—光电接收靶；8—掘进机头

装有光电接收靶和自控装置。在工作坑内安置激光水准仪或激光经纬仪，使其发射出的激光束与管线中线方向一致并满足设计坡度要求。施工过程中，掘进机头挖掘前进时如有偏移，与光电接收靶相连的自控装置就能自动纠偏校正，保证机头沿激光束方向继续前进。

§14－5　管线竣工测量

管线工程完成后，应向管理部门提交竣工时所测量的各种管线的平面位置和高程，并绘制成管线竣工图。

管线竣工图一般分为管线竣工平面图和管线竣工断面图。每一单项管线竣工完成，都需要编制成单项管线竣工平面图。然而，管线种类繁多，为了管理方便，还应将所有单项管线竣工图综合，测绘成综合管线图。

一、综合管线图测绘的主要内容

管线的竣工测量一般分为旧有管线的普查整理测量（又称整测）和新埋设管线的竣工测量（又称新测）。

综合管线图测绘的主要内容有各种管线的主点、管径或断面、管偏及各种附属构筑物与构件施工后的实际平面位置和高程。

在管线工程中，构筑物是指各种管线的检修井、暗井、进出水口、水源井、闸阀、消火

栓、水表、排气门、抽水缸及小室（电信电缆入孔、手孔）等；管件是指三通、四通、变径管、弯管、盖堵等；管偏是指各种管线中心线相对于检修井中心的垂线的距离。

综合管线图调查测绘时，对于上水、煤气、无沟道热力、电力电信沟道及直埋电缆、压力管道等需测量管外顶高，而对于下水、有沟道热力、电力电信沟道、工业自流管道则需测量管（沟）道底高。

二、管线调查测绘方法

（一）资料收集及准备

1. 管线基础图的收集或测绘

综合管线图是用测区现有最大比例尺的基本地形图（1∶500～1∶2 000）为基础图绘制，因此，在竣工测量开始前，应首先予以收集。对于管线密集的道路与单独重要管线，应根据需要用分幅图拼接映绘或实地测绘 1∶500～1∶2 000 比例尺的带状地形图作为管线测量的基础图。

为了所测绘的综合管线图的使用方便，带状地形图分幅时，接图位置应避免设在建筑物上、路口处、道路曲线内及道路交叉跨越处。图幅的长度与宽度以方便晒印和设计使用为准。

带状地形图测绘时，如为规划道路，以测出道路两侧第一排建筑物或红线外 20 m 为宜；非规划道路可根据需要而定。

2. 控制点资料收集及测绘

（1）如使用现有地形图作管线测量的基础图，应收集测图控制网资料；

（2）对于新测管线，应收集施工测量控制网资料；

（3）若施工控制网及测图控制网均不能满足管线测量要求，应重新布设控制网。

3. 现有旧管线资料收集

调查测绘前，应首先向各专业单位收集现有管线资料，并到实地踏勘，弄清其来龙去脉。对于实在无法核实的直埋管线，应在最后的综合管线图上以虚线标记。

（二）管线调查测绘

整测管线需在认真分析现有资料的基础上进行调查测绘，新测管线需在覆土前调查测绘，如果检修井足够多，能控制其曲折的管线，新测管线也可在竣工后至交付使用前调查测绘。

1. 管线调查

（1）调查内容及方法。管线调查时，使用检验过的 2 m 钢卷尺、直角尺、垂球等测量工具于井下实地量取管内底（或管外顶）至井沿的比高、管径（或断面）、偏距等。如井中有多个方向的管线，则应逐个量取，并注明方向，以便在管线图上连线。

各种管线的管径或断面的注记一般以毫米为单位，只有电力、电信、管块以厘米为单位。对于并行或重叠走向的管道，要整体考虑最大断面。如两条 ϕ500 mm 并行管道应注记成 2×ϕ 500 mm，对于三通，应线注记主管管径再注支管，形式如 ϕ300 mm×ϕ200 mm，对于管偏，则应注明管偏方向及距离，如东西管偏北 0.25 m 等。

（2）管线调查注意事项。管线调查主要在井下进行，因此，应注意防止有毒、易燃、窒息等气体及腐蚀液体的危害。故在管线调查时应采取下述措施：

①打开井盖及相邻井盖通风，必要时可戴防毒面具、橡皮手套、穿皮衣裤下井；

②下井时应小心检查井壁爬梯是否锈断，以免踏空；

③井下作业时只能用手电照明，严禁点火，以免易燃易爆气体或液体爆炸；

④井下作业时井上应有鲜明标志或派专人看守，以免行人及重物落入井中砸伤井下作业人员，井下人员如有不适，应立即上来；

⑤调查完毕，应盖好井盖。

2. 管线测量

各种管线测点应选择在交叉点、转折点、分支点、变径点、边坡点；电力、电信的电缆入地、出地电杆以及每隔适当距离的直线点等。测量时，应测其管线的中心以及井盖的中心位置和高程。

管线点坐标一般采用解析法和图解法进行。解析法施测可采用导线串联与极坐标法，图解法可采用距离交会法、支距法与小平板设站施测。其交会时，交会角应在 30°～150°之间。

整测需采用各种管线探测仪和探地雷达定位后再进行测绘。

3. 综合管线图绘制

管线点坐标与高程测量计算完毕后，一般是展绘在地形二底图上。展绘时，根据井位展出管偏，各种小室在图上按实际大小绘出，然后连线。或采用相应的绘图软件绘制管网图。

管线点高程注记可根据管线图和管线、地物的距离情况进行，一般可选用在图边垂直或平行点号注记、图边表格、资料卡片与扯旗形式等。如图 14－9 为图边表格形式，图 14－10 为扯旗形式。扯旗形式表示时应注明管线种类、管径或断面、条数、埋深及埋设日期等。

综合管线图其各种井位及管线均应按规范表示。管线的颜色一般采用分色表示的方法进行，如上水用天蓝色表示；下水赭石色；煤气粉红；电信管线浅草绿等，单项管线可着黑色表示。

新测及整测工作完成后，均应写工作说明，资料应整理装订成册归档。

三、管线探测方法简介

地下管线的探测宜以非开挖方式为主。该方式探测是应用仪器，通过测量各种物理场的分布特征来确定管线的位置。其探测地下管线的方法大致有电磁法、直流电法、磁测法、地质雷达法、地震波法和放射性跟踪法等。其中，电磁法探测是当前地下管线探测的主要手段。

（一）电磁法探测

电磁法探测是利用各种专用的地下管线探测仪进行。此类仪器一般都是由电磁波发射机和接收机两部分组成，主要适用于探测地下金属管道和电缆。其探测的基本原理是利用金属管道和电缆在一次电磁场的作用下产生感应电流，通过接收机测量在地下管线周围产生的二次电磁场的强度和分布，来探测确定地下金属管线的平面位置和埋深。

电磁法探测地下管线的主要方法有直接法（又称加电法）、感应法等。

1. 直接法

直接法是将发射机的输出端的一端接到被测金属管线的出露点上（如消防水龙头、检查井内的各种管线的出露点等），发射机号一端接地，把电磁信号直接加到被测金属管线上，如图 14－11 所示。此时，被充电的金属管线与发射机的远电极之间便有传导电流出现，周围将产生磁场。如在地面上用管线探测仪的接收机观测这种磁场，就能达到管线探测的目的。

直接法探测时产生的二次电磁场强度大，不受邻近管线干扰，探测精度较高。

2. 感应法

感应法探测是将发射机信号输到发射线圈中，利用发射线圈产生的电磁场激发地下金属管线产生二次电磁场，以达到探测金属管线的目的（如图 14－12 所示）。

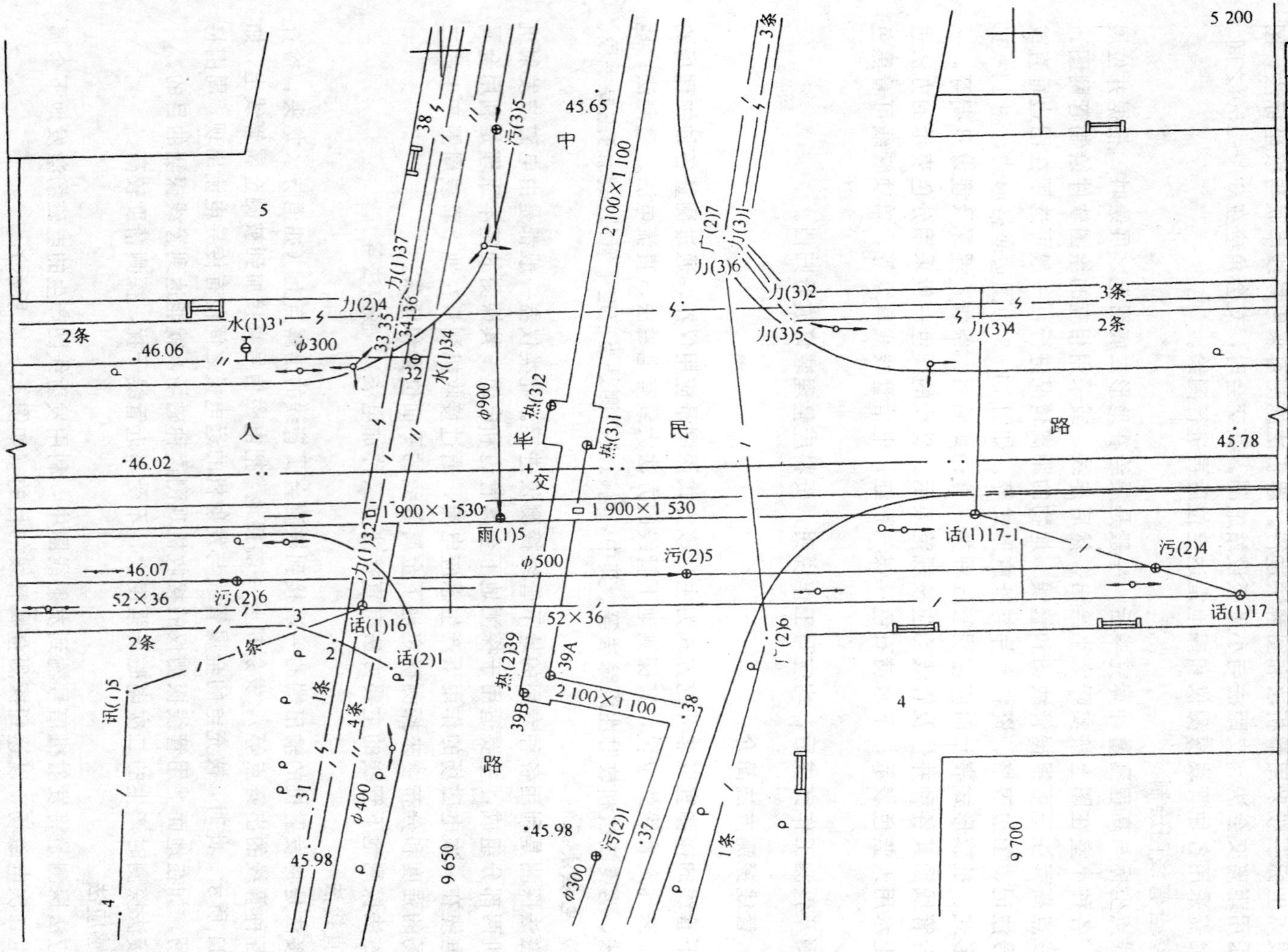

人民路	
点号	管外顶高
水(1)31	44.60
水(1)32	44.47
话(1)16	北 44.89 西 44.76 西南45.38 南 45.20 东 44.24
话(1)17	西 44.72 西北45.17 东 44.85
话(1)17-1	东南45.19 北44.93
话(2)1	45.11
话(2)2	45.21
话(2)3	45.32
力(2)3	45.03
力(2)4	45.11
力(3)4	44.70
力(3)5	45.06
力(3)6	44.81
点号	管内底高
污(2)4	41.59
污(2)5	41.66
污(2)6	41.77
雨(1)5	北 43.24 西东42.74

中华路	
点号	管外顶高
水(1)34	44.49
广(2)6	45.25
广(2)7	45.20
讯(1)4	45.37
讯(1)5	45.72
力(1)31	上45.40 下44.97
力(1)32	44.97
力(1)33	44.91
力(1)34	45.13
力(1)35	45.14
力(1)36	44.93
力(1)37	44.96
力(1)38	44.90
力(3)1	45.14
点号	管内底高
污(2)1	43.97
污(3)5	北43.28 南43.26
热(2)37	42.87
热(2)38	42.87
热(2)39	东43.70 北44.74
热(3)1	南 43.03
热(3)2	北 43.04

图 14-9 1：500 解析法综合地下管线带状图

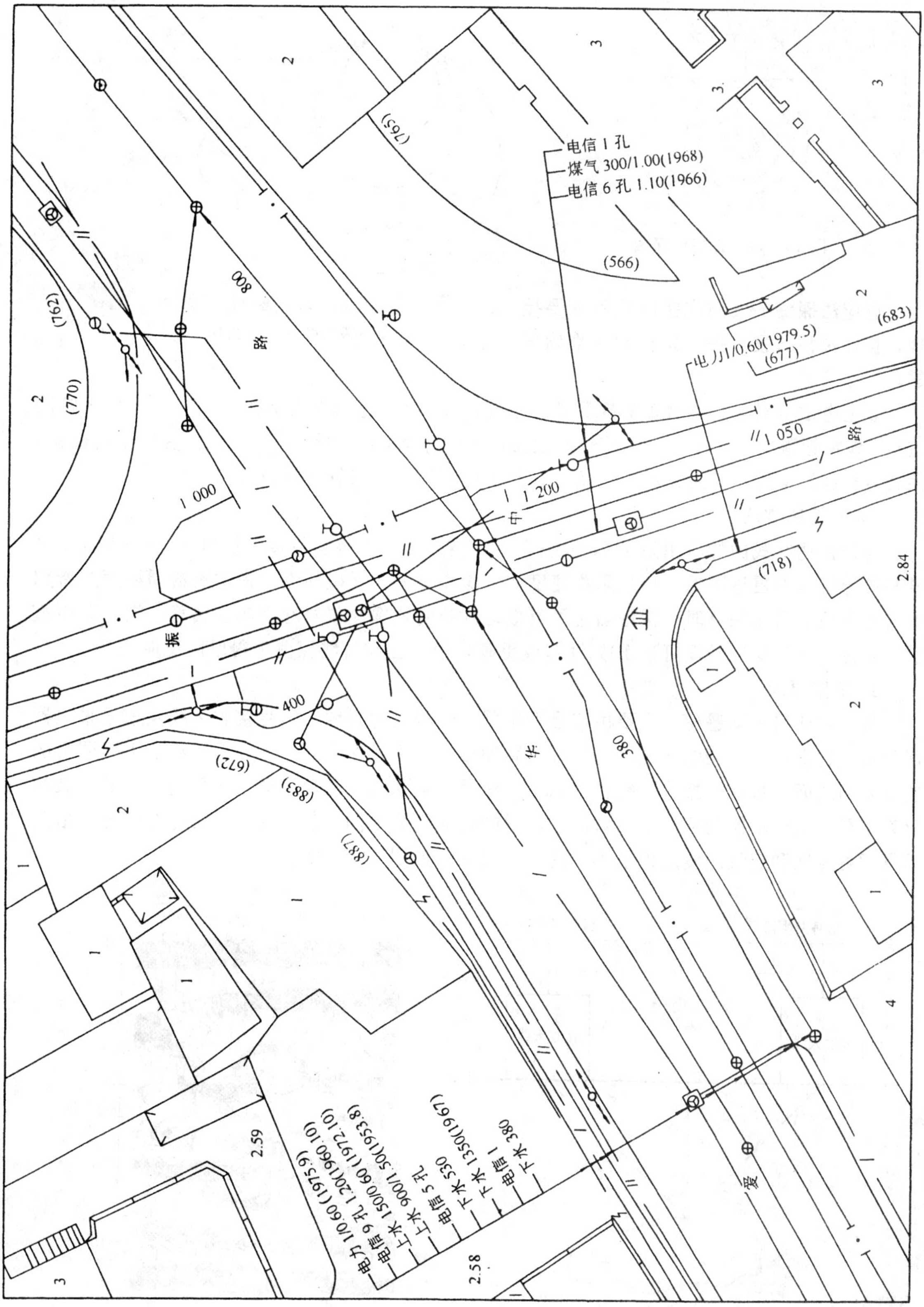

图 14－10　1：500 图解法综合地下管线图

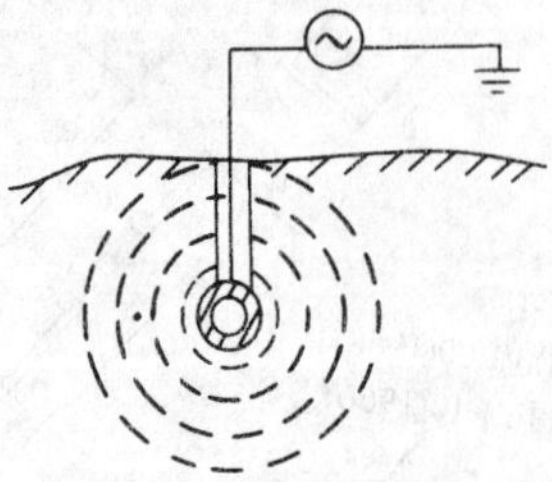

图 14-11　直接法探测

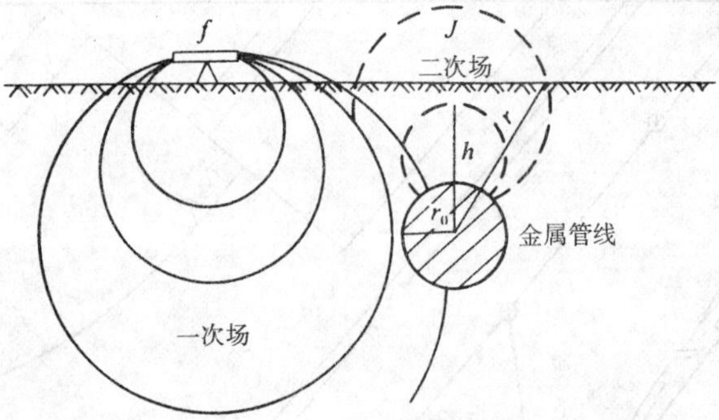

图 14-12　感应法探测

f—发射线圈；*J*—接收线圈

感应法探测的发射和接收均不需要接地，操作灵活方便，探测定位较为准确可靠。

以上电磁法对非金属管道的探测效果不佳，故在对非金属管道探测时，一般采用示踪法进行，即在管道中放入一个小的信号发生器。探测过程中，不断推动小信号源在管中的位置，用接收机在地面追踪其发出的电磁信号，即可探测到非金属管道的位置和深度。

（二）探地雷达

探地雷达在我国的应用始于 20 世纪 90 年代初，由于其探测深度一般可达 50 m 以上，可获较高分辨率的雷达图像，信息采集速度快，操作方便，无破坏性，提供资料周期短，特别是应用于地下管线探测时，探地雷达可有效地弥补管线探测仪对地下非金属管、沟、渠不敏感的不足，并且探测精度可达 10%埋深或更高，故现已在管线探测中得以广泛应用。

1. 工作原理

探地雷达属主动遥感。主要由信号发生器、信号发射天线、信号接收天线及信号采集器所组成。它借助于高频电磁波以宽频带短脉冲形式，由发射天线送入地下，经地下不同目的物反射回地面，被信号接收天线接收而送入信号采集系统，从而记录下各目的物对脉冲波的反射特征。由于不同的探测对象对同一波谱的响应能力不同，故反射信号必存在差异，借此差异即可定性和定量地测定地下不同的探测对象（如图 14-13）。

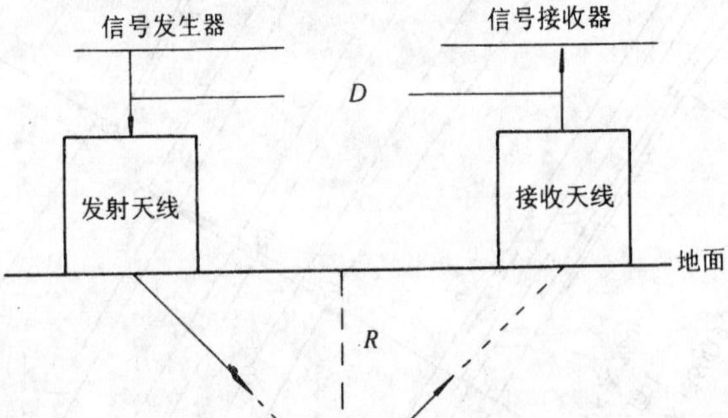

图 14-13　探地雷达工作原理

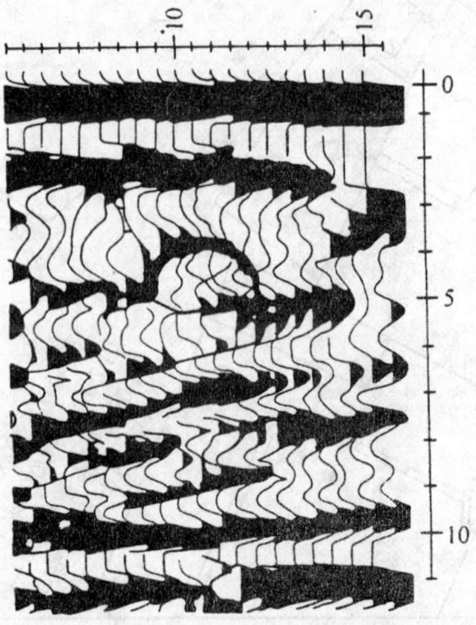

图 14-14　地下管线探测图像特征

探地雷达所记录的是目标体反射的脉冲波，其显示或输出可以是正负峰值分别为黑白色的图像，也可是彩色图像。脉冲图像的同相轴或等色线即描述了地下不同目标的反射图。

2. 地下管线探测

由于地下管线及沟渠与周围介质存在明显的电性差异，故雷达图像能较为明显地显示出来。其图像特征是：波的振幅加大，两侧同相轴错断，并存在明显的边界效应，即绕射现象，波形为拱形，其顶部即管线中心位置（如图 14 - 14）。

复 习 题

1. 管线初步规划设计时，需要进行哪些主要的测绘工作？
2. 地下管线施工时，如何控制管槽施工开挖深度？
3. 试述顶管施工测量的施测过程。
4. 简述地下管线调查方法及注意事项。
5. 如何进行地下管线探测？
6. 如何绘制综合地下管线图？

第十五章　地下工程测量

地下工程一般指铁路隧道、公路隧道、矿井巷道和地下厂房或人防工程等。地下工程测量的主要任务是放样，即标定出工程设计中线的平面位置与高程，放样洞室各细部的平面位置与高程、衬砌的位置等。

地下工程一般通过平洞、竖井或斜井与地面相通，如图 15－1。不管是通过两平洞相向开挖还是从一个竖井出发单向开挖至另一个竖井的预留门洞，均属于贯通问题。由于测量误差的累积，两个相向开挖的施工中线通常会错位，并称其为贯通误差。贯通误差在中线方向上的投影长度称为纵向贯通误差；在铅垂线上的投影长度称为高程贯通误差；在垂直中线方向上的水平投影长度称为横向贯通误差。纵向贯通误差仅影响隧道的长度，对工程质量无太大的影响；高程贯通误差会导致隧道坡度误差；横向贯通误差会导致贯通面错开。因光电测距和水准高程测量较易保证精度，故上述三种误差中前两种较少讨论，由于边长较短而使得方向测量精度较差，因此在地下工程测量中讨论最多的是横向贯通误差。我国铁路测量技术规范对横向贯通中误差规定：当两相向开挖的洞口间距小于 4 km 时为±50 mm；当间距在 4～8 km 时为±75 mm；对于高程贯通中误差规定一律为±25 mm。

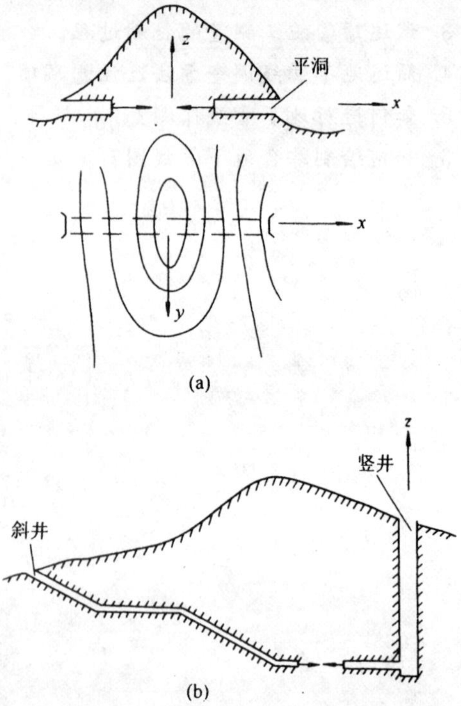

图 15－1　地下工程的贯通

§15－1　地下导线测量

地下导线是布设在隧道或巷道内的控制网，用于放样隧道的中线位置，标定开挖方向，放样衬砌或放样洞室的位置等。地下导线通常是支导线，而随隧道工程的不断掘进而发展。为了放样的需要，一般每掘进 20～50 m 就要增设一个新点，但导线边太短将影响测角精度，从而会增加横向误差。

导线点的位置选择依具体工程而定，可选在巷道中线顶部、隧道侧壁或底板上。即要顾及通视，便于观测，又要考虑便于保存和利用。在隧道施工中，为保证施工测量的精度，通常采用分级布设的方法，一般采用如下三种导线：

（1）施工导线：施工导线在开挖面向前推进时，主要用于放样。一部分施工导线点作为以后敷设的基本导线点，施工导线的边长为 20～50 m。

（2）基本导线：当掘进 100～300 m 时，为了检查坑道的方向是否与设计相符，须选择一部分施工导线点敷设边长较长的（50～100 m）精度要求较高的基本导线。

（3）主要导线：当隧道掘进大于 1 km 时，由于边长太短，传递边太多，基本导线也不能保证应有的贯通精度，因此要选择一部分基本导线点，构成更长的边来敷设主要导线，主要导线的边长一般为 150～800 m（如图 15-2）。

图 15-2　三种导线的布设

--·--施工导线；·施工导线点；○既是施工导线点又是基本导线点；—·—基本导线；¤施工导线、基本导线和主要导线公用点；—— 主要导线

为了发现可能存在的粗差和提高精度，每发展一个新点，通常从支导线的起点开始全面复测，同时测定新点的坐标。在复测时不需每一点设站测角，用尽可能少的测站向前传递方向，组成支导线。而长边不必重新丈量，只需根据上一次测得的点位坐标反算有关边的长度。

地下工程高程控制一般采用水准测量，地下导线点可作为水准点标志，也可另设专用水准点标志。

§15-2　竖井联系测量

在隧道施工中，有时在长隧道的中部用竖井增加工作面，缩短贯通段的长度，提高施工进度。为了保证地下工程的贯通，必须将地面控制系统通过竖井传到地下（如坐标、方位角和高程），使得各施工段在统一的坐标系中进行施工。这些测量工作称为竖井联系测量。

一、竖井高程传递

如图 15-3 所示。竖井高程传递常用长钢尺或长钢丝代替水准尺进行。设 A 为已知地面水准点，B 为地下待测水准点。为了测定 A、B 之间的高差，吊一长钢尺（零点在下），地面和地下同时安置水准仪，分别读取读数 a_1、b_1、a_2、b_2，则 A、B 间高差近似值为

$$\begin{aligned}\Delta H' &= (b_1 - a_1) + (b_2 - a_2) \\ &= (b_1 - a_2) + (b_2 - a_1) \\ &= L' + (b_2 - a_1)\end{aligned} \tag{15-1}$$

式中：$L' = (b_1 - a_2)$ 为用钢尺丈量的两水准仪的视线间的距离，为保证高程测量精度，应对 L' 进行尺长改正。

二、一井定向

1. 一井定向的观测

一井定向和两井定向都是通过竖井把平面坐标和方位角传递到井下，通过一只竖井传递坐标和方位角的方法称为一井定向。其具体方法如下：

在井筒中自由悬挂两根弦丝线，为使弦丝保持稳定以利观测，其下端悬挂一重锤，并浸入油桶中（如图 15-4），这时 O_1 与 O_1'，O_2 与 O_2' 平面坐标相同，B、D 为井下控制点。

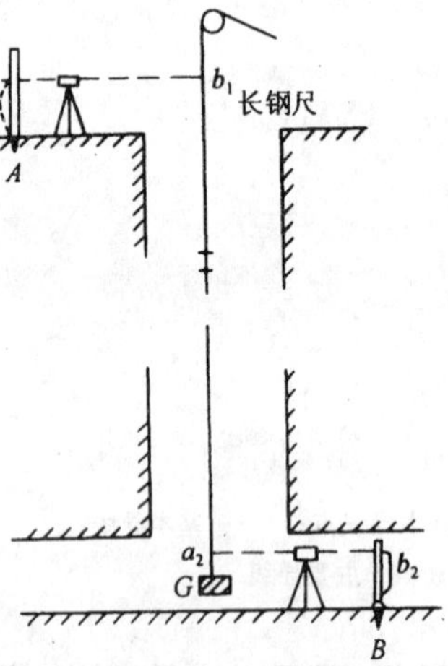

图 15-3　竖井高程传递

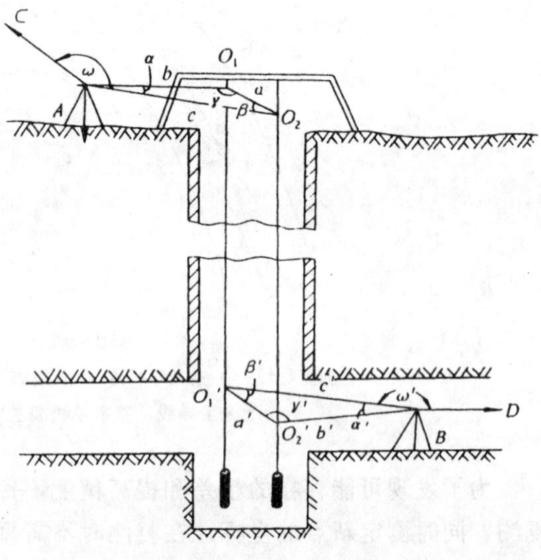

图 15-4　一井定向

在地面丈量 $\triangle AO_1O_2$ 三边长 a、b、c，并在 A 点安置仪器观测 $\angle CAO_2 = \omega$，$\angle O_1AO_2 = \alpha$。

在井下丈量 $\triangle BO_1'O_2'$ 三边长 a'、b'、c'，在 B 点安置仪器测量 $\angle O_1'BO_2' = \alpha'$，$\angle O_1'BD = \omega'$。$\alpha$ 应等于 α'，可作为检核条件。

2. 一井定向的计算

设地面控制点 C、A 的坐标已知，那么根据上述观测值就可以计算井下控制点 B、D 的坐标。其解算步骤为

（1）分别由 $\triangle AO_1O_2$ 和 $\triangle BO_1'O_2'$，依下式求出 β、β'。

$$\left.\begin{aligned}\sin\beta &= \sin\alpha \cdot b/a \\ \sin\beta' &= \sin\alpha' \cdot b'/a\end{aligned}\right\} \tag{15-2}$$

（2）按 $C \to A \to O_2 \to O_1 \to B \to D$ 路线推算方位角和计算坐标。

为了减少量距误差对推算待定角β的影响，所布设的图形应使 β 角尽可能小，即联系三角形的三点近似在一条直线上。

在联系三角形中，观测了三条边及一个角，因此有多余观测值，须先平差消除各观测值之间的矛盾，再根据（15-2）式计算。

为了防止粗差和提高精度，实际中一般观测多组成果。如一次悬挂三根钢丝，井上、井下各组成两个联系三角形（如图 15-5），测算两组成果，若其较差不超过规定，则取平均作为最后结果。

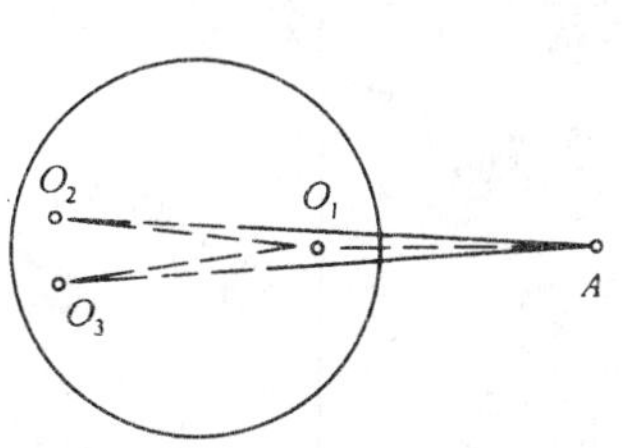

图 15-5　两个联系三角形

三、两井定向

在一井定向中，如果井筒直径小，两吊丝间距也小，则垂线投影的误差对支导线的横向位置影响较大。为了减小垂线投影误差的影响可以采用两井定向。

在相距较远的两个井筒中各挂一根钢丝，根据地面控制点测定悬挂点的平面坐标。在地下隧道中用导线连测这两根悬垂线，用以求得井下导线的坐标和方位，并称这种方法为两井定向。例如当隧道在掘进时，旁边有一通风井可以利用（如图 15-6），在通风井中挂一钢丝

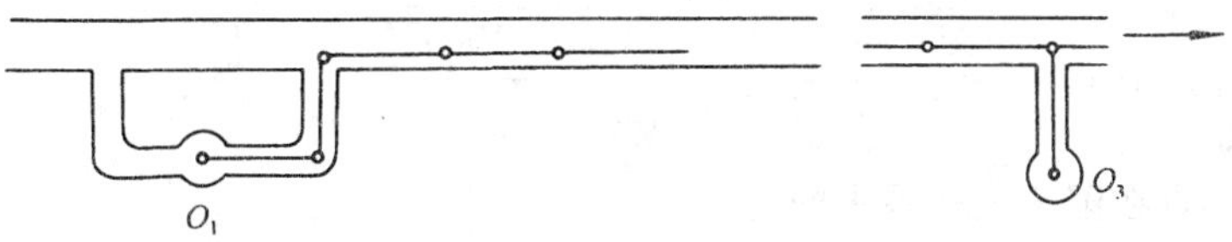

图 15-6　两井定向

O_3，结合原竖井中的 O_1 就可作两井定向。经计算求得离 O_3 点最近的一个导线点的坐标和最近一条导线边的方位角，作为以后敷设支导线的起始数据。两井定向时，地下导线是无起始方位角的导线，称为无定向导线（如图 15-7）。其计算方法如下：

设有导线 O_1、1、2、……、$n-1$、O_3，附合在 O_1，O_3 两个已知点上。丈量了诸边长 S，并在 1、2、……、$n-1$ 诸点上测了转折角 β。

选原点为 O_1，x' 轴与 O_{1-1} 边重合，建立 $x'O_1y'$ 假定坐标系，则 $\alpha=0$，O_1 的坐标为(0，0)，按下述步骤计算各点坐标：

（1）计算各点在假定坐标系中的坐标

$$\left.\begin{aligned} x'_K &= \sum_{i=1}^{K} S_i \cdot \cos\alpha'_i \\ y'_K &= \sum_{i=1}^{K} S_i \cdot \sin\alpha'_i \\ \alpha'_i &= \alpha'_1 + \sum_{J=1}^{i-1}(\beta_J - 180^\circ) \\ K &= 1,2,\cdots,n-1,n \end{aligned}\right\} \tag{15-3}$$

（2）计算 O_{1-1} 边在国家坐标系中的方位角

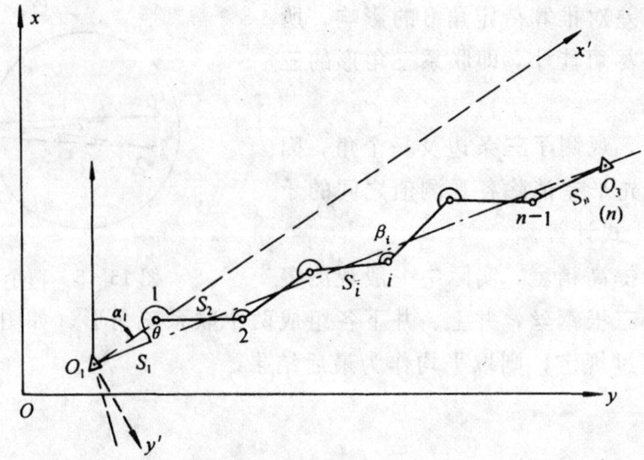

图 15-7　无定向导线

$$\alpha_1=\tan^{-1}\frac{Y_{O_3}-Y_{O_1}}{X_{O_3}-X_{O_1}}-\tan^{-1}\frac{Y'_n}{X'_n} \tag{15-4}$$

式中：(X_{O_1},Y_{O_1})、(X_{O_3},Y_{O_3}) 为 O_1、O_3 点在国家坐标系中的坐标，(X'_n,Y'_n) 为 B 点在假定坐标系中的坐标。

(3) 计算长度比

$$M=\frac{\sqrt{(X_{O_3}-X_{O_1})^2+(Y_{O_3}-Y_{O_1})^2}}{\sqrt{X'^2_n+Y'^2_n}} \tag{15-5}$$

(4) 计算各点在国家坐标系中的坐标

$$\begin{bmatrix}X_i\\Y_i\end{bmatrix}=\begin{bmatrix}X_{O_1}\\Y_{O_1}\end{bmatrix}+M\begin{bmatrix}\cos\alpha_1 & -\sin\alpha_1\\ \sin\alpha_1 & \cos\alpha_1\end{bmatrix}\begin{bmatrix}X'_i\\Y'_i\end{bmatrix} \tag{15-6}$$

各边在国家坐标系中的方位角可以根据第(4)步计算的坐标反算，也可以根据下式计算。

$$\alpha_i=\alpha'_i+\alpha_1 \tag{15-7}$$

§15-3　隧道开挖中的测量工作

在隧道施工过程中，测量工作包括随时确定开挖方向、定期检查工程进度和测算完成的土石方量等。

一、中线放样

当隧道采用全断面开挖法进行施工时，一般常用中线法确定中线。其原理是根据导线点的位置，按极坐标法或坐标法放样中线上的点。如图 15-8。P_4、P_5 为导线点，A 为隧道中

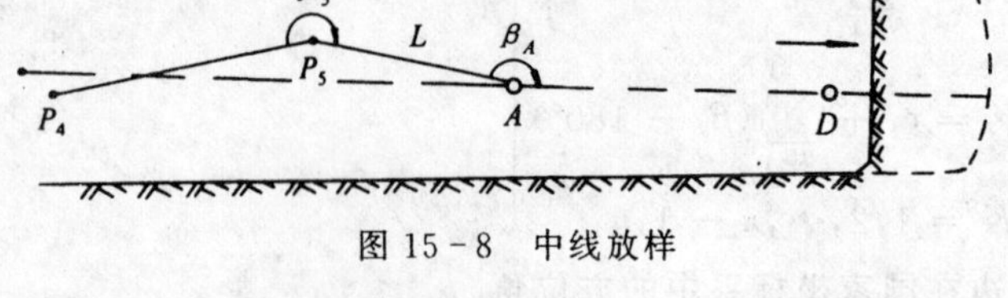

图 15-8　中线放样

线设计点，由 P_4、P_5 的实测坐标和 A 点的设计坐标，按前面所介绍的极坐标方法计算测设数据 β_5、L，在导线点 P_5 上安置仪器，后视 P_4 点，便可方便地放样出 A 点，同样，随着工程的进程，可放样 A 点后之中线点，如 D，……

随着开挖面的不断向前推进，为了及时指导开挖的方向，中线点随之向前延伸，同时地下导线也不断向前发展，用以随时控制和检查开挖的方向。

二、坡度放样

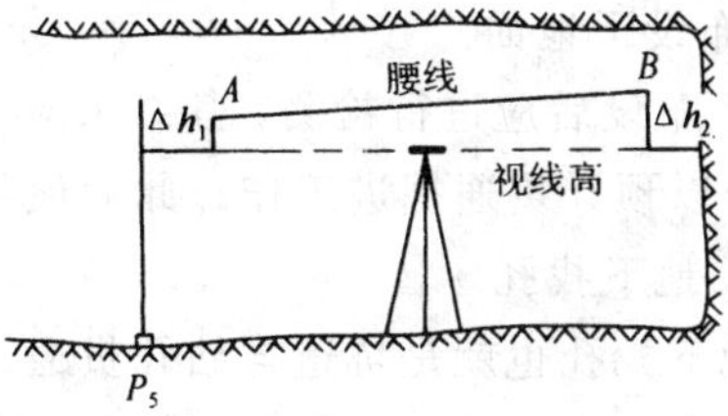

图 15－9　坡度放样

在隧道施工测量中，除了放样中线外，还要放样坡度，保证高程正确贯通，通常是用放样腰线来控制隧道的坡度及各部位的设计高程。如图 15－9 所示，P_5 为已知高程水准点，将仪器安置于待放样的地方，后视立于水准点 P_5 上的水准尺，即得仪器视线高，根据腰线点 A、B 的设计高程，可分别求出 A、B 点与视线的高差 Δh_1、Δh_2，根据 Δh_1、Δh_2 可较方便地在边墙上放样出 A、B 两点。此两点的联线称为腰线，所以人们称此法为腰线法。在施工中，施工人员根据腰线就能推求出其他各部位的高程和隧道的坡度。

三、土石方测量

在隧道施工过程中，需要随时测算完成的工程量，即土石方量。土石方量是根据掘进深度和开挖断面来计算的，因此，测量人员还要随时测定隧道的断面。隧道的外部轮廓形状可用全站仪测定或采用摄影测量的方法测定。

§15－4　贯通测量及贯通误差的测定

一、贯通测量

为了加快隧道工程施工的进度，一般设立多个开挖点，由多个施工队分段同时进行，为保证能按设计要求施工，保证各工段贯通，必须进行贯通测量。贯通测量根据隧道的线形分直线贯通和曲线贯通，本节仅讲述直线贯通。

1. 直线隧道贯通

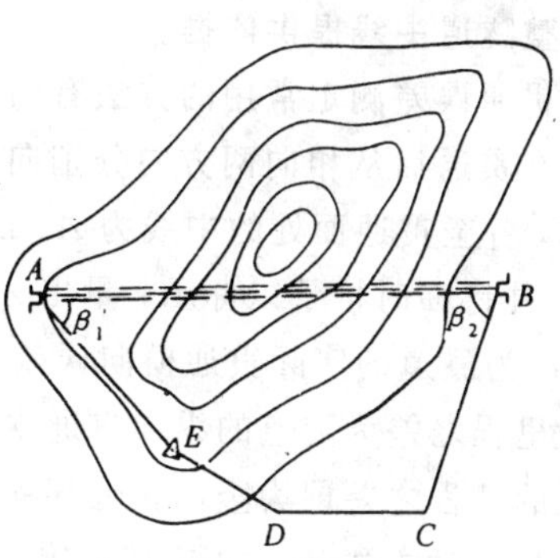

图 15－10　直线隧道贯通

如图 15－10。设 A、B 为直线隧道两端的坑口（开挖点）。已知坐标为 (X_A, Y_A)、(X_B, Y_B) 和已知高程为 H_A、H_B。按下式计算贯通方位角 α_{AB}、倾角 Q_{AB} 及长度 S_{AB}（斜距）和水平距离 D_{AB}。

$$\tan\alpha_{AB} = \frac{Y_B - Y_A}{X_B - X_A}$$

$$D_{AB} = \frac{Y_B - Y_A}{\sin\alpha_{AB}} = \frac{X_B - X_A}{\cos\alpha_{AB}}$$

$$\tan Q_{AB} = \frac{H_B - H_A}{D_{AB}}$$

$$S_{AB}=\frac{D_{AB}}{\cos Q_{AB}}=\frac{H_B-H_A}{\sin Q_{AB}}$$

定向角 β_1、β_2 可根据导线方位角 α_{AE}、α_{BC}和贯通方位角 α_{AB}计算。

2. 竖井贯通

如图 15-11。平巷掘进一定长度后，拟在 M 点向地面垂直贯通。其方法是，自近井点 I（也称联系点）敷设地面经纬仪导线，利用导线点根据 M 点的坐标，将 M 点在地面上的投影点 M' 布设于地面。

M' 布设后应进行检测，其结果应与 M 点的坐标相符，并测定高程，计算 M' 与 M 之间的高差，以预计贯通掘进工作。此后便可在地面 M' 向下贯通。

3. 地下找孔

地下找孔也就是坑道与钻孔贯通。它是在坑道内向已完工的钻孔方向开凿支巷与钻孔贯通。如图 15-12，当钻孔在已掘进坑道前方时，以坑道导线点 B 和钻孔 E 的坐标及高程计算找孔支岔的方位角 α_{BE}、定向角 β、平距 D_{BE}、倾角 Q_{BE}和长度 S_{BE}。

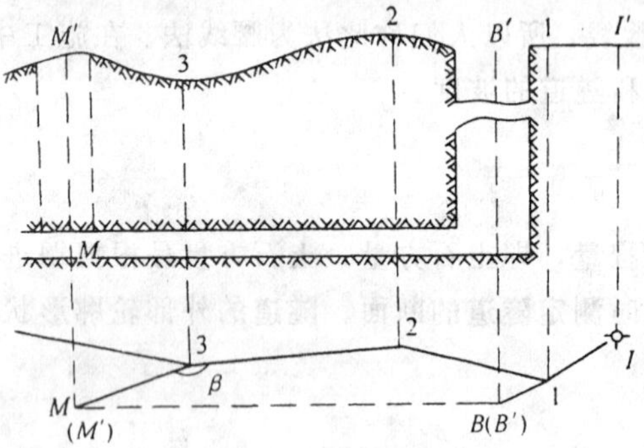

图 15-11 竖井贯通

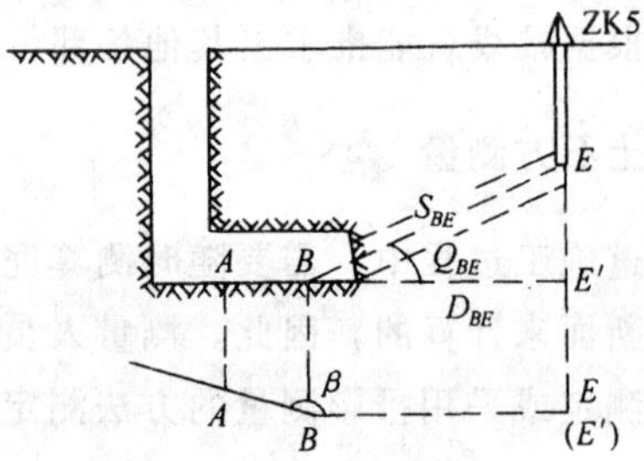

图 15-12 支巷与钻孔贯通

二、贯通误差的测定

隧道贯通后，应及时进行贯通误差的测定，以评定贯通精度、检查测量工作的正确性和为调整隧道中线提供依据。

贯通误差测定常用的方法有两种。一种方法是在贯通后从相向两方向分别向贯通面延伸中线，各至贯通面处的中线为 A、B（如图 15-13），并钉临时桩予以标示，量出 A、B 间的距离，即为隧道的实际贯通横向误差。A、B 两标桩的里程之差为隧道的纵向贯通误差。A、B 两标桩的高程之差即为竖向贯通误差。

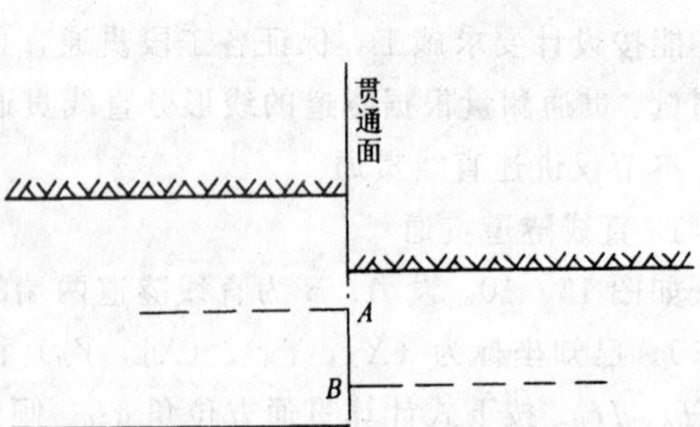

图 15-13 贯通误差测定方法（1）

另一种方法是，如图 15-14，在贯通面处设立临时标桩，然后由相向的两条地下导线分别测出该点的坐标，其 y 坐标差为横向贯通误差；两面分别进行水准测量，可测得该点的高程，其高程之差即为竖向贯通误差。

三、贯通误差的调整

1. 直线隧道贯通误差的调整

当隧道的横向贯通误差 AB 在容许范围内时，其误差可予以调整。调整方法如图 15－15，贯通面两侧中线上的 B、A 各自向后延长一个适当的距离至 C、D。若 CD 连线与原中线间的转折角 α 在 $5'$ 以内时，可用 ⅠC、CD、DⅡ 折线代替该地段的中线。这种误差调整的方法称为折线法。

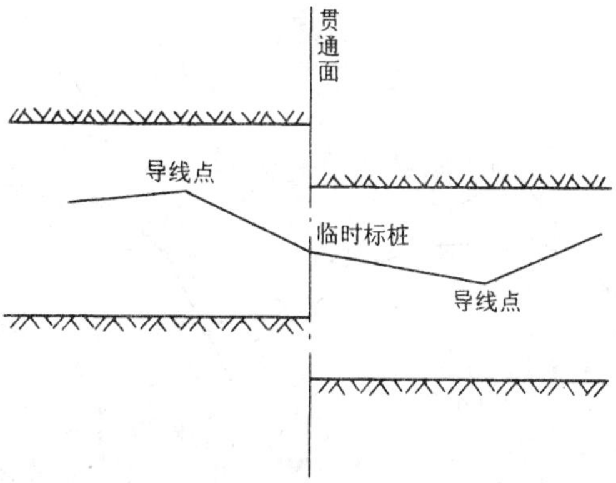

图 15－14　贯通误差测定方法（2）

调整应尽量在隧道未衬砌地段内进行，以不改变已衬砌地段的中线为宜。若 C、D 向后延伸到衬砌地段，且连线的转折角 α 大于 $5'$，则应分别在 C、D 处加设半径 $R=4\ 000$ m 的反向曲线。

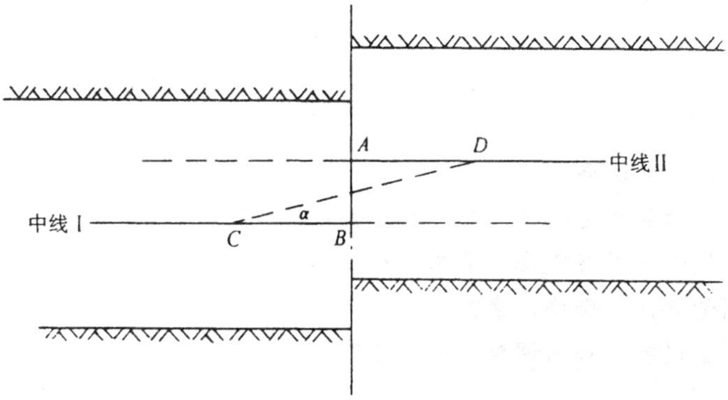

图 15－15　折线法调整误差

当转折角 α 在 $5'$～$25'$ 时，仅在转角顶点 C、D 向内移一个外矢距 E，作为中线位置即可。当 α 在 $5'$～$25'$ 内，$R=4\ 000$ m，E 值见表 15－1。

若 α 大于 $25'$，仅在顶点内移 E 作为中线点还不够，应在反向曲线上加测一些曲线上的点，即应用曲线连接。

表 15－1　转折角与内移量关系表

转折角（′）	内移量（mm）
5	1
10	4
15	10
20	17
25	26

2. 曲线隧道贯通误差的调整

当贯通面位于曲线上时，如图 15－16（a）所示。以线段一端中线 A 经曲线一端起点 ZY 点到贯通面 P 点；以隧道另一端中线 D 经曲线端点 YZ 到贯通面 P' 点。一般 P、P' 不重合。这时可以用导线联测 A、ZY、YZ、D 的坐标，并据其计算交点 J 的坐标及转角 α，然后重新放样曲线。曲线贯通误差的调整常有如下两种方法：

不改变曲线起点 ZY 的位置的调整方法：如图 15－16（b），由切线长 T 及转角 α 反求半

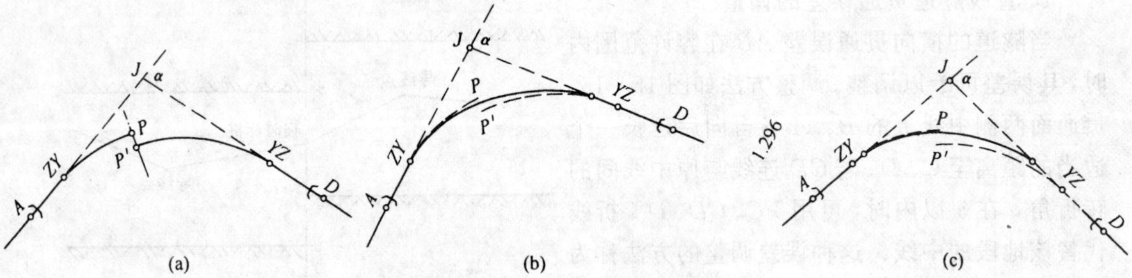

图 15－16　曲线隧道贯通误差的调整

径 R，由 R 和转角 α 放样曲线，其结果曲线终点不一定与 YZ 点重合。

另一种方法是，不顾及 ZY 点，根据转角 α 和半径 R（也可重新设计）放样曲线，如图15－16（c）。

复　习　题

1. 何谓贯通？何谓贯通误差？
2. 竖井联系测量的意义是什么？常用的方法是什么？
3. 地下工程开挖过程中有哪些测量工作？
4. 直线贯通测量要计算哪些元素？
5. 如何测定贯通误差？如何调整贯通误差？

第十六章　地质勘探工程测量

地质工作者在开展地质调查，全面地、系统地研究地层，研究地质体，研究矿层分布和矿产的成因规律等实际的调查研究中，测绘工作是必不可少的。地质工程测量是地质勘探工作的一个组成部分，可为地质了解矿脉分布、矿体的埋藏形态和储量提供可靠的基础资料。它的任务是：

(1) 为地质设计和研究地层构造提供测绘资料。

(2) 根据地质勘探设计，在实地定线、布设，给出施工位置和掘进方向。

(3) 提供编写地质报告和储量计算的有关资料。

地质勘探，通常分为普查和勘探两个阶段。普查阶段的地质工作，是为了查明矿床位置，确定矿体的大致分布，对矿床的远景做出评价及决定是否进行勘探。为了这个目的，地质工作者通常要进行1∶5万、1∶2.5万、1∶1万的地质填图，而测绘工作者为此提供所需比例尺的地形图或地形简测图或草测图以及少量的工程测量，为地质普查做出矿产评价报告和下一步的地质勘探设计提供资料。

勘探阶段的地质工作，一般是先进行地面的详细观察，布置地质观察点（又称地质点）进行地质填图；其次进行槽探、井探、浅坑等地表揭露，这些地质工程总称为轻型山地工程。其目的是为了查清地表的岩层、矿体界线、地质构造、矿体产状和矿产品位，然后根据了解的情况，再向深部进行钻探、坑探以及各种对穿工程，这些地质工程总称为重型山地工程。以查清矿体厚度、品位规模、地质构造及地下变化情况，提交储量报告。在此期间测绘工作常常进行1∶1 000、1∶2 000、1∶5 000的大比例尺地形测图以及各种地质工程的测定以提供地质填图、勘探设计和施工之用。

§16-1　地质工程测量一般规定

地质工程测量一般规定：

(1) 地质工程测量，是为地质勘探工程设计、研究地层构造、计算矿体地质储量和编写地质报告提供基础资料的工作。它必须在矿区已有三四等三角点、小三角（包括相应等级的导线点）和图根控制点上进行，在尚未建立控制网的矿区，则应测设勘探基线作为布设和测定地质勘探工程的依据。一旦该区测量控制网建立后，应立即进行联测改算。

(2) 矿区开展地质工程测量工作前，应按规定编写矿区测量技术设计书，工作结束后应按规定编写测量工作成果报告。

(3) 地质勘查工作分为普查、详查和勘探三个阶段，在面积较小，且地质工作程度不深的矿区，其详查阶段可与普查阶段一样，参照地质工作要求和有关规定拟定施测方案，报所在单位主管部门批准执行。

(4) 在开展地质勘探工程测量工作前，应利用矿区内已有的三角点、小三角点和一、二级图根点来补足矿区图根点密度之不足，但最多只能加密至三级。

(5) 地质勘探工程测量的施测精度要求应按地质矿产勘查测量规范各项规定执行。

(6) 测量使用的仪器、工具必须按规范有关规定，经检校、鉴定后在有效期间内操作使用，在一个测区作业前进行检校。各项检校资料均应记录，随矿区资料一并上交。

(7) 特殊区域、困难地段，在基本满足规范精度要求的前提下，可以采用规范中尚未列入的其他方法作业，但必须在设计书中（或单独书面申请报告中）写明，经上级主管部门批准后方可实施。

§16-2 勘探网测量

地质工程勘探网通常是由基线（如图16-1中双线所示）和与之相垂直的若干勘探线（如图16-1中单线"├──┤"）所组成。基线一般选择在主矿体中部，通视条件较好的地方。根据地质工程设计要求，敷设勘探线。勘探线两端点应设立地面标志，测定其坐标。地质钻孔基本上设立在勘探线上，为此要作勘探线剖面测量。

一、已建立测量控制网的矿区

首先由地质人员在勘探网设计图上或在地形地质图上进行勘探网、点布设，选定勘探网的起算数据或经地质人员于实地指定某一基点及一方位，经连测后作为勘探网的起算数据。

勘探网中各交叉点的理论坐标，按勘探网间距自起算点起推算，再按设计数据计算各勘探线端点、线上工程点的理论坐标值。对于各勘探线通过山顶、山脊或较周围高出等点位处可选作剖面控制点（简称剖控点）的点位，也应计算出各剖控点的理论坐标值。

上述勘探线端点、工程点、剖控点，经与其附近的图根控制点反算出边、角关系后，即可用光电测距极坐标法、角线交会法等测量方法将其布设于实地。经纬仪视距极坐标法只能用于布设工程点位。

勘探网中各交叉点不是工程点时，只有理论设计意义，不必布设于实地。

经布设后的勘探线端点（即剖面线端点）和剖控点经定测后同一勘探线上的两相邻剖控点或剖面线上两端点间的方位角与理论值（设计的方位角）之差，不得大于如下公式

$$\Delta\varphi = \frac{0.6\ \text{mm} \times M}{L} \cdot \rho''$$

式中：L 为两点间水平距离，以米计；M 为地形地质图比例尺分母；ρ'' 为 206 265″。

二、未建立测量控制网的矿区

应先测设勘探基线作为勘探工程测量的基础。

(1) 勘探基线测量，一般应会同所在矿区地质人员实地确定基点和方位后，按设计的勘探剖面线间距，施测基线上各交叉点的位置。

(2) 勘探基线在施测前应先行定线，定线时应尽量选择较远的前方制高点作为定向点。在起点以已知方位连系定向点方位时，应正、倒镜定向取中间方向。定线过程中同时确定基线与剖面线的交叉点以及基线上的转站点。在转站点上以后视方向继续向前定向时，亦应正、倒镜观测。经定线和量距确定的转站点和交叉点，应打入木桩或埋设标石。

(3) 勘探基线的距离测量。通常采用光电测距法测定基线的长度。往返观测一测回，对

××矿区勘探工程设计平面图

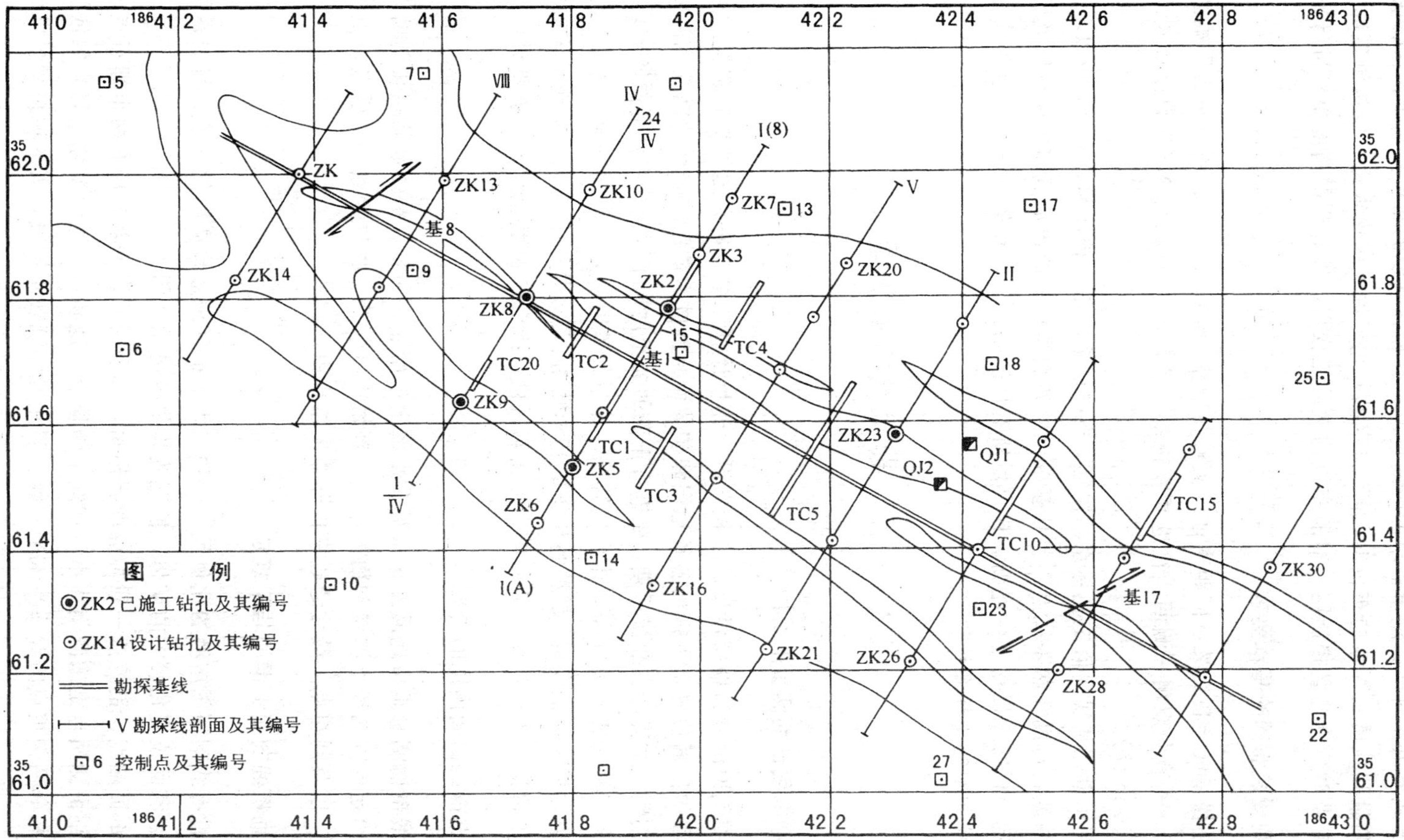

比例尺 1:2 000

图 16-1 ××矿区勘探工程设计平面图

于Ⅰ级测距仪一测回读数较差不得大于5 mm；对Ⅱ级仪器不得大于10 mm；Ⅲ级仪器不得大于20 mm。气象数据可两小时测定一次。

（4）当地质工作对剖面测量需求的时间过急，且勘探基线的布设仅用于矿区详查初期阶段的剖面测量和地质工程点的布设时(即不作定测)，也可用经纬仪视距导线法测定勘探基线。但施测后应及时建立测量控制网，对所布设的地质工程点，以定测的精度要求进行重测。

三、测量控制网的基本要求

（1）勘探基线上各交叉点间距离往返丈量的较差，应不大于1/2 000；高山困难区应不大于1/1 000。垂直角观测一测回，往返高差较差不得大于0.04 m×D（D为以百米计，不足300 m以300 m计）。

（2）利用勘探基线网假定坐标系的矿区，当矿区平面基本控制网建立后，应以不低于10″小三角的精度，对勘探网基线点，包括基线上的各交叉点、剖面端点和剖控点以及已完工并测定了假定坐标的工程点进行连测。连测后所有地质勘探工程点的位置，都应改算为矿区地形图基本控制网的坐标系统。

§16-3 勘探线剖面测量

一、勘探线剖面测量的目的

勘探线剖面测量为勘探设计、工程布设、储量计算和综合研究提供基础资料。通过地形和勘探工程的剖面位置，可标出各种地层和矿体而绘制成为矿区综合性的勘探线剖面图。在矿区勘探期间，尤其是在勘探后期，要进行正确的加密勘探工程，就需要剖面图做设计资料，借以掌握各工程间相互关系和矿体变化情况，储量计算时，各个剖面线间的间距，以及同一勘探线上各勘探工程的间距，是控制矿体的基本数据。可以从图上量出各局部矿体的厚度、倾斜及长度等数据，进行计算，最后成为上交矿区勘探报告以及审查储量的重要资料。

二、勘探线剖面测量的内容

勘探线剖面测量是由地质工作人员布设剖面起始点，测量人员由起始点按剖面设计方向定线，沿给定的方向线上测定剖面测站点、剖面点（包括工程位置点、地质点、地物点、地貌变换点）以及剖控点。最后通过室内作业展绘成图。

三、勘探线剖面测量的若干规定

（1）勘探线剖面图施测的比例尺，一般均大于矿区地形地质图的一倍。目的是能使矿层薄、面积小和品位变化较大的矿体，能正确详尽的显示在图上。

（2）剖面端点、剖控点一般均应埋石标示。每条剖面线上至少应有两个埋石点。

（3）剖面测站点是施测剖面点（如线上地质点、地物点、地形变化点等）的依据，一般以附合于相邻两剖控点的导线形式来布设。若用经纬仪视距导线，其各项技术要求应不大于表16-1。

当采用光电测距仪施测剖面时，测站点间距三种比例尺可分别放宽为1 000 m、2 000 m和3 000 m，距离可用单程、两次照准读数测定。

表 16-1　经纬仪视距导线各项技术要求

地形地质图比例尺	剖控点间距 (km)	测站点间距 (m)	最大视距 (m)	测站点往返测较差	剖控点间测站长度附合差
1∶1 000	0.35	170	100	1/150	1/300
1∶2 000	0.70	350	200		
1∶5 000	1.50	500	250		

(4) 当地质工作需要向已测定的剖面两端点外继续延伸或困难地段两剖控点间之测站点难以附合时，可容许施测 1～2 个支导线点。

(5) 当地质工作需要勘探线剖面测量精度与 1∶500 比例尺地形图精度一致时，其基本平面、高程控制点和图根点应满足 1∶500 比例尺测图精度要求，即各级平面控制网的相邻的点位中误差不得大于±5 cm。

没有建立满足 1∶500 比例尺测图精度的基本平面控制网时，则应测设 1∶500 比例尺勘探基线来施测。

(5) 地质工作允许在图上切取剖面时，应在地形原图或在图廓变形不大于±1 mm 的复制聚酯薄膜地形图上进行。切取前首先应将两剖面端点用坐标（实际坐标或理论坐标）展绘于图上。连线后再读取各切点距起点的平距和高程。若一条剖面通过两张以上地形图时，应按理论方位算出各相邻图幅边处的辅助点坐标后，在展绘图上连续切取。

(6) 剖面测量的计算取位：距离取至 0.1 m，高差、高程取至 0.01 m。

(7) 在勘探线剖面测量过程中涉及到剖面测量的记录、勘探线端点距图上公里线与勘探剖面线交点距离之计算、不在工程线上的工程点之偏离距、投影距的计算和剖面图坐标展绘等一些特定要求具体作业步骤可查阅地质矿产勘查测量标准规范进行。

§16-4　地质勘探工程点测量

地质工作者为了查清地表岩层、矿体界线、地质构造和矿体产状等必须对地表进行详细的观察，必须有一定量的轻型山地工程测量，如地质点测量、探槽探井测量和钻孔位置测量。

一、地质点测量

地质点一般包括：露头点、构造点、岩体和矿体界限点、水文点、重砂点等，这些点就是地质工作的观察点。确定这些点位的测量工作总称定位测量。地质点施测结果必须展绘于图上。

规范规定地质点测定，对附近图根点平面位置中误差，在平地、丘陵地不超过图上±0.6 mm，山地不超过±0.8 mm。

测完的地质点应保证点位精度，防止粗差出现，因此，展绘在地形图上的地质点，其位置应与地形图相适应，也就是按其点位读出的高程应与地形图相应。为了保证野外施测的质量，在实地应进行 5%～10%的散点抽查。

二、探槽探井测量

为了揭开地表覆盖的浮土和风化层，使之能直接观察到基岩而敷设的地质工程，通常有探槽、浅井、小圆井、剥土、浅坑等，这些工程都是为了达到地表探矿，满足地质上的需要。这些工程的施工量较小，而施工设备也较简单，故称为轻型的山地工程。

地表轻型山地工程在实际工作中，往往是由地质人员在实地布设较多，但有些工程如勘探线上的一些工程，有的是根据设计资料由测量布设于实地。

探槽探井的定测，分成一般的槽井探和重要槽井探两类来考虑其施测的精度要求。重要的探槽、探井及取样钻孔，其测定的精度——对附近图根点平面位置中误差不得大于图上±0.3 mm；高程对附近水准点高程中误差不得大于等高距的1/6；一般的探槽、探井及取样钻孔，在平地、丘陵地，其测定精度——对附近图根点平面位置中误差不得大于图上±0.6 mm；山地不得大于±0.8 mm；高程中误差不得大于1/3等高距。

重要的槽井探及取样钻孔要用解析法测定，计算其坐标及高程。

对于一般的槽井探及取样钻孔，按测定地质点的方法测定。

三、钻孔位置测量

钻孔位置测量一般分为初测（即布孔）、复测和定测的过程。

1. 钻孔位置的初测

初测就是根据地质设计书的设计方位和间距，将钻孔位置布设于实地，提供施工单位进行钻探。孔位确定后，应埋设木桩，并确定复测点，在手簿上必须载明复测点至钻孔距离。

复测点的布设一般采用如下几种方法：

(1) 十字交叉法。在钻孔位置四周选定4个复测点，使两连线的交点与钻孔位置吻合。

(2) 距离相交法。在钻孔位置四周选定不在同一方向线上的三个点，分别量出与钻孔位置的距离。

(3) 直线通过法。在钻孔位置前后确定两个复测点，使两点的连线通过孔位中心，量取孔位到两端点的距离。

2. 钻孔位置的复测

复测是在施工单位平整机台后进行，复测时除校核钻孔位置外，并应测定平整机台后的地面高程和量出在勘探线方向上钻孔位置至机台边线的距离。复测钻孔位置应根据复测点，按原布设方法及原有线位和距离以垂球投影法对孔位进行检核。复测时钻孔位置的地面高程可在布置复测点的同时，用钢尺量出复测线上钻孔位置点到地面的高差，进行复测时，再由原点同法量至平机台后的地面高差，然后计算出钻孔位置的高差。

复测、初测钻孔位置的高程亦可采用三角高程法。高差按所测的垂直角并配合理论边长计算。利用复测点高程时，采用复测点至钻孔位置的距离计算，由两个方向求得，以备检核。

3. 钻孔位置的定测

钻孔位置定测的目的，在于测出其孔位的中心平面位置和高程，以满足储量计算和编制各种图件需要。

钻孔定测时，以封孔标石中心或套管中心为准，高程测至标石面或套管面，并量取标石面或套管面至地面的高差。测定时，必须了解地质上量孔深的起点（一般是底木梁的顶面）与标石面或套管口是否一致，如不同应将其差数注出。

在同一矿区内所有钻孔的坐标和高程系统必须一致。

钻孔的成果，各种地质图件都要用及，尤其是剖面图，而剖面图的比例尺往往比地形地质图大一倍，储量级别越高，图件的比例尺也越大。因此，钻孔的定测精度要满足成图的需要。现行规范规定：钻孔（包括水文孔）对附近图根点平面位置中误差不得大于基本比例尺图(即地形地质图)上±0.1 mm;高程测定对附近水准点的高程中误差不得大于等高距的1/8。经检查后的成果才能提供使用。

§16-5 资料整理与提交

一、资料整理

(1) 地质勘探工程测量的各种野外记录手簿，字迹必须用铅笔工整清晰地书写，不得擦拭涂改。每本手簿的封面、副封面（内封）和封底，都应用墨汁书写并填写齐全。

(2) 地质勘探工程测量的计算资料，一律应用蓝或黑墨汁书写，并应按封面、副封面、检查验收。重要记事用纸、精度统计（或计算说明)、地质工程点位平面分布略图、成果表、平面及高程平差计算资料等均应按顺序装订成册。

二、资料提交

必须提交的资料：

(1) 矿区测量资料清单。

(2) 地质勘探工程测量设计书。

(3) 测量技术工作成果报告（技术总结)。

(4) 检查验收报告。

(5) 各类仪器、工具检查鉴定资料。

(6) 矿区测量控制网平面图。

(7) 矿区地质勘探工程分布平面图。

(8) 各项地质工程点（线）成果表：①钻孔成果表；②剖面线成果表；③坑道导线、坑口点、近井点成果表；④槽、井点位成果表。

(9) 矿区加密平面控制网点观测记录及平差计算资料。

(10) 矿区加密高程控制网点观测记录及平差计算资料。

(11) 矿区勘探基线、剖面线观测记录及计算资料。

(12) 矿区钻孔点位观测记录及计算资料。

(13) 矿区坑道导线观测记录及计算资料。

(14) 矿区槽、井点位观测记录及计算资料。

(15) 矿区地质点、水文点观测记录及计算资料。

(16) 其他观测手簿及计算资料等。

复 习 题

1. 如何测设勘探网各网点？

2. 地质工程点包括哪些？何谓初测、复测和定测？

第十七章　地籍测量

§17-1　地籍测量概述

一、地籍的概念

"地"即土地;"籍"意为登记簿册,故地籍可简单理解为土地登记册。地籍一词最早出于拉丁文"Caput"和"Capitastrum",其词意分别为课税的对象和课税对象的登记。具体而言,地籍是记载土地及其附着物的位置、利用类型、面积、质量和权属等的簿册、文件和图件。为反映上述内容所测绘的地图称为地籍图,为反映上述内容而编制的表、册、卡等资料称为地籍簿。

二、地籍的分类

(一) 按地籍发展阶段分

按地籍发展阶段可分为税收地籍、产权地籍和多用途地籍。

(1) 税收地籍:这种地籍是资本主义各国早期实行的以课税为主要目的而建立的登记簿册。地籍的主要内容是以征税单元为对象的土地丈量和土地的评价,其成果是作为税收依据的面积和土地等级。

(2) 产权地籍:产权地籍是随资本主义的发展,鼓励土地买卖所产生的。其目的在于防止土地投机,保护土地买卖双方的权益,因此,产权地籍的内容除了面积勘丈、土地质量评价外,还要精确测定宗地的位置。

(3) 多用途地籍:这种现代地籍是税收地籍和产权地籍的发展,其目的不仅在于产权和土地交易,更主要的是以土地的可持续利用为前提,更好地规划、利用、保护和科学地管理土地,因此其所包含的信息较前者丰富的多。

(二) 依建立地籍的时间分

依建立地籍的时间先后,可分为初始地籍和经常地籍。

(1) 初始地籍:指对辖区土地初次进行地籍工作,建立地籍图册资料,或对辖区土地重新进行全面调查、评价、登记、统计和建立新的地籍系统。

(2) 经常地籍:也称日常地籍或变更地籍。经常地籍是在初始地籍基础上,对构成地籍的各要素及时进行变更调查,及时修正、补充和更新现有始地籍资料,保持地籍资料的现势性。

(三) 依地籍行政管理层次分

依地籍行政管理层次,可分为国家地籍和基层地籍。

(1) 国家地籍:指以国有土地的一级土地使用权单位的土地和集体所有权单位的土地为对象的地籍。

(2) 基层地籍:指国有土地的二级使用者的土地和集体土地使用者的土地为对象的地籍。

此外，还可分为城镇地籍和农村地籍。城镇地籍是以城市和建制镇的建成区土地以及独立于城镇以外的工矿企业、铁路、交通等用地为对象。农村地籍的对象是城镇郊区及农村集体所有土地，国营农、林、牧、渔和农民集体经济组织使用的国有土地。

三、地籍测量的任务与作用

地籍测量是以调查和测定土地及其附着物的位置、面积大小、权属、质量等级和利用类型等为基本内容的测绘工作，为土地管理、国家税收、国土整治与开发、土地利用和规划提供必要信息。

§17－2　权属调查

权属调查是地籍测量的前期工作，其为地籍测量提供测量依据。权属调查包括土地的权属调查和宗地勘丈。

土地权属分土地所有权和土地使用权。土地所有权是指，土地的所有者在法律规定范围内占有、使用和处理其土地，并从土地上获得收益的权利，是土地所有制在法律上的表现。土地所有权受法律的保护。

土地使用权是指，依照法律对土地加以利用，并从土地上获得合法收益的权利。我国法律规定，国家机关、企事业单位、社会团体、农村集体经济组织和公民，经有关部门批准，可以有偿或无偿地利用国有土地或集体土地。

权属调查是以宗地为单位，对一宗地的土地权源、所占地界线、位置、数量、用途以及四至关系等基本情况进行调查。

一宗地，是指被权属界址线所围成的独立权属地段，是权属的基本调查单位。一个宗地一般只有一个土地使用单位所使用，这样的宗地称为独立宗地。如果一个地块由若干个土地使用者共同使用，实地又难以划分清楚土地使用者的用地范围的，也是一宗地，并称为组合宗地。

有时一个土地使用单位使用不相连的两块或两块以上的土地，则应划分为两个或两个以上的独立权属地段，即两宗或两宗以上。

一、土地权属性质分类与权属单位划分

土地权属性质分国家所有和集体所有两种。城市市区的土地属于国家所有。城市各单位（全民和集体所有制单位）和城市公民个人只有国有土地的使用权；农村和郊区的土地，除法律规定属于国家所有的以外，其他均属集体所有。集体所有制单位和个人只有集体土地的使用权。

我国权属单位也有两种，即国有土地使用权单位和集体土地使用权单位。前者如国家企事业单位、国家机关、公共与公益事业单位等。此外，还有集体所有制单位使用国有土地（如街道等）以及公民个人使用国有土地。使用集体土地的，由村农业生产合作社等农业集体经济组织或村民委员会管理的单位所使用或由乡、镇企业与事业单位所使用，这些称为集体土地使用单位，在农村还包括宅基地农民个人使用者。

二、权属调查的主要内容

权属调查的主要内容有：调查宗地的位置、界线和四至关系；调查宗地的权属状况；调

查宗地的土地利用类型；调查宗地的面积和质量等四方面的内容。其中包括界址点、界址线以及宗地面积在内的权属情况是重点。

宗地的位置包括两重意思，其一，从行政管理来讲，指宗地所在的区、街道、门牌号和四至关系；其二，从地理位置来讲，指确定宗地的界址点位，即测定界址点坐标。

界址点，即一宗地权属边界的拐点或称转折点，地籍测量外业测量的主要内容之一就是测定界址点的位置。

相邻界址点的连线称为界址线，一个宗地的界线是闭合的。实际中，权属界线常为地物，如围墙、墙壁、道路、沟渠等明显线状地物；有的是以其内边线为界；有的是以其外边线为界或者中线为界。

三、权属调查的实施

地籍测量成果是土地管理的法律依据之一，地籍测量全过程应在当地政府的领导之下，由土地管理部门具体组织实施，这样其成果才具有法律效益。

（一）权属调查的准备工作

1. 收集资料

需收集的资料一般有两类，测绘资料及权属资料。

测绘方面的资料包括已有控制点成果资料，合适比例尺地形图及规划图等；权属资料包括现有的地籍资料，征用、划拨土地的资料，非农业用地清理资料，土地详查资料，房产资料等。

2. 准备表格

准备调查所用的表格见表 17－1。

3. 技术培训

对参加地籍测量的全体人员进行技术培训是顺利进行地籍测量，保证成果的可靠性、正确性、政策性以及法律性的重要保证。在开展权属调查之前，应组织全体人员学习土地管理的政策、法律、法规、地籍测量规范和技术设计书，全面掌握地籍的有关法律法规和地籍测量的技术要求。

（二）权属调查

1. 权属调查分区

权属调查一般分小组同时进行，以提高工作效率。为保证权属调查不重不漏，事先应对每一个小组的工作范围进行划分。分区通常在 1：2 000～1：5 000 比例尺地形图上进行，将整个权属调查区划分为若干个小区，调查区可以行政境界、自然地界或线形地物（如河流、沟渠、道路等）为划分界线。

2. 预编宗地号

为了便于管理和信息化，每一宗地应有一个编号。为何要预编宗地号？因为在没有完成地籍调查之前，测区内有多少宗地是不确切的，如原有的一宗地可能变更为几宗地，或者原来的几宗地变更为一宗地，这些情况在没有调查之前可能不知道，因此，只能根据现有的资料在地形图上预编，用以指导权属调查，以防止重复和遗漏。待权属调查完毕，再对每宗地进行最后编号。不管是预编宗地号还是最后编定宗地号，其编号方法都是以行政区为单位，按街道、宗地两级编号或按街道、街坊、宗地三级编号。宗地号统一自上而下，自左至右由“1”开始顺序编号。

表 17-1　地籍调查表

初始、变更

土地使用者	名称	东江市西城区万里街中学			
	性质	全民			
上级主管部门		东江市西城区教育委员会			
土地坐落		东江市西城区万里街 6 号			
法人代表或户主			代理人		
姓名	身份证号码	电话号码	姓名	身份证号码	电话号码
郭川	430820323	541775	李冬	460712314	541777
土地权属性质		国有土地使用权			
预编地籍号			地籍号		
2-(3)-4			2-(3)-3		
所在图幅号		10.00-20.00			
宗地四至		详见宗地草图			
批准用途		实际用途		使用期限	
教育		中学校舍			
共有使用权情况		万里街中学使用本宗地			
说明					

界址标示																	
界址点号	界标种类						界址间距(m)	界址线类别						界址线位置			备注
	钢钉	水泥桩	石灰桩	喷涂				围墙	墙壁					内	中	外	
1	√						23.60										
2	√						8.75		√							√	
3	√						2.51		√							√	
4	√						12.50	√								√	
5	√						26.00		√						√		
6	√						10.00	√								√	
7	√						6.10		√							√	
8	√						13.25	√								√	
1								√								√	

界址线		邻宗地			本宗地		日期
起点号	终点号	地籍号	指界人姓名	签章	指界人姓名	签章	
1	2		李红		李冬		25/2
2	3	2-(3)-2	王成		李冬		25/2
3	4	2-(3)-2	王成		李冬		25/2
4	5	2-(3)-1	王长青		李冬		25/2
5	6	2-(3)-4	杨村和		李冬		25/2
6	7	2-(3)-5	万方		李冬		25/2
7	8	2-(3)-5	万方		李冬		25/2
8	1	2-(3)-6	刘江		李冬		25/2
界址调查员姓名			张成元				

3. 发指界通知书

调查人员按照调查计划、工作进度、时间安排，通知被调查宗地的土地使用者和与之相邻的土地使用者的法人代表准时到场指界。

4. 外业权属调查

外业权属调查主要包括：现场指界、设置界址桩、填写地籍调查表及勘绘地籍草图。

(1) 权属界认定。界址的认定必须由本宗地与邻宗地指界人亲自到现场共同指定界线。单位使用的土地，须由单位法人代表指界，并出具委托书与身份证明。几个土地使用者共同使用的宗地，应共同委托代表指界，并出具委托书与身份证明。

相邻双方共同认可的地界，为无争议界，否则为有争议界。如果在规定时间，一方缺席，其宗地界线以另一方指定的为准，并将结果以书面形式并附宗地草图送达缺席者。如有异议，必须在 15 日内提出重新认界申请，并承担重新划界的全部费用，预期不申请则认为确界生效。

(2) 设置界址点标志。在无争议的界址点上埋设界桩或其他相应的标志。

界址点标志。当一宗地的界址点被确认以后，应在实地做上标志，后续的地籍测量中，测定界址点就是测量这些界址点标志中心的位置。常用的界址点标志有如下几种：

混凝土界址标桩。混凝土界址标桩可事先预制，这种标桩一般用于地面埋设；也可以现场灌注。

带铝帽的钢钉界址点标志。这种标桩一般用于坚硬的地面或者墙壁。

石灰界址标桩。这种标志一般用于软土地。先在处于软土地的界址点处钻一个一定深度和具有适当直径的孔，然后灌满石灰即成。

喷漆界址标志。这种标志一般用于墙面。

(3) 现场填写地籍调查表（见表 17－1）。

(4) 签字认可。双方认可的无争议界址，双方指界人须在地籍调查表上签字。

(5) 现场勘绘宗地草图。如图 17－1。

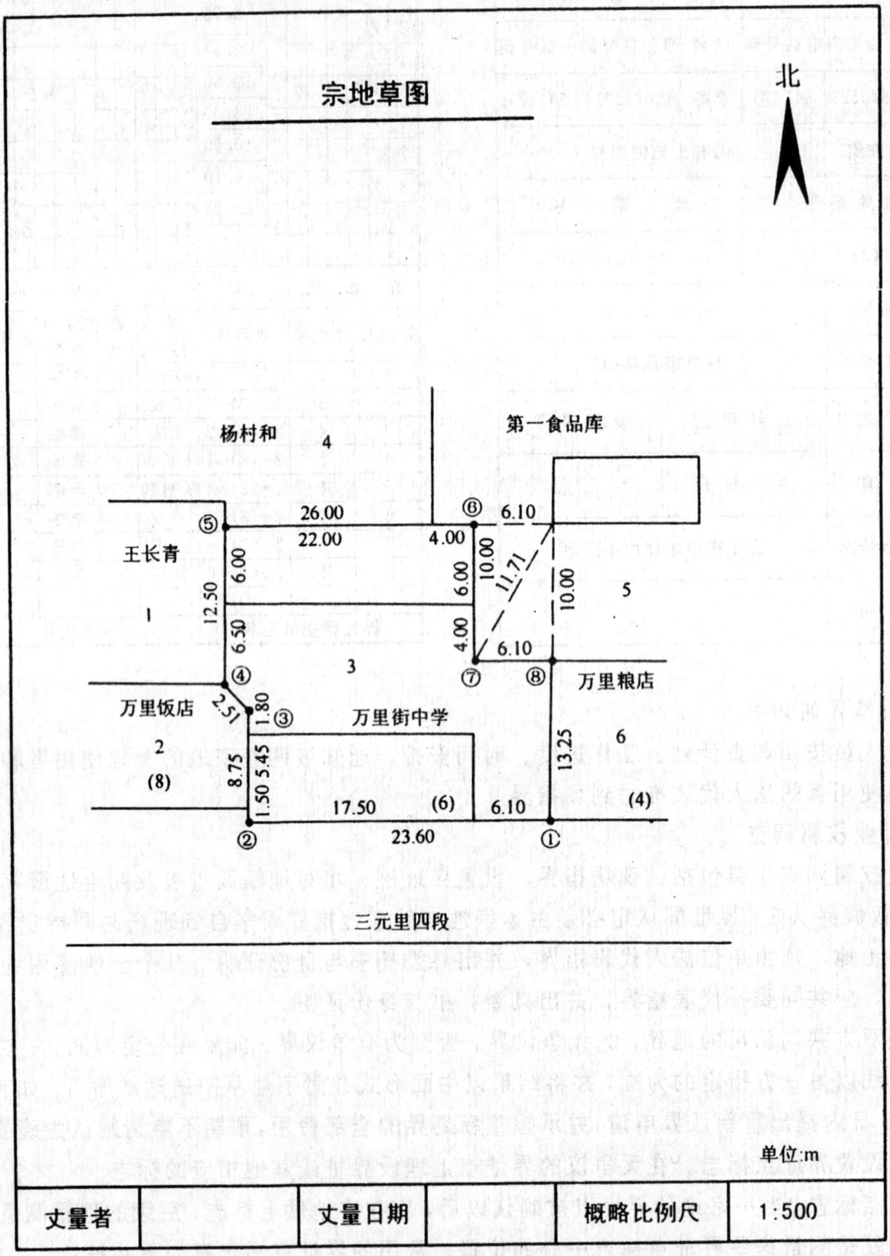

图 17－1　宗地草图

宗地草图的主要内容有：应注记本宗地和邻宗地的宗地号、门牌号、使用者名称；绘制宗地的界址点、界址线、相邻地物；注记界址点号、界址点与邻近地物的相关距离和条件距离等。

5. 权属界线的审核与调处

外业调查后，对调查结果进行审查，对有争议的要进行调处。对使用国有土地的，将调查的结果与权源证明文件上记载的界线相对照，若两者一致，则认为调查结束，否则需查明原因，并作进一步处理。对集体所有土地，若四邻对界线无异议并签字，则调查结束。

对有纠纷缘由者，应由所在地政府出面调解，由当事人协商解决。

6. 权属调查应上交的成果

(1) 权属调查技术设计书；

(2) 地籍调查表与宗地草图；

(3) 地籍勘丈原始记录；

(4) 地籍调查总结报告。

§17-3 地籍图测绘

权属调查完后，应以权属调查的资料为依据测绘地籍图。地籍图测绘的过程同地形图测绘类似，也分控制测量和细部测图两个大的步骤，即先控制后细部。控制测量则完全同地形测量一样，而地籍图的测绘方法也与地形图的测绘方法相同，只不过地籍图的测绘内容有所不同。

一、地籍图测绘的内容

地籍图的内容主要由地籍要素和必要的地物地形要素两部分组成，以地籍要素为主。地物地形要素选取可根据土地部门的要求协商确定。

地籍要素包括：行政境界、宗地权属界线、界址点及编号、土地利用类别及土地面积等。必要的地物地形要素包括：控制点、房屋、道路、水系以及与地籍有关的必要地物和地理名称等。

如图17-2中，中央西路与天桥路的交叉处的注记“3”为街道编号；(12)、(23)……为街坊编号；“。”为界址点；分数注记中，分子为宗地号，分母为用地类型。

二、地籍图的比例尺

我国地籍图比例尺系列为1：500～1：10 000。城镇地籍图比例尺可选1：500～1：2 000；农村地籍图比例尺可选1：1 000～1：10 000。

三、地籍图的分幅与编号

对于1：5 000、1：10 000比例尺的地籍图应按国际分幅法分幅，其图幅的大小及编号按国家的统一规定。

1：500～1：2 000比例尺的地籍图，采用正方形分幅，图幅大小为500 cm×500 cm，图幅的编号按西南角坐标公里数编号，x坐标在前，y坐标在后，中间用“-”连接。

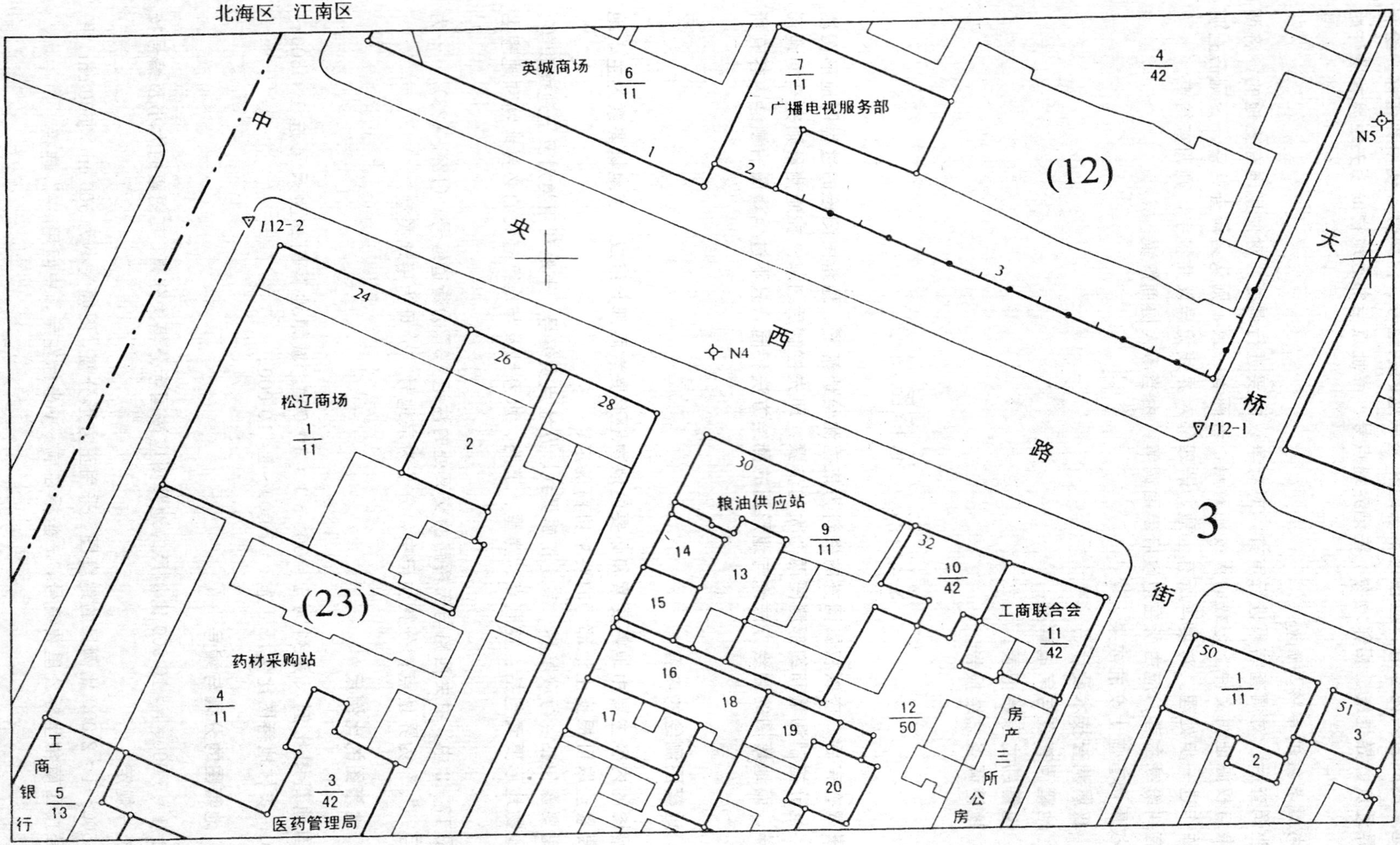
北海区 江南区
中
英城商场
6/11
7/11
广播电视服务部
4/42
(12)
N5
天
桥
112-1
112-2
央
西
路
街
N4
1
2
3
24
26
28
30
32
50
51
松辽商场
1/11
2
粮油供应站
9/11
10/42
工商联合会
11/42
14
13
15
16
17
18
19
20
12/50
房产三所
公房
3
(23)
药材采购站
4/11
3/42
医药管理局
工商银行
5/13
1/11
2
3

图 17-2 样图

四、界址点的测绘方法

界址点测量方法一般有坐标测量法、全数字化测图和图解法。坐标法即采用相应的仪器及适当的测量方法，根据相应的坐标计算公式，解析出界址点的坐标。如极坐标法、交会法、全站仪法等，然后根据所测点的坐标，将各点展绘于图纸上。在界址点较为隐蔽的地方，这时用解析法无法测得其坐标，则可应用图解法（如平板仪测图；再如，根据界址点与已知点或已知边的几何关系，通过几何作图得出界址点的图上位置等），将界址点测绘于图上。若需要界址点坐标，可在地籍图上量取。如第九章所介绍，野外全数字化测图是借助于全站仪和相应的测图软件，通过便携机在野外直接成图。当地籍图外业完成后，接着就是内业整饰自检。界址点的测量精度如表 17－2。

表 17－2　界址点精度指标及适用范围

类别	界址点对邻近图根点点位误差（cm）		界址点间距容许误差（cm）	界址点与邻近地物点关系距离容许误差（cm）	适　用　范　围
	中误差	容许误差			
一	±5	±10	±10	±10	城镇街坊外围界址点及街坊内明显的界址点
二	±7.5	±15	±15	±15	城镇街坊内部隐蔽的界址点及村庄内部界址点

五、绘制宗地图

地籍图经检查、修正后，便可绘制宗地图。宗地图是土地证书和宗地档案的附图。图纸大小一般为 32 开、16 开、8 开。宗地图可从野外测的地籍图上蒙绘或根据所测得的界址点坐标展绘。宗地图比例尺可根据宗地面积大小调整确定。

宗地图（如图 17－3）的内容包括：本宗地号、地类、宗地面积、界址点及界址点号、界址边长；邻宗地号及邻宗界址示意线。

六、面积量算

土地面积是土地管理中一项必不可少的要素，是摸清土地数量，分析各类用地结构、调整土地利用结构和土地分配与再分配的依据。地籍测量中的面积量算，是多层次的面积量算。如，一个行政管辖区的总面积由许多土地使用权单位所构成，即由许多宗地构成，而不同的宗地土地利用的类型也不尽全相同，这就是说，各分类面积应等于总面积。所以，土地面积量算一般要求分级量算，分级平差。

（一）面积量算

土地面积量算的方法多种多样，可采用第七章介绍的方法。若野外采用全数字化方法测图，一般测图软件有自动计算面积的功能。除了后一种方法，无论采取那种方法量算（或计算），均应独立量算两次。其较差符合精度要求可取平均作为量算结果。

（二）面积平差

面积平差一般以图幅为单位进行。由于面积量算（测量）中存在误差，量算的各分块面积之和通常与图幅的理论面积不等，因此需平差。地籍测量中的面积量算通常采用两级控制，三级量算。

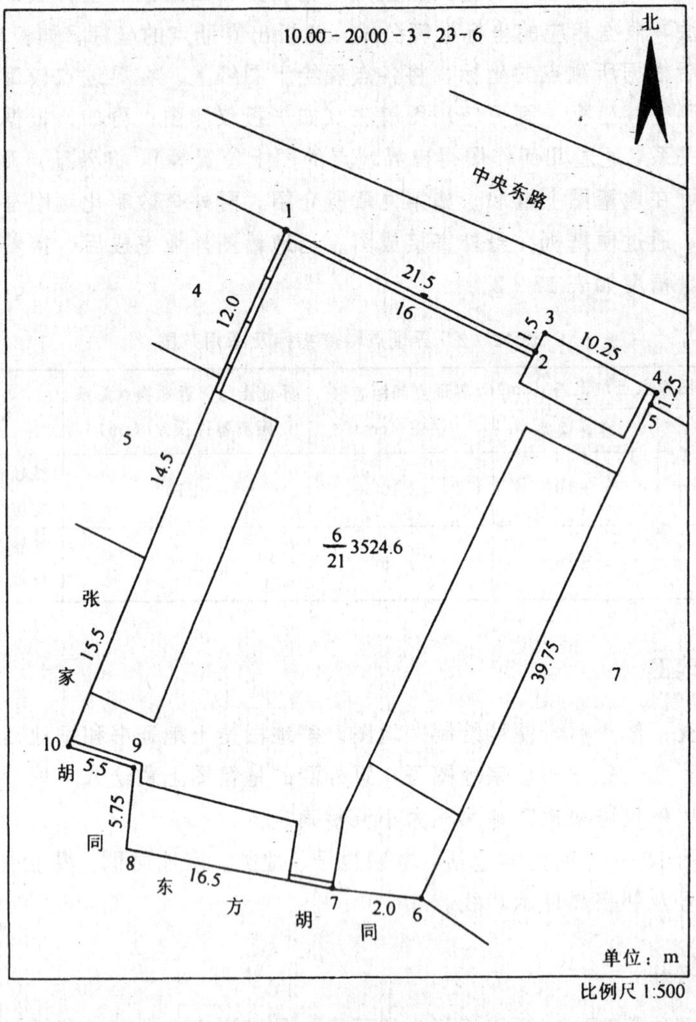

图 17-3 宗地图

第一级控制为图幅理论面积，以各区块（街坊或村）面积为二级控制。用图幅理论面积控制各区块面积，用区块面积控制区块内各宗地面积。所谓三级量算，就是分别量算出图幅的理论面积、图幅内各区块的面积和各区块内所有宗地的面积。面积平差的具体方法是：当各区块的面积之和与图幅理论面积之差小于限差时，将闭合差按各分块面积大小成比例地配赋给各区块，得出各区块的平差面积；然后以区块的面积为控制，计算各宗地的或似（平差）面积。即：当区块内各宗地的面积之和与区块面积之差在限差之内时，将闭合差按各宗地面积大小成比例地配赋给各宗地（或地类图斑），则得各宗地的平差面积。

七、地籍测量应上交的成果

（1）地籍测量技术设计书及技术总结。

(2) 控制测量原始记录、控制点展点图、点之记及坐标成果。
(3) 地籍图。
(4) 地籍图分幅接合表。
(5) 界址点坐标成果。
(6) 面积量算表。
(7) 以街道为单位面积汇总表。
(8) 城镇土地分类土地面积统计表。
(9) 地籍测量检查验收报告。

复 习 题

1. 何谓地籍?
2. 权属调查如何实施? 主要内容是什么? 要上交哪些成果?
3. 地籍测绘的主要内容是什么? 要上交哪些成果?

参考书目

北京市测绘处等．城市建设工程测量．北京：测绘出版社，1981

北京师范大学科学史研究中心．中国科学史讲义．北京：北京师范大学出版社，1989

测绘词典编辑委员会．测绘词典．上海：辞书出版社，1981

陈龙飞等．工程测量．上海：同济大学出版社，1990

程新文，陈性义等．某机场工程测量．测绘通报，1997（12）

程新文，陈性义，胡一鸣．阳逻电厂精密微型控制网施测方案的设计与实施．地壳变形与地震，1993

程新文，陈性义，吴北平等．测量学实习指导书．北京：地质出版社，1993

顾孝烈．测量学．上海：同济大学出版社，1990

合肥工业大学等．测量学．北京：中国建筑出版社，1997

黄景湖，胡清泉，程新文，于志宪．地籍调查及管理工程．武汉：中国地质大学出版社，1993

李青岳．工程测量学．北京：测绘出版社，1984

李德仁．地理信息系统导论．北京：测绘出版社，1993

刘大杰等．全球定位系统（GPS）的原理与数据处理．上海：同济大学出版社，1996

吕云麟，林凤明．建筑工程测量．武汉：武汉工业大学出版社，1996

清华大学土木工程系测量教研室．普通测量．北京：中国建筑出版社，1990

毋河海．地图数据库系统．北京：测绘出版社，1991

同济大学测量系等．测量学．北京：测绘出版社，1995

杨德麟等．大比例尺数字测图的原理、方法与应用．北京：清华大学出版社，1998

中国地质大学测量教研室．测量学．北京：地质出版社，1991